HELGE-HEINZ HEINKER

Leipzig Hauptbahnhof

Eine Zeitreise

Lehmstedt

Umschlag:
Querbahnsteig, 1916.
(Foto: Hermann Walter)

Frontispiz:
Querbahnsteig, um 1970.
(Foto: Renate und Roger Rössing)

Impressum:
Bahnhofsvorplatz, 1946.

Buchgestaltung, Satz: Mathias Bertram, Berlin
Schriften: Lucinde und Lucas von Axel Bertram
Herstellung: Jütte-Messedruck Leipzig GmbH

ISBN 3-937146-26-1

Verlagsinformationen: www.lehmstedt.de

INHALT

EIN KOLOSS ZUM VERLIEBEN

Annäherung an den Leipziger Hauptbahnhof

Blick vom City-Hochhaus auf die imposante Fassade des Hauptbahnhofs. (2002)

Seit dem frühen 20. Jahrhundert bildet die wechselvolle Geschichte des Hauptbahnhofs den Dreh- und Angelpunkt der Leipziger Eisenbahngeschichte. Keine Leipzig-Darstellung, die dem Vorwurf der Ignoranz entgehen will, kommt ohne den Hauptbahnhof, den größten europäischen Kopfbahnhof, aus. Der Koloss im Stadtbild fasziniert auswärtige Besucher und ist für die meisten Leipziger einfach nur »der Bahnhof«. Wie einen guten Freund reden sie ihn nicht mit seinem kompletten Namen an.

Der Hauptbahnhof nimmt einen festen Platz im Kreis der Sehenswürdigkeiten und der Identifikationsorte ein, die den Menschen etwas bedeuten und den Leipziger Lokalpatriotismus wohltuend fördern. Die Stadt und der Bahnhof pulsieren im selben Rhythmus. Eine bissige Bemerkung wie die des großen Spötters Curt Goetz, das Schönste an Halle sei der Bahnhof – da könne man wieder abfahren –, ist für Leipzig nicht überliefert.

Der in den 1920er Jahren populäre *Taschenatlas für Eisenbahnreisende*, ein in blaues Leinen gebundenes, praktisches Buch mit exakten Streckenkarten und kurzen begleitenden Texten über alles Wissenswerte, was Reisende rechts und links des Bahndamms zu gewärtigen hatten, hielt sich mit seinen Beschreibungen üblicherweise nicht bei den Bahnhöfen auf. Leipzig bildete die Ausnahme: »Großartiger Hauptbahnhof«, vermerkt der Reise-Verführer und entlässt den Leser anschließend in die Innenstadt.[1]

Es bedarf in Leipzig keiner Bahnhofstraße, um den Hauptbahnhof im Stadtbild fehlerfrei verorten zu können. Andere europäische Eisenbahnzentren wie Zürich oder Frankfurt am Main verzichten auf ihre Bahnhofstraße nicht – in der Mainmetropole einstmals mondän und inzwischen mit zweifelhaftem Ruf (was mitnichten der Eisenbahn anzulasten ist). Dagegen blieb die Zürcher Bahnhofstraße der Inbegriff diskret-selbstbewusster Bankensitze in der »Alpenfestung des Kapitals« und eines atemberaubenden Luxus' entlang der traditionsbewussten Abschnitte dieser Flaniermeile.

Die Verschränkung von Eisenbahn und präsentablen Quartieren ist Ausdruck städtebaulicher Qualitäten. Sie bildeten sich heraus, als es den meisten Menschen Freude bereitete, »ihrem« Bahnhof einen Besuch abzustatten. Großstadtstationen und Urbanität sind eng miteinander verwoben. Große Bahnhöfe üben enormen Einfluss auf die Stadtentwicklung und das Wirtschaftsleben aus; das gilt für Leipzig und für seine Messe im besonderen Maße.

Als Umschreibungen noch pathetischer klangen als heutzutage, konnte Stadtrat Walter Leiske 1928 in einer Denkschrift über seine Heimatstadt das Selbstbewusstsein kaum zügeln: »Leipzig – der höchstleistende Herzmuskel des Eisenbahnverkehrs im Reich«, lautete der wortgewaltige Befund.[2] Der Hauptbahnhof trug zu solcher Wertschätzung maßgeblich bei. Er präsentiert sich als gebauter Höhepunkt eines Eisenbahnjahrhunderts.

Wenn wir das Eisenbahnwesen in seiner heutigen universellen Ausgestaltung überschauen, erkennen wir an demselben den ausgeprägten Zug der Individualisierung. Die Eisenbahnen sind der Natur der Sache nach der vollkommenste Ausdruck des Verkehrswesens, und da das letztere bezüglich seiner charakteristischen Formen aus den nationalen Bedürfnissen und Eigenthümlichkeiten hervorgeht, tragen die Einrichtungen der Transportmittel ein diesem Sachverhalte entsprechendes Gepräge, das von Volk zu Volk, von Land zu Land zum Theile sehr tiefgehende Verschiedenheiten im Gefolge hat.

Amand Freiherr von Schweiger-Lerchenfeld (1884)[3]

Bahnhöfe waren die Fernreisezentren des Industriezeitalters; diese Stellung verloren sie im Sog der Globalisierung des Wirtschaftslebens innerhalb der letzten vierzig Jahre an die Interkontinentalflughäfen. Worauf es zu Beginn des 21. Jahrhunderts im entfesselten Wettbewerb um rastloses Fortbewegen ankommen soll, kleidet der Vorstandsvorsitzende der Deutschen Bahn AG, Hartmut Mehdorn, in die Forderung an die Zuggeschwindigkeiten: »Halb so schnell wie das Flugzeug, doppelt so schnell wie das Auto«. Gewünscht wird die rasante Fahrt auf Schienen mit bequemen »Zugangsstellen« zur Bahn, auf dass die Räume fühlbar schrumpfen mögen.

Doch für das Bahnsystem, das wie keine andere Großorganisation seit seinem Anfang sowohl für völlig neue Zwänge kolossaler Kapitalaufbringung als auch für eine komplexe Struktur im nationalen Rahmen stand, wurde es schon bald im Wortsinn eng. Transkontinental entfaltete es sich ab 1869 in Nordamerika sowie ab 1902 auf der eurasischen Landmasse per Transsibirischer Eisenbahn zwischen Moskau und Wladiwostok. Dagegen stoßen auf dem staatlich viel kleinteiligeren alten Kontinent Europa viele Bahnverbindungen bis heute an Grenzen: Bereits im russischen Gebiet Kaliningrad – dem früheren Ostpreußen –, im Baltikum, in Belorussland, der Ukraine und Russland sind der ungehinderten Weiterfahrt durch verschiedene Spurweiten Hindernisse in den Weg gelegt. Am anderen Ende des Kontinents ist die iberische Halbinsel ein breitspuriges Sonderterritorium. Und erst seit wenigen Jahren machen der Kanaltunnel zwischen Frankreich und England sowie die Öresundbrücke zwischen Dänemark und Schweden umständliche Fährverbindungen überflüssig.

Die Eisenbahn – ein Auslaufsystem oder bestenfalls das Fortbewegungsmittel der Nostalgiker? Mitnichten. Wie gut es allerdings gelingt, der Bahn einen würdigen Platz im Reigen der Verkehrsmittel zu sichern, hängt wesentlich von der Qualität der Bahnhöfe ab. Der Leipziger Hauptbahnhof war in den 1990er Jahren ein Vorbote dieser Entwicklung.

Großstadtbahnhöfe haben »Charakter« und üben Zug-Kraft aus. Sie gelten als »Dome des Industriezeitalters« (Karl Kraus) oder als »Kathedralen des Verkehrs« und sind – weniger euphorisch, sondern ganz pragmatisch betrachtet – nützliche Einrichtungen für eine mobile Gesellschaft. Da die Bahnhöfe zugleich jedoch immer auch Gefühle transportierten, ist ihnen ein fester Platz im Gedächtnis der meisten Menschen sicher. Je nach Standpunkt und Neigung ist der Leipziger Hauptbahnhof für die einen ein vitales Denkmal der Verkehrsgeschichte oder ein markanter Zweckbau des frühen 20. Jahrhunderts, für die anderen einfach eine öffentliche Bühne menschlicher Komödien und Tragödien, eben ein Gravitationszentrum hemmungsloser Emotionen. »Der Bahnhof« zog und zieht alle in seinen Bann – Eisenbahnnarren und Bahnmuffel, Schriftsteller und Architekten, Berufspendler und Globetrotter, Vielfahrer und Gelegenheitsbenutzer, die Reisenden und die Eisenbahner selbst (besonders wenn sie brav ihren Dienst auf abseitigen Nebenbahnen verrichten mussten). Wer von außerhalb, zumal aus ländlichen Gegenden, auf den Leipziger Hauptbahnhof kam, wurde zuallererst immer durch den unablässig wogenden Menschenstrom und die Hektik des Geschehens gefangen genommen.

Was die meisten Menschen den Bahnhof nennen, ist für die Eisenbahner nur das Empfangsgebäude. Zu einem vollkommenen Bahnhof gehört mehr – die Gleisanlagen zum Beispiel, die Stellwerke und auf größeren Stationen die Bahnbetriebswerke. Erst mit diesen Betriebsstellen rundet sich das Bild eines komplexen Organismus mit vielfältigen Funktionen und Abhängigkeiten.

Der Leipziger Hauptbahnhof war und ist nützlich für diese große Stadt und ihr Umland, und es ist trotzdem viel mehr als pure Nützlichkeit, was seine Erscheinung bestimmt. Auf dem Leipziger Hauptbahnhof verflechten sich großartige Architektur und banaler Alltag, Tradition und Zeitgeist, unerschütterliche maschinelle Abläufe und bewegende menschliche Schicksale zu einem organischen Ganzen – seit nunmehr neunzig Jahren und weiter im rastlosen Lauf der Zeit.

Impression an der Hallenschürze
des Hauptbahnhofs. (2005)

Seite 10/11:
Das Luftbild zeigt die Einordnung des Hauptbahnhofs und der von ihm ausgehenden sieben Hauptstrecken in die urbanen Strukturen der Stadt Leipzig. (1994)

Seite 11/12:
Im nördlichen Vorfeld des Hauptbahnhofs dehnen sich die technischen Anlagen für Lokomotiven und Wagen in sämtliche Richtungen. Die Brandenburger Brücke (unten links) ist eine Kombination aus zwei Bauwerksteilen aus dem frühen 20. und dem frühen 21. Jahrhundert. Sie bildet einen Abschnitt des im Bau befindlichen Tangentenvierecks zur Entlastung des innerstädtischen Durchgangsverkehrs. (2004)

Seite 13/14:
Über verzweigte Weichenstraßen im Gleisvorfeld des Hauptbahnhofs rollen täglich mehr als 400 Züge des Nah-, Regional- und Fernverkehrs der Deutschen Bahn sowie neuer privater Wettbewerber. (2000)

179a/b

Diesellokomotiven der Baureihe 229 waren Ende der 1990er Jahre auf der nicht elektrifizierten Strecke von Leipzig nach Chemnitz anzutreffen. (1999)

Lok 52 5448-7 (Bw Engelsdorf) und der Schnellverkehrstriebwagen Bauart »Hamburg« SVT 137 225 a/b auf Gleis 24, dem Museumsgleis. (2002)

Schnellzug-E-Lok 218 031 mit Sonderzug am Gleis 4. Mit Lokomotiven dieser Baureihe waren ab 1942 die Schnellzüge von Leipzig in Richtung München bespannt. (2000)

Weit verzweigte Weichenstraßen und komplizierte Fahrleitungsaufhängungen prägen das Vorfeld des größten europäischen Kopfbahnhofs. In ihren letzten Betriebsjahren kam die Baureihe E 03 der DB auch noch auf dem Leipziger Hauptbahnhof zum Einsatz. (2001)

Sparda-Bank
Uns finden Sie gut!
LEIPZIGER VOLKSZEITUNG
LEIPZIGER MESSE
Fahrplan
11
12
ERNTEBROT

Einzelhandel und Gastronomie in den Promenaden des Hauptbahnhofs tragen seit 1997 maßgeblich zu der allgemein gefeierten »Renaissance der Bahnhöfe« bei. Im Schnitt flanieren pro Tag 100 000 Besucher über die drei »Decks«.

Seite 20:
Auf der Empore zwischen den beiden Wartesälen befand sich das Restaurant der Bahnhofswirtschaft. Nach strengen Auflagen des Denkmalschutzes wurden es Mitte der 1990er Jahre originalgetreu restauriert. (1995)

Seite 21:
Als der Hauptbahnhof gebaut wurde, erfüllte er nicht nur Verkehrsaufgaben, sondern war ausdrücklich auch zu Repräsentationszwecken gedacht. Der preußische Wartesaal auf der Westseite zeigt, obwohl er »nur« für Reisende der 3. und 4. Klasse bestimmt war, eine gediegene Gestaltung, mit der das Kaiserreich am Höhepunkt der bürgerlichen Epoche seinen Wohlstand zur Schau tragen wollte. (1995)

Blick von Norden auf das Gleisvorfeld des Hauptbahnhofs. Von rechts kommend, soll ab 2009 die Eisenbahnstrecke in den Gefälleabschnitt einmünden, der zur unterirdischen Station »Hauptbahnhof« des City-Tunnels führen wird. Im Hintergrund über der Bahnsteighalle sind das Wohnhochhaus Wintergartenstraße und das City-Hochhaus zu sehen, daneben der Turm der Nikolaikirche und ganz rechts der Turm des Neuen Rathauses. (1998)

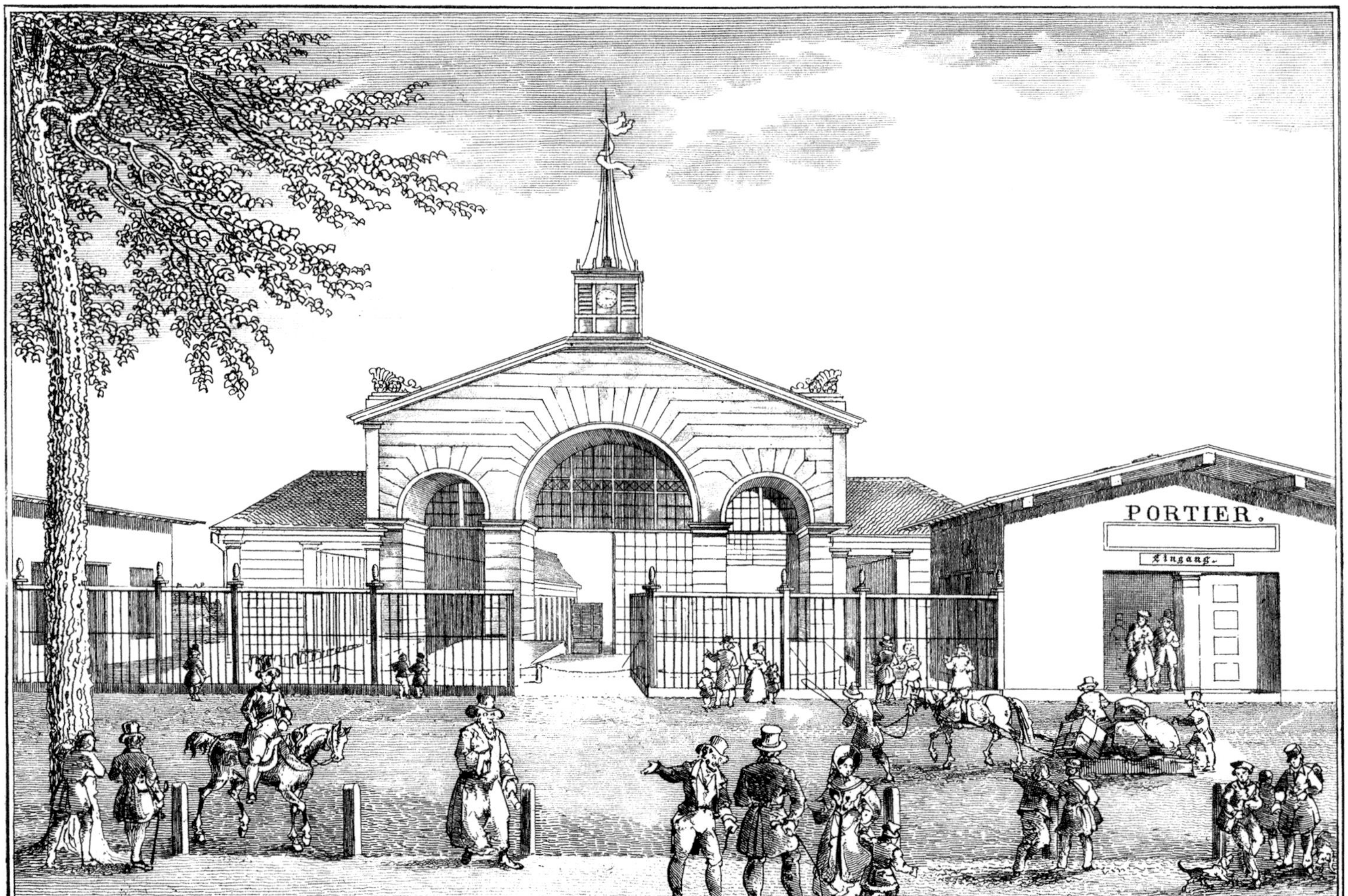
PORTIER.
Eingang.

KOOPERIEREN UND KONKURRIEREN

Warum ohne Hauptbahnhof in Leipzig nichts mehr ging

Durch das 19. Jahrhundert zog die Eisenbahn ihre Spur, und die Dampffahne flatterte über dem Schienenstrang wie das Banner des Fortschritts. Die Eisenbahn als Dienerin der Wirtschaft war die Schlüsselinvestition einer ganzen Epoche. Die »eisernen Pferde und Pfade« (Paul Strauß) prägten Takt und Rhythmus der Industrialisierung. Sie rissen ganze Landstriche aus der gemächlichen Abfolge eintöniger Tage und langsam aufeinanderfolgender Jahreszeiten und pressten sie unumkehrbar in das Schema des Fahrplans. Frühere Tagesreisen schrumpften auf Entfernungsminuten. Eisenbahnen machten Pendlerbewegungen über größere Entfernungen überhaupt erst möglich – und bezahlbar –, und sie verbilligten die in Massen beförderten Güter erheblich. Die Eisenbahn brachte nicht weniger als die »Industrialisierung von Raum und Zeit«.[5]

»»» *In direkte Verbindung per Eisenbahn trat Laibzj: 1859 mit Berlin, 1852 mit Frankfurt a.M., 1847 mit Köln, 1851 mit München, 1852 mit Chemnitz, 1851 mit Wien, 1846 mit Breslau, 1842 mit Frankfurt a.d.O., 1842 mit Hamburg. Hoffentlich fallen diese Mitteilungen auf fruchtbaren Boden.* *Hans Reimann (1929)*[6]

Leipzig stieg im frühen 19. Jahrhundert zum Wirtschaftszentrum des Königreichs Sachsen auf, allerdings seit den Grenzziehungen auf dem Wiener Kongress 1815 in verkehrspolitischer Umklammerung durch Preußen. So war das Projekt des Nationalökonomen Friedrich List (1789–1846) aus dem Jahre 1833 naheliegend, zunächst eine Eisenbahn zwischen Leipzig und Dresden anzulegen und, darauf aufbauend, ein gesamtdeutsches Eisenbahnsystem zu schaffen. *Ueber ein sächsisches Eisenbahn-System als Grundlage eines allgemeinen deutschen Eisenbahn-Systems und insbesondere über die Anlegung einer Eisenbahn von Leipzig nach Dresden* lautete der programmatische Titel der visionären Schrift. An 500 Personen – Meinungsbildner und Entscheidungsträger der damaligen Zeit – wurde das schmale, gerade einmal 60 Seiten umfassende, aber inhaltsschwere Bändchen verteilt.

List versprach den umworbenen Kapitalanlegern eine üppige Dividende aus dem Eisenbahnbau. Ihn begeisterte, dass »vor allem das von Leipzig aus nach allen Richtungen weit hin sich erstreckende ebene und feste Territorium« zum Eisenbahnbau geradezu einlade. Hinzu komme »die Eigenschaft des hiesigen Platzes als Herzkammer des deutschen Binnen-Verkehrs, des Buchhandels und der deutschen Fabrik-Industrie. Die Zahl der Hin- und Her-Reisenden und der Durch-Reisenden mit Einschluß der Meß-Fremden ist hier größer als an irgend einem anderen Ort in Deutschland.«

Diese Aussicht überzeugte den angesprochenen Personenkreis. 1834 wurde in Leipzig ein »Eisenbahn-Comite« gegründet. Just zu dieser Zeit war die »Ludwigsbahn« zwischen Nürnberg und Fürth, die erste deutsche Eisenbahn, bereits weit fortgeschritten. Doch sie maß ganze sieben Kilometer, und diese geringe Distanz hielt keinem Vergleich mit dem in Aussicht genommenen Schienenweg zwischen Leipzig und Dresden stand. Die »Ludwigsbahn« wurde am 7. Dezember 1835 eröffnet. Wenige Wochen zuvor, am 1. November 1835 begannen die vorbereitenden

Der »Personeneinsteigeschuppen« der Leipzig-Dresdner Eisenbahn im Jahr ihrer Eröffnung 1839.

Seite 26:
Leipzig auf dem Höhepunkt des Privatbahn-Zeitalters: Von Norden, Osten und Süden dringen Hauptstrecken bis an den Rand der Innenstadt vor. Im Westen der Stadt - in Plagwitz und Lindenau - führen Gleisanschlüsse in alle neuen Industriebetriebe hinein, und eine sächsische Verbindungsbahn im Südwesten verknüpft Plagwitz mit Connewitz. (1892)

Seite 27:
Durch den Bau der »Centralbahnhofsanlage« zwischen 1902 und 1915 wurden die Leipziger Eisenbahnverhältnisse neu geordnet und vorsorglich für den erwarteten Aufstieg zur Millionenstadt angelegt. (1913)

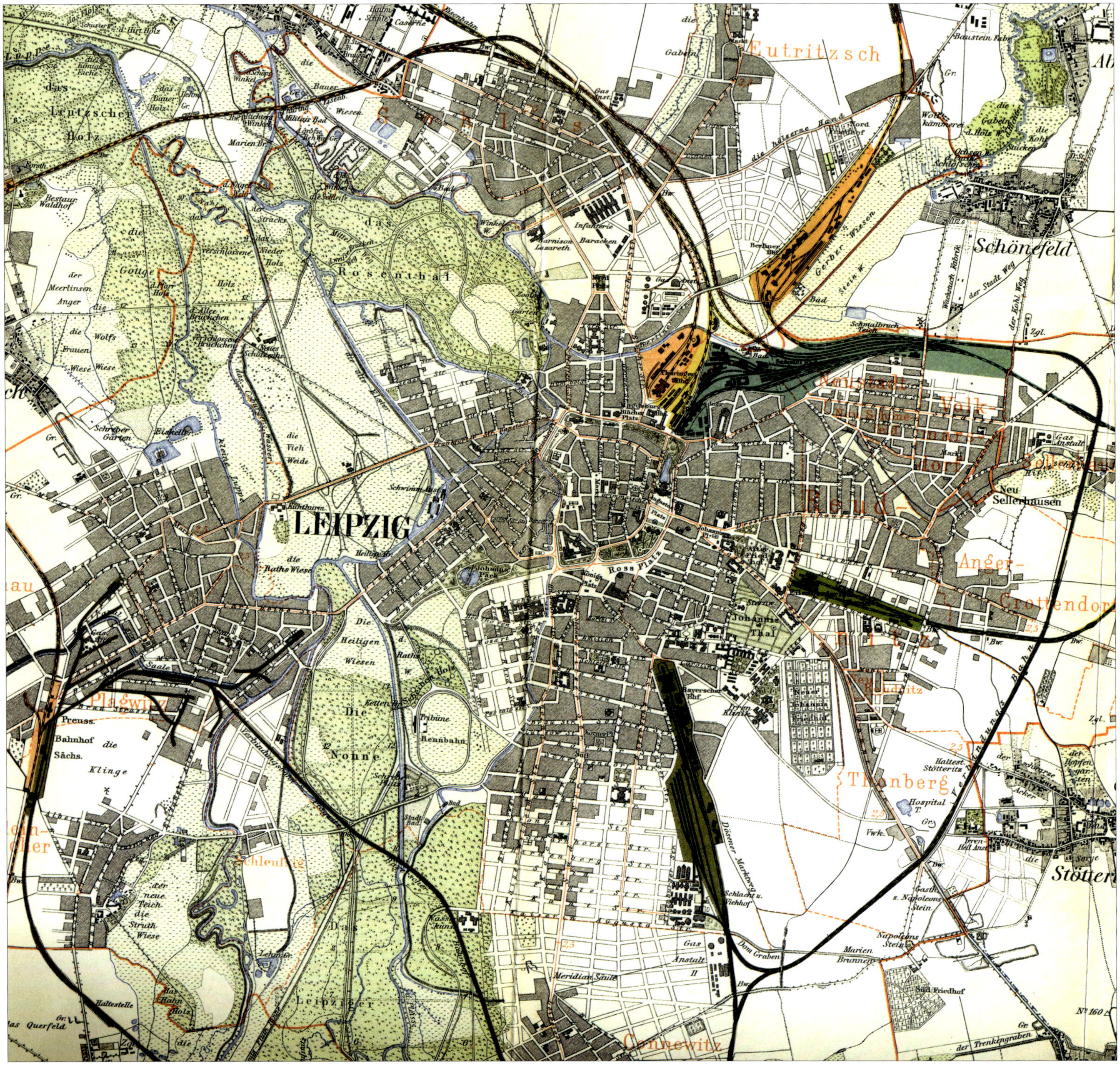

Eutritzsch
Schönefeld
das Rosenthal
LEIPZIG
Neu Sellerhausen
Anger-
Crottendorf
Thonberg
Plagwitz
Schleussig
Connewitz
Die Nonne
Rennbahn
Johannis Thal
Ross Platz
Preuss. Bahnhof Sächs.
Gas Anstalt II
Meridian Säule
Napoleons Stein
Hospital

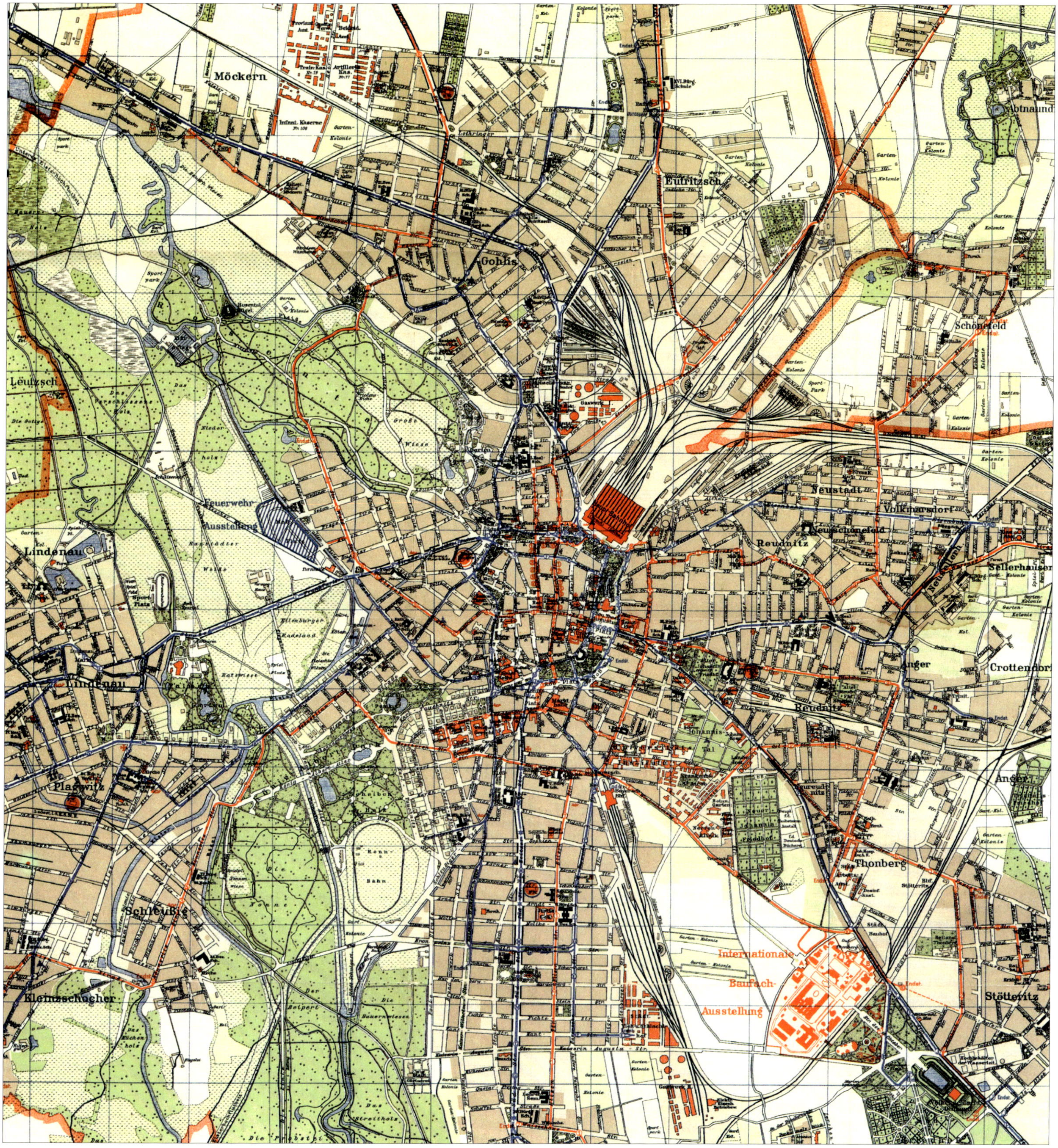
Möckern
Eutritzsch
Gohlis
Leutzsch
Lindenau
Plagwitz
Schleußig
Kleinzschocher
Schönefeld
Neustadt
Volkmarsdorf
Neuschönefeld
Reudnitz
Sellerhausen
Anger
Crottendorf
Thonberg
Stötteritz
Feuerwehr-Ausstellung
Internationale
Baufach-
Ausstellung

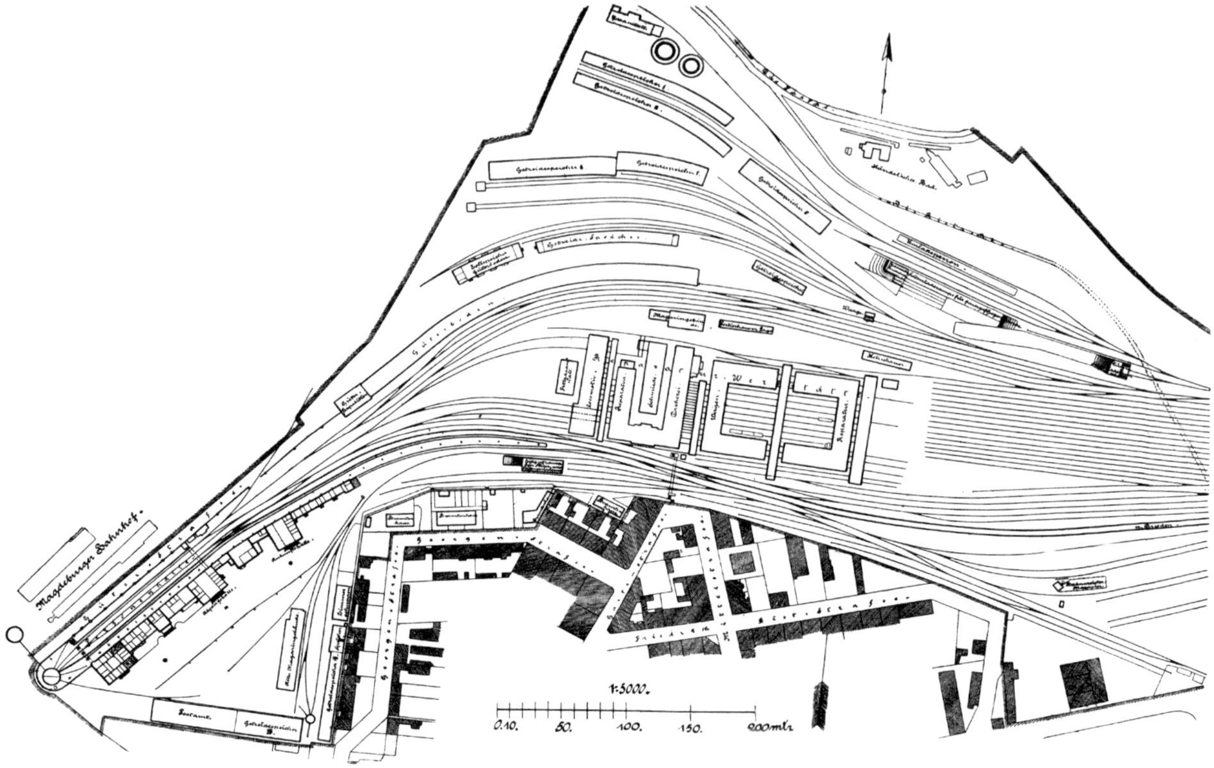

Die Gleisanlagen und Gebäude des Dresdner Bahnhofs. (1892)

Wetter begünstigt und alles fiel zur Zufriedenheit aus. [...] Zuerst fuhren nur fünf Wagen; auf 9 Uhr war die Abfahrt bestimmt; alles saß bereits und es sollte eben das Signal zur Abfahrt gegeben werden, als die Ankunft des Prinzen Johann, der sich zwar angemeldet hatte, auf den man aber nicht warten wollte, noch einen kleinen Aufenthalt verursachte. So ging es denn endlich fort, nicht gar zu schnell, aber durch eine unzählige Menschenmenge hindurch, die theilweise uns zujauchzte, theilweise sehr langweilig war, obwohl hintendrein manche versicherten, sie seien durch den seltenen, prächtigen Anblick so ergriffen gewesen, daß sie Thränen vergossen. In 22 Minuten langten wir, von Musik empfangen, die uns auch begleitet hatte, in einer bei Althen improvisirten hölzernen Bude an, wo bei einem guten Frühstück und gutem Wein sehr bald die Geister lebendig wurden, sodaß es gute und schlechte Toaste in Menge gab.

Heinrich Brockhaus (24. April 1837)[9]

Noch wichtiger als der »Geschwindigkeitsrausch«, in dessen Bann die Fahrgäste rund zwölf Kilometer bis Althen in wenig mehr als 20 Minuten überwanden, war das breite Interesse, auf das die Bahn stieß. Zeitgenössische Berichte erwähnen, dass »die volkreiche Stadt trotz der Messe und der ungeheuren Anzahl von Fremden wie verödet schien« und dass auf der Rückfahrt erstmals Messegäste – genannt wurden Per-ser – den Zug benutzten.[10]

Am Ausgangspunkt der LDE entstand bis zur Eröffnung der Gesamtstrecke nach Dresden im April 1839 in schlichter Holzbauweise der »Personeneinsteigeschuppen«, ein Werk des Leipziger Baumeisters Christian August Eduard Pötzsch (1803–1889). Erst später wurde aus der einfachen Halle mit ihren drei Toren in Richtung Stadt durch den Anbau von vier Türmen sowie eines seitlichen Empfangs- und Restaurationsgebäudes das massive Empfangsgebäude des Dresdner Bahnhofs.[11]

Obwohl aus Kostenerwägungen als reine Flachlandstrecke angelegt und nicht über Meißen als die kürzere, aber topografisch ungleich anspruchsvollere Route geführt, hatte die Leipzig-Dresdner Eisenbahn alle baulichen Merkmale, die Abwechslung in den Streckenverlauf bringen. Die LDE war im deutschen Eisenbahnbau in vielerlei Hinsicht eine Pioniertat, denn im Trassenverlauf befanden sich die erste Eisenbahnbrücke über die Mulde bei Wurzen, der später fast vollständig verfüllte Viadukt über das Tal der Döllnitz bei Oschatz, die Eisenbahnbrücke über die Elbe bei Riesa, der erste Viadukt im Hochflutbett der

Elbe bei Röderau und der erste, 513 Meter lange Tunnel bei Oberau, an dem Freiberger Bergleute mehr als zwei Jahre gebaut hatten.[12]

Am 7. April 1839 ging nach dreijähriger Bauzeit die gesamte, über Wurzen, Oschatz und Riesa nach Dresden verlaufende Strecke in Betrieb. Auf rund 115 Kilometern Länge war die erste deutsche Fernbahn entstanden. Sie endete in der Landeshauptstadt wenige Meter westlich vom später entstandenen Bahnhof Dresden Neustadt. Ein Porphyr-Obelisk mit Bronzeplatten an der Goethestraße schräg gegenüber vom Hauptbahnhof hält bis heute die Erinnerung an den Bau der Leipzig-Dresdner Eisenbahn wach.

Überschwänglich verkündete das *Gewerbe-Blatt für Sachsen* am 25. April 1839 im Halbfettdruck: »Leipzig und Dresden liegen jetzt 3 Stunden von einander entfernt«. Distanzen begannen in einer für damalige Verhältnisse unglaublichen Geschwindigkeit zusammenzuschmelzen. Es war viel von Einigkeit die Rede. »Konkordia soll ihr Name sein«, wird als Name der Bahn pathetisch vorgeschlagen, denn die »Rennbahn ist offen für den Wettlauf der Lokomotiven und der materiellen Interessen, die sich jagen werden«. In diesem Punkt sah der Berichterstatter genau voraus, was als erbitterte Konkurrenz zahlreicher privater Gesellschaften kommen musste.

Das neue Verkehrsmittel stieß auf allgemeine Begeisterung. Glaubt man einer zeitgenössischen Karikatur, muss es in den Tagen vor der Bahneröffnung zu regelrechten Tumulten im Städtischen Leihhaus gekommen sein, als weniger Begüterte durch Verpfänden allerlei entbehrlich erscheinender Gegenstände versuchten, das Geld für ein Eisenbahnbillet zusammenzubekommen.

»»» *Die eigene Sicherstellung des Publicums erfordert es, die Befolgung der nachstehenden Vorsichtsmaasregeln allen Eisenbahnreisenden aufs Dringendste zu empfehlen:*

Nur an der durch die Schaffner geöffneten Wagenseite ein- und auszusteigen und überhaupt den Anweisungen der Schaffner Gehör zu geben.

Sobald die Wagen sich in Bewegung setzen, keinen Versuch zum Einsteigen mehr zu machen, wie es von Verspäteten schon mehrfach statt gefunden, oder einem solchen noch zum Einsteigen behülflich zu sein, was Beides mit höchster Lebensgefahr verknüpft ist, wie mehrfach traurige Erfahrungen in andern Ländern bewiesen haben. Es ist deshalb die Anordnung getroffen, dass nur die Schaffner die Wagenthüren verschliessen und öffnen dürfen.

Während der Fahrt sich nicht seitwärts hinauszubeugen, aufzustehen, auf die Bänke zu treten oder sich gegen die Thüre anzulehnen, auch den eingenommenen Platz nicht zu verlassen, bis der Wagen am Bestimmungsorte angekommen ist und nicht eher auszusteigen, bis derselbe völlig stille steht. Nach Ankunft auf den Bahnhöfen in den abgegrenzten Räumen, entfernt von den Fahrgleisen und

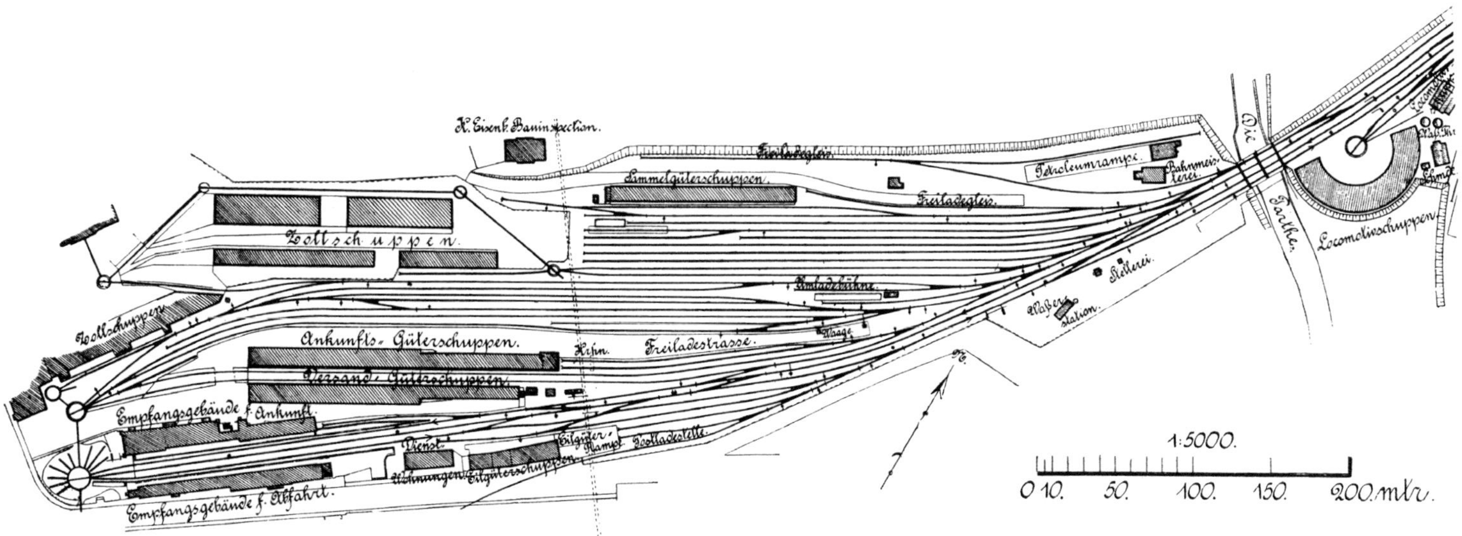

Die Gleisanlagen und Gebäude des Magdeburger Bahnhofs. (1892)

Maschinen zu bleiben und den Bahnhof in keiner andern als der angewiesenen Richtung zu verlassen.

Die Schaffner sind angewiesen, Betrunkenen, Kranken und überhaupt solchen Personen, die durch ihre Nachbarschaft oder durch ungebührliches Betragen den Mitreisenden lästig werden, die Mitfahrt oder Weiterfahrt überall nicht zu gestatten. Das Publikum wird ersucht, erforderlichenfalls die Schaffner in Ausführung dieser zur allgemeinen Sicherheit und Bequemlichkeit nöthigen Maasregel gütigst zu unterstützen.

Reglements der Leipzig-Dresdner-Eisenbahn (1840)[13]

Zwei Personengruppen zogen großen Nutzen aus der fortschrittlichen Beförderungsweise – die Fahrgäste und die Aktionäre der Leipzig-Dresdner Eisenbahn-Compagnie. Wagen in drei Klassen – die niedrigste ohne schützendes Dach – kamen zum Einsatz. Entsprechend gestaffelt war die »Fahrtaxe« von Leipzig nach Dresden. Sie lag in der 1. Klasse anfangs bei 72 Groschen, in der 2. Klasse bei 48 und in der 3. Klasse bei 32 Groschen.

Der Betriebsmittelbestand der LDE verzeichnete im ersten vollen Betriebsjahr nach der Eröffnung 22 Lokomotiven (darunter vier in Anlieferung aus England) sowie 234 Wagen. Mit einem Großteil dieser Fahrzeuge wurde der umfangreiche Güterverkehr abgewickelt; er schwoll so rasant an, dass dringend geraten wurde, die Anlieferung von Frachten vorab anzukündigen, um sicher zu gehen, dass sie auch wirklich befördert werden konnten.

Nach dem Fahrplan von 1840 verkehrten zwei Zugpaare pro Tag zwischen Leipzig und Dresden. Die Fahrzeit von der Messe- in die Landeshauptstadt lag bei 3 Stunden und 15 Minuten, umgekehrt bei 2 Stunden und 45 Minuten. Weil die Strecke anfangs nur eingleisig ausgebaut war und in Riesa die Züge kreuzen mussten, unterschied sich die Fahrzeit für die beiden Richtungen.

1856 entstand der Thüringer Bahnhof als letzter der drei Kopfbahnhöfe nordöstlich der Leipziger Innenstadt. (um 1900)

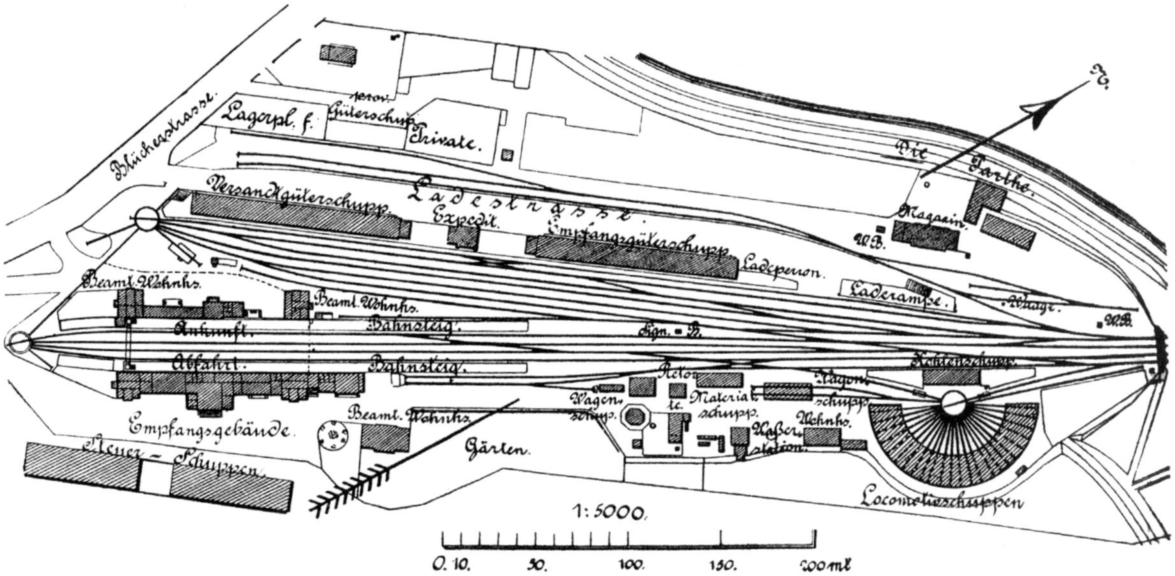

Die Gleisanlagen und Gebäude des Thüringer Bahnhofs. (1892)

Alle Eisenbahnlinien sind später so verwirklicht worden, wie sie List gedanklich vorschwebten, und die Leipzig-Dresdner Eisenbahn war, als sie – mit privatem Kapital gebaut – im April 1839 auf ihrer gesamten Länge in Betrieb ging, der Prototyp aller Schienenverbindungen zwischen deutschen Großstädten.

Welche Städte von den neuen Verkehrsadern berührt wurden, welche abseits liegen blieben und welche Linien aus Konkurrenzinteresse nicht konzessioniert wurden, war Gegenstand leidenschaftlicher Erörterungen insbesondere in der Kaufmannschaft und in den jeweiligen Herrscherhäusern, die ihr Einverständnis geben mussten. Eisenbahnpolitik begann, weit in vielfältige öffentliche Belange hineinzureichen.

In den Großstädten, die Eisenbahnanschluss erhielten, setzte eine wilde Grundstücksspekulation ein, denn die neuen Bahngesellschaften benötigten ausgedehnte Areale für ihre technischen Anlagen und setzten ihrerseits die angrenzenden Stadtteile unter erheblichen Entwicklungsdruck. Überall entlang der Schienenstränge verbesserte sich die Anbindung von Fabriken und Lagerhallen an die Transportströme der Rohstoffe und an die Abfuhr der Fertigprodukte. Im Personenverkehr erfuhr die Erreichbarkeit sowohl der Städte als auch ihres Umlandes eine sprunghafte Verbesserung.

Bereits ein Jahr nach der Leipzig-Dresdner Eisenbahn folgte 1840 die Magdeburg-Leipziger Eisenbahn. Sie wurde in die Messestadt über einen Kopfbahnhof mit einer hölzernen Bahnsteighalle unmittelbar neben der LDE eingebunden. Nun befanden sich am damaligen nordöstlichen Stadtrand bereits zwei Bahnhöfe nebeneinander – der Dresdner und der Magdeburger. Letzterer hatte eine vierschiffige Bahnsteighalle, ebenfalls in Holzbauweise wie der Dresdner Bahnhof, mit seitlichen, zweigeschossigen Anbauten bekommen. Die ursprünglichen Bauten mussten laufend erweitert werden – so um kleine Ein- bzw. Ausstieghallen und einen Laubengang, der Schutz vor Wind und Wetter bot –, weil die Zahl der Reisenden rasch zunahm.[14]

Befreit vom leidigen Konkurrenzdenken hätte die Magdeburg-Leipziger Bahn wenige Jahre zuvor sogar die Chance gehabt, als erste deutsche Ferneisenbahn in die Annalen der Verkehrsgeschichte einzugehen. Damals machte sich der Hallesche Stadtrat Ludwig Wucherer unter dem Eindruck der in Österreich im Bau befindlichen Pferdebahnstrecke Budweis–Linz für das Projekt Leipzig–Halle–Magdeburg stark. Er konnte sicher sein, in Leipzig dank kommerzieller Interessen breite Zustimmung zu finden. Durch Verwirklichung dieser Bahn hätte die Messestadt via Magdeburg einen schnellen Zugang zur Elbe und weiter zur Hansestadt Hamburg erhalten. Dieser Leipziger Vorteil durch Verbilligung der Warenströme widersprach jedoch Magdeburger Interessen. Mit dem Flusstransport auf der Elbe zwischen Hamburg und Magdeburg und dem Umladen auf Pferdefuhrwerke glaubte man gut leben zu können, mit der

Mehr als zwei Kilometer entfernt von den Kopfbahnhöfen am Leipziger Ring wurde 1859 der Berliner Bahnhof eröffnet. Mit dem Bau einer Verbindungsbahn zum Bayerischen Bahnhof wurde er 1878 zum Durchgangsbahnhof. (um 1900)

Rolle einer bloßen Transitstation für anschwellende Transportmengen zwischen den großen Handelsstädten Leipzig und Hamburg weit weniger.

Die Zeit ging über das bornierte Denken hinweg. Der aufgeklärtere Magdeburger Oberbürgermeister Franke initiierte im Jahre 1835 unter dem Eindruck der Pläne Lists den Bau einer Eisenbahn zwischen Magdeburg und Leipzig. Sie wurde schließlich zwischen 1838 und 1840 verwirklicht. Auf sächsischem Gebiet baute die Leipzig-Dresdner Eisenbahn-Compagnie den entsprechenden Streckenabschnitt.

Am 18. August 1840 wurde die Gesamtstrecke zwischen Leipzig und Magdeburg eröffnet. Ab dem 10. September 1841 schuf sie in Cöthen (Köthen) zugleich eine Übergangsmöglichkeit zur privaten Berlin-Anhaltischen Eisenbahn in Richtung der preußischen Hauptstadt. Berlin war nun erstmals von Leipzig mit der Bahn erreichbar; später entstand die bis heute geläufige Linie über Wittenberg.

Ab dem 19. September 1842 bestand Eisenbahnanschluss nach Altenburg im Zuge der sächsisch-bayerischen Bahn, die weiter über Reichenbach und Plauen nach Hof führen sollte. Der privaten Sächsisch-Baierschen Eisenbahn-Compagnie stand eine schwierige und entsprechend teure Trassierung durch das Vogtland bevor; sie ist noch heute an den beeindruckenden Riesenbauten der Göltzschtalbrücke als größter gemauerter Ziegelbrücke der Welt sowie an der Elstertalbrücke erkennbar. Unter striktem Kostenkalkül wählte die Bahngesellschaft für ihren Ausgangsbahnhof in Leipzig ein vergleichsweise preiswertes Areal am südöstlichen Rand des damaligen Stadtgebietes, jedoch weitab von den Stationen der nach Dresden und Magdeburg verlaufenden Bahnen. Ihr Kapital reichte nicht aus, die von Süden heranführende Strecke neben den bestehenden Bahnhöfen einzufädeln. Doch alle Sparsamkeit am nördlichen Streckenende in Leipzig war vergebens: Wegen der erforderlichen riesigen Brückenbauten im Vogtland liefen die Kosten davon. Die selbstgesetzten Terminpläne gerieten zur Makulatur.

Zum Zeitpunkt der Vollendung der Eisenbahn von Leipzig Bayerischer Bahnhof nach Hof nach zehnjähriger Bauzeit im Jahre 1851 war die private Sächsisch-Baiersche Eisenbahn-Compagnie längst bankrott. Bereits 1847 wurde die Bahn verstaatlicht, und bis zur sächsisch-bayerischen Landesgrenze bei Gutenfürst verlief fortan die sächsische Staatsbahnstrecke No. 1.

Als Leipzig mit dem Dresdner, dem Magdeburger und dem Bayerischen Bahnhof schon drei große, als Kopfbahnhöfe ausgeführte Fernbahnhöfe besaß, kam 1856 mit dem Thüringer noch ein vierter hinzu. Er nahm die Strecke nach Corbetha (heute: Großkorbetha) und weiter über Weißenfels und Weimar nach Erfurt auf. Westlich vom Magdeburger Bahnhof wurde das zur Verfügung stehende Terrain allmählich knapp, und so befand sich der Thüringer Bahnhof etwas zurückgesetzt hinter dem Städtischen Lagerhaus.

Die Ballung großer Stationen konkurrierender Bahngesellschaften brachte seit deren Eröffnung beträchtliche Erschwernisse mit sich. Zum einen waren alle Leipziger Bahnhöfe sowohl für Personen- als auch für Güterverkehr ausgelegt; auch gewerbliche Erzeugnisse sollten schließlich so nahe wie möglich an die Stadt und damit an den Ort ihres Verbrauchs oder ihres Umschlags heran transportiert werden. Jeder der Vorgänger auf dem Areal des heutigen Hauptbahnhofs besaß daher eine »Eilgut-Expedition« und vorgelagert bzw. seitlich eine »Güter-Expedition«.

Immer neue Gleisverbindungen für das aufstrebende Massenverkehrsmittel Eisenbahn, Güterschuppen zur Einlagerung von Kaufmannsware in der Nähe der innerstädtischen Handelshöfe – ihr später üblicher Name lautete Stückgut –, Behandlungsanlagen für die zahlreicher werdenden Lokomotiven und nicht zuletzt der Austausch von Wagen zwischen

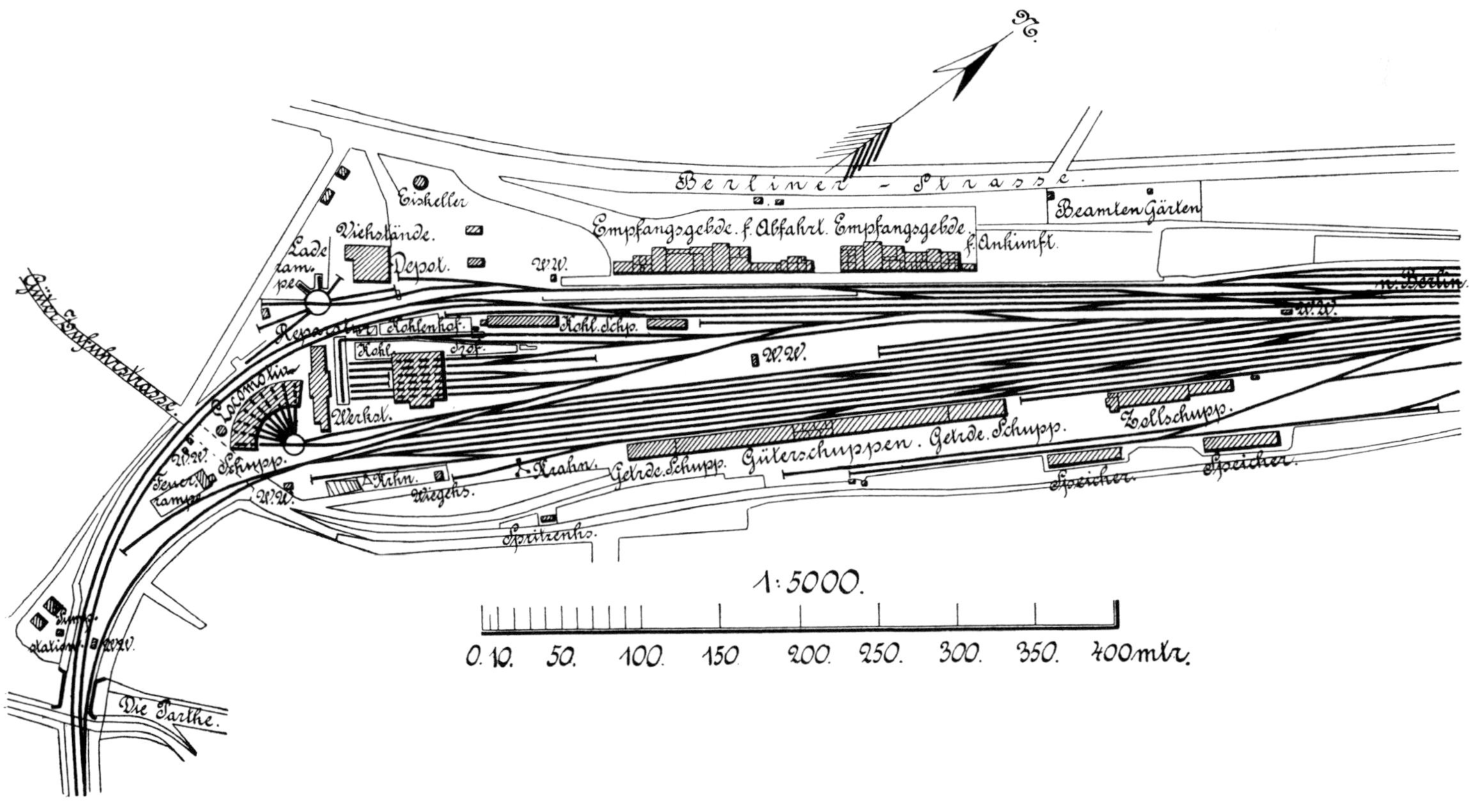

Die Gleisanlagen und Gebäude des Berliner Bahnhofs. (1892)

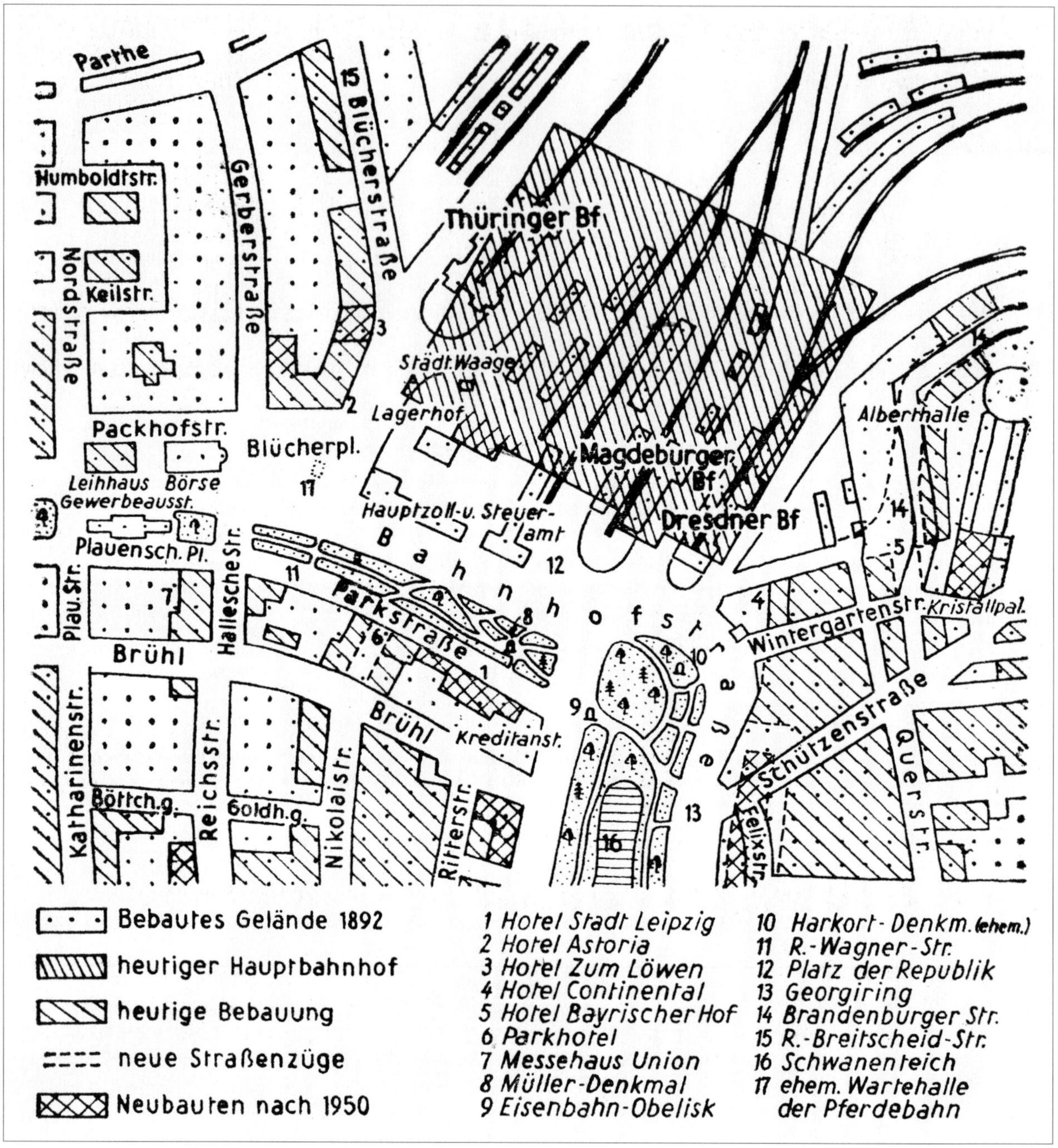

Die Kontur des Empfangsgebäudes des Hauptbahnhofs über dem historischen Straßennetz, das sich mit dem Bau der »Centralstation« gravierend änderte. (Karte von 1961 mit Kennzeichnung der Kriegsschäden und der ersten Nachkriegsneubauten)

den verschiedenen Bahngesellschaften erzwangen verzweigte Gleisanlagen und Verbindungsbahnen.

So verlief seit 1851 eine erste, eingleisige Verbindungsbahn vom Bayerischen zum Dresdner und zum Magdeburger Bahnhof durch die heutige Johannisallee und den Täubchenweg. Ihre Länge betrug fünf Kilometer, und als sie gebaut wurde, beschrieb sie einen weiten Bogen um das damalige Stadtgebiet. Doch die Gemeinden rund um das alte Leipzig dehnten sich in den Folgejahren immer weiter aus, so dass die zum Verkehrshindernis gewordene Verbindungsbahn schon nach wenigen Jahren geschlossen und abgebaut werden musste. Ihr folgte 1878 eine zweite, nun zweigleisige, weiter an den Stadtrand gerückte, damit allerdings auch längere Verbindungsbahn entlang der heute noch befahrenen Strecke im Osten von Leipzig durch die Stadtteile Sellerhausen und Anger-Crottendorf.[15]

Entwurf für die Gestaltung des Empfangsgebäudes des Hauptbahnhofs von Klingholz (Aachen). (1906)

Der Erfolg der Eisenbahn fachte die Konkurrenz weiter an. Ohne jede Rücksicht wurden immer neue Strecken vorangetrieben. Karikaturen zeigten einen Menschen und Landschaft verschlingenden Moloch, dessen Physiognomie einer Lokomotive glich. Ein Witzbild zeichnete gar eine Bahntrasse zum Mond. Und das Eisenbahnsystem wuchs und wuchs.

Für damalige Verhältnisse in gehöriger Entfernung vom Leipziger Stadtgebiet ging 1859 auf der Petzscher Mark (etwa in Höhe der heutigen Berliner Straße und nördlich der Rackwitzer Straße) der Berliner Bahnhof in Betrieb, später der erste als Durchgangsstation ausgeführte Leipziger Fernbahnhof. Die Anhaltische Eisenbahn hatte 1856 die Konzession erwirkt, eine Strecke von Bitterfeld über die sächsische Grenze bis nach Leipzig zu führen. Hintergrund dieser Ergänzung der bestehenden Bahnen war die Verkürzung des Schienenwegs zwischen Leipzig und Berlin um 50 Kilometer durch Vermeidung des Umwegs über Cöthen.[16]

Ihr eigentliches Potenzial konnte die von Berlin heranführende Strecke jedoch erst entfalten, als die östliche Verbindungsbahn zum Bayerischen Bahnhof angelegt war. Sie ermöglichte Zugläufe aus der preußischen Hauptstadt zum Bayerischen Bahnhof in Leipzig und nach Fahrtrichtungswechsel auf diesem Kopfbahnhof weiter nach Süden bis Hof mit Anschlüssen an das bayerische Streckennetz. Mit diesen für damalige Bedürfnisse attraktiven Fernverbindungen sank jedoch die Bedeutung des Berliner Bahnhofs für den Personenverkehr. Als schließlich seit dem 20. Mai 1896 die so genannte rote Linie der Leipziger Straßenbahn bis zu dieser Station verlängert wurde, war der Berliner Bahnhof längst ins verkehrspolitische Abseits geraten.

Dabei hatte die Entwicklung 1859 recht hoffnungsvoll begonnen, auch wenn die Konkurrenz der einzelnen privaten Bahngesellschaften und später – nach der Verstaatlichung – der Sächsischen und der Preußischen Staatsbahn immer härter wurde. Wie die Interessen lagen, zeigte anschaulich die preußische Halle-Sorau-Gubener Eisenbahn. Von ihrer an der Stammstrecke gelegenen Station Eilenburg sollte eine Zweigbahn nach Leipzig geführt werden. Die Einfädelung in einen der bereits bestehenden Endbahnhöfe erwies sich in Anbetracht der beengten verbliebenen Areale als schwierig. Nur der Bayerische Bahnhof wäre dafür noch in Frage gekommen, doch der war sächsisch, und so baute die private Bahngesellschaft einen eigenen Bahnhof auf Reudnitzer Flur, die damals noch nicht zum Stadtgebiet gehörte. Der Eilenburger Bahnhof wurde als letzter der fünf Leipziger Kopfbahnhöfe am 1. November 1874 in Betrieb genommen. Seine repräsentative, 95 Meter lange Bahnsteighalle unterstrich den Anspruch eines Fernbahnhofs.

Innerhalb der 37 Jahre von 1837 bis 1874 hatte Leipzig mit dem Dresdner, dem Magdeburger, dem Bayerischen, dem Thüringer, dem Berliner und schließlich dem Eilenburger Bahnhof sechs leistungsfähige Fernbahnhöfe, darunter fünf Kopfbahnhöfe, bekommen. Damit war der Ausbau Leipzigs zu einem leistungsfähigen Eisenbahnknoten zunächst weitgehend abgeschlossen.

Im selben Zeitraum schnellte die Einwohnerzahl von rund 50 000 auf über 100 000 hoch. Leipzig ist seit 1871 Großstadt. Die noch Mitte des 19. Jahrhunderts geläufige, abschätzige Bemerkung von der »kleinen Stadt mit dem großen Rufe« war endgültig überholt.

Während das Eisenbahnnetz komplettiert wurde, verharrten die bereits fertiggestellten Anlagen keineswegs im Stillstand. Insbesondere die größten Bahnhöfe versuchten, durch geschickte Ausnutzung des Terrains dem wachsenden Verkehrsaufkommen aus allen Richtungen gerecht zu werden. Bahnhofsbauten, die kaum ein Vierteljahrhundert funktioniert hatten, mussten gründlich umgestaltet werden.

Den Anfang machte der Magdeburger Bahnhof. Sein Umbau fiel in die Jahre 1862/63. Die Bahngesellschaft verzichtete auf die ursprüngliche Halle und errichtete stattdessen Pultdächer über den Bahnsteigen. Ein Jahr später, 1864, erhielt der Dresdner Bahnhof ein neues, repräsentativeres Empfangsgebäude. Erstaunlich war, dass trotz strikter verwaltungsmäßiger und betrieblicher Trennung der preußischen und der sächsischen Eisenbahn Wert auf eine harmonische architektonische Gestaltung des nun wesentlich größeren Gebäudeensembles im Einklang mit dem bereits umgebauten Magdeburger Bahnhof gelegt wurde.

Die sechs Leipziger Bahnhöfe – ursprünglich an der Peripherie entstanden – beeinflussten die Entwicklung der Stadtlandschaft in vielfältiger Weise. Von drei Seiten drangen wichtige Fernbahnlinien radial bis in das Stadtgebiet vor. Straßen und Plätze vor diesen bedeutenden Reisestationen des Industriezeitalters entwickelten sich zu wichtigen Verkehrszentren, insbesondere der Platz vor dem Thüringer, dem Magdeburger und dem Dresdner Bahnhof. Die Pferdebahn fuhr in Leipzig seit 1872. Droschken bewährten sich als Vorläufer heutiger Taxis.

Die Eisenbahn fügte sich in den urbanen Organismus ein und formte den wichtigsten Teil seiner Arterien, im Guten wie im Schlechten. Die Züge der Zeit steigerten die Mobilität der Menschen in ungeahntem Maße, sie verbilligten den Transport der Waren drastisch – und sie wurden schnell als Mittel der Mobilmachung und der Kriegführung missbraucht. Ein Dr. Hofmann berichtete 1870 im patriotischen Taumel am Beginn des Deutsch-Französischen Krieges in der *Gartenlaube* über das Geschehen rund um die Leipziger Bahnhöfe:

»»» *Wer aber in der Nähe der Bahnhöfe harrte, der konnte herzzerreißende Bilder sehen vom stillen, sich verbergenden Weh bis zum laut austobenden Schmerz der Trennung. Auf dem Platze vor dem Thüringer Bahnhofe ist soeben eine Kompagnie Landwehrmänner angekommen. Sie sind umringt von zahlreichen Frauen und Kindern, die den vielgeliebten, in den Krieg ziehenden Versorgern das letzte Geleit gegeben. Nicht ahnend, welchen Gefahren der scheidende Vater entgegengeht, haben die Kleinen ihr helles Wohlgefallen an dem Waffenschmucke, den er heute trägt. […]*

Auf dem Dresdener Bahnhofe bietet der Abschied wieder ein ganz anderes Bild. Frohe Studenten, die sich dem Heere anzuschließen gedenken, schauen aus den Eisenbahnwagen heraus, dabei die bunten Mützen und die Gläser schwenkend. Manch eine Blume flog ihnen aus zarter Hand entgegen! Der Universitätssängerverein der Pauliner hat ihnen das letzte Geleite zum Bahnhofe gegeben. Vor Abgang des Zuges erschallt noch manches frohe Lied,

Entwurf für die Gestaltung des Empfangsgebäudes des Hauptbahnhofs von Emil Rentsch (Berlin). (1906)

und an diesem sorglosen Mute der blühenden Jugend erhebt sich manches niedergedrückte Herz!

Die Gartenlaube (1870)[17]

So spürbar das Leipziger Leben großstädtische Züge annahm, so gravierend blieb die Erblast des frühen Eisenbahnfiebers mit seinen unkoordiniert vorangetriebenen Bahnanlagen. Sechs Fernbahnhöfe, die sich teilweise vier Kilometer voneinander entfernt befanden, erzwangen komplizierte Zugläufe und Rangierbewegungen, besonders auf dem zwischen 1874 und 1878 gebauten Übergabebahnhof, der sich ungefähr dort befand, wo sich heute nordöstlich des Hauptbahnhofs das Gleisvorfeld erstreckt. Die Distanz zwischen den verschiedenen Bahnhöfen erschwerte das Umsteigen und gab ein Zerrbild einheitlicher Verkehrsführung ab. Leipzig zeigte im Kleinen, was ungezügelte Konkurrenz im Großen anzurichten drohte.

Schließlich räumte das Staatsbahnsystem durch Übernahme der privaten Aktiengesellschaften mit dem Missstand schwindsüchtiger Rentabilität auf und ermöglichte wieder umfangreiche – nun öffentliche – Investitionen in den Eisenbahnsektor. Es kam daraufhin zur inneren Ausgestaltung und Vereinheitlichung der Staatsbahnnetze. Überall entstanden neue Personen- und Rangierbahnhöfe, und die bisher vielfach bestehenden Bahnhöfe einzelner Linien sollten in großen Hauptbahnhöfen vereinigt werden.[18]

Der Gedanke einer Einheit des deutschen Verkehrswesens fand sich bereits in der Reichsverfassung vom 16. April 1871: Alle Bahnen sollten als einheitliches Netz verwaltet werden. Desweiteren wurden einheitliche Normen für die Ausrüstung und grundsätzlich einheitliche Betriebseinrichtungen und abgestimmte Tarife angestrebt.

Im Zuge der Verstaatlichung kamen aus dem Kreis der privaten Gesellschaften, die Leipzig als Ausgangs- bzw. Endpunkt in ihr Eisenbahnnetz einbezogen hatten, die Sächsisch-Baiersche Eisenbahn-Compagnie und die Leipzig-Dresdner Eisenbahn-Compagnie zur Sächsischen Staatsbahn sowie die Magdeburg-Halberstädter, die Thüringer, die Berlin-Anhalter und die Halle-Sorau-Gubener Eisenbahn zur Preußischen Staatsbahn. Seit dem Jahre 1886, als der preußische Staat schließlich alle nach Leipzig einmündenden nicht-sächsischen Linien übernommen hatte, standen sich in Leipzig nicht mehr sechs private Bahngesellschaften, sondern nur noch die Sächsische Staatsbahn und die Preußische Staatsbahn – zum damaligen Zeitpunkt nach Umsatz und Beschäftigtenzahl das größte Unternehmen der Welt – gegenüber.

Damit befand sich Leipzig in einer besonderen Situation. In keiner anderen deutschen Großstadt trafen mitten im Stadtgebiet gleich zwei staatliche Eisenbahnverwaltungen – obendrein so bedeutende wie die preußische und die sächsische – aufeinander. Berlin befand sich mit seinem Eisenbahnnetz eben-

Entwurf für die Gestaltung des Empfangsgebäudes des Hauptbahnhofs von Alfred Lorenz (Hannover). (1906)

so wie Hamburg bzw. Altona, Frankfurt/Main und Breslau in der Hand der Preußischen Staatsbahn, München zeigte sich eisenbahnmäßig als Domäne der Bayerischen Staatsbahn, in Stuttgart lief alles über die Württembergische, in Karlsruhe über die Badische Staatsbahn und in Dresden über die Sächsische.

In Leipzig gerieten die historisch unter oftmals widerstrebenden sächsischen und preußischen Einflüssen entstandenen Bahnanlagen wegen ihrer zentrumsnahen Lage bei gleichzeitiger Expansion des Stadtgebiets an enge Grenzen. Die parallele Nutzung als Güterstationen inmitten der aufstrebenden Metropole verschärfte das Leipziger Bahnhofsdilemma zusätzlich. Die überlasteten Gleise verursachten einen Güterwagenstau, der ernsthaft mit den Interessen der Industrie kollidierte. Kein noch so ausgeprägtes Konkurrenzdenken konnte den Gedanken an einen koordinierten Befreiungsschlag verdrängen.

Im nördlichen Vorfeld der drei zuerst eröffneten Leipziger Fernbahnhöfe und entlang der Kohlgartenstraße, deren Name ein gewisses peripher-gemütliches Vorstadtflair ausstrahlt, verlief noch um 1880 die Stadtgrenze. Schon die Straße Am Gothischen Bad, die später an den Anlagen des Hauptbahnhofs entlangführen sollte, gehörte vor 125 Jahren nicht zum Stadtgebiet. Die großen Eingemeindungen benachbarter Dörfer nach Leipzig – beginnend mit Reudnitz, Anger-Crottendorf, Thonberg, Neuschönefeld, Neustadt, Volkmarsdorf, Sellerhausen, Gohlis und Eutritzsch – setzten erst 1889 und 1890 ein. Ein Jahr später kamen die industriell boomenden Ortschaften Plagwitz und Lindenau hinzu, ebenso Schleußig, Connewitz und Lößnig. Die Fläche der Stadt war plötzlich dreimal größer als noch drei Jahre zuvor. Für die Eisenbahn hieß das, ursprünglich vor der Stadt liegende Bahnanlagen wurden sukzessive immer stärker von städtischen Arealen flankiert oder eingeschnürt und gerieten zwangsläufig weiter ins Zentrum.

Zwischen 1871 und 1899 wuchs die Leipziger Einwohnerschaft von 107 000 auf rund 450 000 und damit auf das 4,2fache. Im selben Zeitraum nahm die Zahl der Eisenbahnreisenden in Leipzig von 1 481 000 (1872) auf 6 288 000 zu, also auf das 4,25fache und damit in ähnlichem Tempo wie die Wohnbevölkerung insgesamt. Die alten Bahnhöfe ächzten unter der Last der Verkehrsentwicklung.

»»» *Und welches Leben pulsiert hier [auf dem Dresdner Bahnhof] ununterbrochen mit gleicher Hast! Ankommende und abfahrende Reisende jeder Nationalität, Scharen von Auswanderern in den malerischen Trachten Rußlands, Ungarns und der Balkanländer, keuchend unter der Last ihrer Habseligkeiten und mit ihren buntbenähten, lammfellgefütterten Kaftanen dem Auge erfreulicher als*

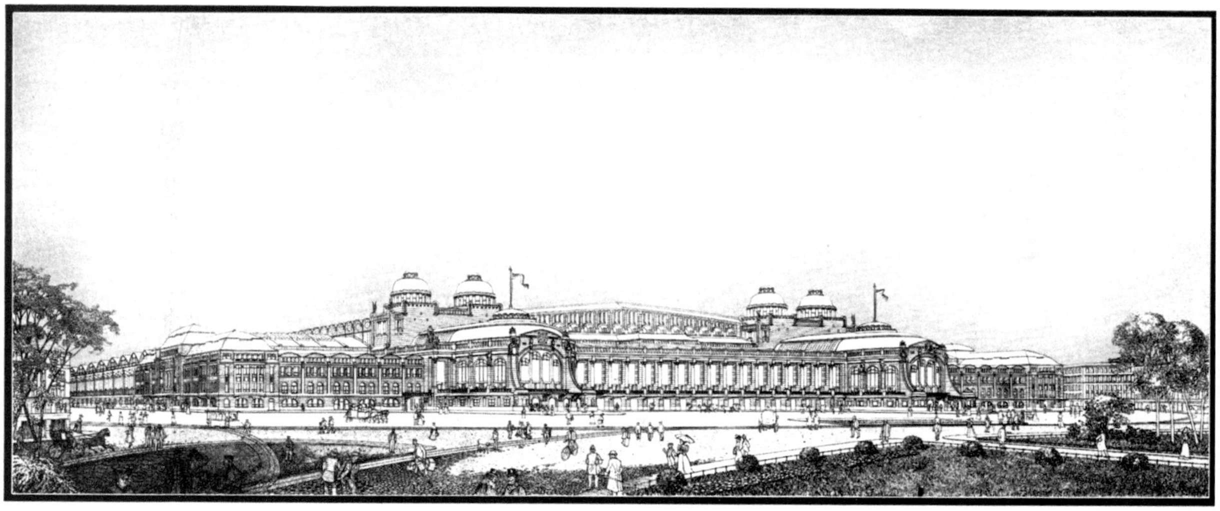

Entwurf für die Gestaltung des Empfangsgebäudes des Hauptbahnhofs von Jürgen Kröger (Berlin). (1906)

Entwurf für die Gestaltung des Empfangsgebäudes des Hauptbahnhofs von Karl-Anton Meckel (Freiburg i. Br.). (1906)

der Nase, Soldaten in blinkenden Uniformen, Rollwagen mit mannigfachen Gütern beladen, leuchtend gelbe Postkutschen, vorüberhuschende Radfahrer, gelegentlich ein prustendes Automobil, daneben auf dem Promenadenwege elegante Spaziergänger und Damen in duftigen Sommertoiletten, Kinderwagen mit geputzten Babys, Händler mit Apfelsinen, deren allzugrelles Orangegelb durch eine leichte Staubschicht gemildert wird, kurzum ein buntes, gestaltenreiches Getriebe, das sich in jedem Augenblick zauberhaft verändert. *Julius R. Haarhaus (1909)*[19]

Ende des 19. Jahrhunderts bildete Leipzig einen bedeutenden Knoten im Netz der europäischen Eisenbahnen. Doch wegen der ungünstigen Lage seiner Bahnhöfe untereinander war ein Umbau der gesamten Bahnanlagen unaufschiebbar geworden. Schnell zeigte sich, dass der Dualismus von Sächsischer und Preußischer Staatsbahn innerhalb der Mauern einer Stadt zu Kompromissen zwang, die nur in langwierigen Verhandlungen beschlossen werden konnten. Bereits im Zuge der grundsätzlichen Planung prallten unvereinbare Interessen aufeinander. Das Wort vom »preußisch-sächsischen Eisenbahnkrieg« machte die Runde.

Alle seit den 1880er Jahren durch die konkurrierend-kooperierenden Staatsbahnen ausgearbeiteten Konzepte für den Leipziger »Centralbahnhof« spitzten sich auf die Frage zu: Durchgangsbahnhof – ausgearbeitet durch Professor A. Rincklake[20] – oder Kopfbahnhof?

Die Wahl eines Kopfbahnhofs oder eines Durchgangsbahnhofs zählt zu den klassischen »Systemfragen« der Eisenbahn, weil hierbei eine Grundsatzentscheidung getroffen werden muss, die sich angesichts der Masse des eingesetzten Investitionskapitals später kaum oder gar nicht korrigieren lässt. Der Durchgangsbahnhof ist der »Klassiker« aller Fernverkehrsstrecken. Dagegen bot ein Kopfbahnhof – zumal in der Entstehungszeit der Eisenbahn, als die urbanen Strukturen erst zu expandieren begannen – den Vorteil, die Eisenbahn möglichst nahe an die Geschäfts- oder Verwaltungszentren im Herzen der gewachsenen Städte heranzuführen. Was heutzutage als wesentlicher Nachteil eines jeden Kopfbahnhofs gilt, der Fahrtrichtungswechsel auf langen Zugläufen des Fernverkehrs und notwendige Lokomotivfahrten bei lokbespannten Zügen, war in der Pionierzeit der Eisenbahn gar kein so deutlich empfundenes Manko.

Viele Einzelstrecken zu vernetzen, ist ein Grundzug von Zweckmäßigkeitserwägungen, wie sie erst nach ausreichenden Betriebserfahrungen angestellt wurden. Ob die privaten Bahngesellschaften dann selbst noch über genügend Kapital verfügten, um auf eigene Rechnung Verbindungsbahnen zu bauen, steht auf einem anderen Blatt. Eindeutig erkennbar ist, dass der Bau der Hauptbahnhöfe in den deutschen Großstädten nicht von einzelnen privatwirtschaftlichen Bahngesellschaften vorangetrieben wurde, sondern dem zentralisierten Willen und der immensen Kapitalkraft der frühen Staatsbahnen entsprang, denn nur sie verfügten über die erforderlichen finanziellen Ressourcen, die kühnen Pläne auch umzusetzten.

Kopfbahnhöfe entstanden historisch überall dort, wo viele einst selbständige Bahngesellschaften ihre Strecken in Wirtschafts-, Handels- und Verkehrszentren mit lukrativen, großen Fahrgastströmen einfädelten und einzelne, zunächst zusammenhanglose Endstationen entstehen ließen, wie in Berlin, Leipzig, Frankfurt am Main, München, Stuttgart, aber auch in Paris, London, Wien, Zürich, Budapest, Moskau und St. Petersburg.

Als Grundmuster ist erkennbar, dass Großstädte im Binnenland – Metropolen allemal – meist Kopfbahnhöfe bekamen, während Städte mit Transitfunktionen – die Grenznähe spielte eine besondere Rolle – typischerweise mit Durchgangsbahnhöfen besser fuhren, wie zum Beispiel Köln, Aachen, Hannover, Mannheim, Magdeburg, Erfurt oder Halle. Die Sonderbauart des Dresdner Hauptbahnhofs vereint beides: beginnende bzw. endende Gleise »im Keller« und Durchgangsgleise in Hochlage zu beiden Seiten, um bequem via Prag nach Wien bzw. nach Budapest und weiter in Richtung Balkan zu gelangen.

Sachsen favorisierte vor dem anstehenden Umbau der Leipziger Bahnanlagen einen Durchgangsbahnhof auf Schönefelder Flur, Preußen einen Kopfbahnhof, denn es wünschte keine unnötige Konkurrenz für seinen nur 35 Kilometer entfernten Durchgangsbahnhof Halle. Der Leipziger Rat geriet in dieser Gemengelage zwischen die Rivalen. Er entschied sich für einen Kopfbahnhof, weil die neue, repräsentative Station dadurch näher an das Stadtzentrum mit seiner zentralen Funktion für den Handel herangerückt und als majestätisches Eingangstor zur Stadt ausgebildet werden konnte. Schon lange registrierte der Rat verärgert, dass sich auf der Leipzig-Dresdner Linie der bestehende Bahnhof in Leipzig geradezu schäbig gegenüber dem repräsentativen Gebäude in der Landeshauptstadt ausnahm.

Nach verschiedenen Variantenentwürfen aus den Jahren 1887, 1890, 1892 und 1896 und ausgiebiger, kontrovers geführter Erörterung der Vor- und Nachteile jedes einzelnen[21] kam es ab 1898 zur Einigung auf einen Kopfbahnhof als »gemeinschaftlichen Haupt-Personen- und Güterbahnhof« auf dem Gelände von Dresdner, Magdeburger und Thüringer Bahnhof. Es war der insgesamt vierzehnte Entwurf in einer langen Reihe, der letztlich umgesetzt werden sollte.

Nach mehreren klärenden Expertenrunden nahm das Projekt Anfang des 20. Jahrhunderts in dem vor Selbstgewissheit und Repräsentationsbedarf strotzenden deutschen Kaiserreich endlich konkrete Formen an. Der Anspruch imperialer, Achtung gebietender Größe sollte sich in dem Neubau eines Leipziger Hauptbahnhofs widerspiegeln.

In seinen wesentlichen Teilen stützte sich der Bau auf ein zwischen 1898 und 1902 ausgehandeltes Vertragssystem zwischen dem Leipziger Stadtrat in Vertretung der Stadtgemeinde auf der einen Seite so-

Entwurf für die Gestaltung des Empfangsgebäudes des Hauptbahnhofs von William Lossow und Max Kühne (Dresden), den Gewinnern des Wettbewerbs. (1906)

Die Gestaltung einer Eingangshalle aus dem preisgekrönten Entwurf von Lossow und Kühne. (1906)

wie der Königlich Preußischen Eisenbahndirektion, der Königlichen Generaldirektion der Sächsischen Staatseisenbahnen in Vertretung des Staatsfiskus im Königreich Sachsen und dem deutschen Reichspostfiskus, vertreten durch die Kaiserliche Oberpostdirektion Leipzig, auf der anderen Seite. Der Hauptvertrag mit der preußischen Seite, in dem sämtliche Einzelschritte des komplexen Vorhabens geregelt sind, wurde am 22. Mai 1902 unterzeichnet. Vorausgegangen waren Verkäufe von städtischem Grund und Boden sowie eines Flurstücks des Johannishospitals, das ebenfalls von der Stadt Leipzig vertreten wurde, in den Jahren 1898 und 1900. Für insgesamt 211 873 Quadratmeter, die für den Hauptbahnhof benötigt wurden, belief sich der Erlös auf 5 727 595 Mark. Das waren zwar nur schäbige 27 Mark pro Quadratmeter, aber unter dem Strich fast zehn Prozent der späteren Bausumme.

Der allgemeine Teil bezieht sich auf den eigentlichen Bahnhof, die Gleisführungen im Personen- und Güterverkehr und den Bahnhof Plagwitz-Lindenau, auf dem Sächsische und Preußische Staatsbahn aneinanderstießen. Des weiteren verzichtete die Stadt Leipzig auf mögliche Straßenreinigungs- und Anliegerabgaben.

Der besondere Teil des Vertragswerks beschäftigte sich mit dem Bahnhofsvorplatz, wo das in preußischem Besitz befindliche Gelände zwischen Blücherplatz (Willy-Brandt-Platz), Georgiring und Wintergartenstraße unentgeltlich abgegeben werden sollte, auf den Verkauf weiterer Flurstücke am Lagerhof für 100 Mark je Quadratmeter, auf die Bauwerke an der Thüringer Verbindungsbahn und entlang der Magdeburger Linie sowie verschiedene Unter- und Überführungen, wie zum Beispiel an der Berliner Straße. Ebenso geregelt wurde die Verlegung der Parthe und die Verbreiterung der Blücherstraße (Kurt-Schumacher-Str.) auf großzügige 30 Meter.

Beim Umbau der Leipziger Bahnanlagen sollten alle Einrichtungen für den großvolumigen Güterumschlag und den Übergabeverkehr zwecks Baufreiheit und aus betrieblichen Gründen an den Rand der Stadt rücken. Die Ortsgüteranlagen waren seitlich vom neuen Bahnhof vorgesehen, also in bequemer Entfernung zum geschäftlichen Mittelpunkt der Stadt.

Der Umbau der Leipziger Bahnanlagen, von dem Stadtrat Dr. Leiske im Rückblick sagte, es sei »eines der bedeutsamsten Werke in der neueren deutschen Baugeschichte« gewesen,[22] konnte beginnen.

RUD. WOLLE, EISENBETONBAU
RUD. WOLLE

KOMMEN UND GEHEN

Weshalb der Hauptbahnhof allen Zeitläuften standhielt

Bahnhöfe leben von der Bewegung, die sie bündeln und der sie Richtung geben. So kann es nicht ausbleiben, dass die Bahnhofsbauten im Laufe der Zeit selbst vielfältigen Veränderungen unterworfen sind. Bahnhöfe sind komplex strukturierte Organismen und dynamische Gebilde. Vorausschauend geplant, können sie es ohne gravierende Veränderungen auf ein bemerkehrswertes Alter bringen, obwohl sich um sie herum ein kontinuierlicher Wandel vollzieht.

Die weitsichtige Planung des Leipziger Hauptbahnhofs vermied zweifelhafte Kompromisse und verschaffte der riesigen Anlage eine bemerkenswerte Bestandskraft trotz spürbarer Veränderungen in der Verkehrsentwicklung des zurückliegenden Jahrhunderts.

Ende des 19. Jahrhunderts mussten die spontan entstandenen Enden des Eisenbahnsystems in den europäischen Großstädten miteinander verbunden werden. Die Glanzzeit der Hauptbahnhöfe brach an – wenn nicht, wie zum Beispiel in Wien oder London, der Weg einer Ringbahn oder U-Bahn zwecks Verbindung einer Reihe vorhandener Kopfbahnhöfe beschritten werden sollte.

Im Drei-Kaiser-Jahr 1888 ging der Hauptbahnhof in Frankfurt am Main in Betrieb der sich in einer kontinuierlichen architektonischen Linie mit dem Reichstagsgebäude in Berlin und dem Reichsgericht in Leipzig befindet und in dem alle nach Frankfurt einmündenden Eisenbahnlinien zusammenlaufen. Dieser Bahnhof schien mit seiner 169 Meter breiten und 18 Gleisen fassenden Halle groß genug für jeden damals vorhersehbaren Zuwachs an Verkehrsleistung zu sein, doch das erwies sich schnell als Trugschluss: Der Verkehr stieg schneller als gedacht, so dass am Frankfurter Hauptbahnhof Anbauten erforderlich wurden.

Solche Engpässe sollten rund zwanzig Jahre später beim Entwurf des Leipziger Hauptbahnhofs unbedingt vermieden werden. Deshalb entstand diese Station zu Beginn des 20. Jahrhunderts aus zwingenden Gründen und voll berechtigt in ihrer monumentalen Größe.[23]

Besonderen Wert legten die beteiligten Eisenbahnverwaltungen auf die großzügige Ausbildung der Gebäude zur Innenstadt hin. Dass Leipzig als damals viertgrößte Stadt des Deutschen Reiches zur Millionenstadt aufsteigen würde, schien nur eine Frage der Zeit zu sein. 1905 hatte die Leipziger Bevölkerungszahl eine halbe Million überschritten, 1910 – mitten im Baugeschehen des Hauptbahnhofs – waren bereits die 600 000 greifbar nahe. Die Stadt Leipzig drängte auf weitere Eingemeindungen nach den Wellen von 1889 bis 1891 sowie von 1910. In Gestalt des Hauptbahnhofs sollten betriebliche und architektonische Vorleistungen für das erwartete Wachstum erbracht werden. Auch wenn die sächsische Regierung in Dresden zusätzlichen Eingemeindungen nach Leipzig nicht zustimmte, wuchs die Bevölkerung der Messestadt bis zum Ersten Weltkrieg weiter.

Großzügig und zugleich von praktischem Nutzen für das aufstrebende Messezentrum mit seiner seit 1895 etablierten Mustermesse war der Riesenbau des Hauptbahnhofs gedacht. Bekannte Baumeister nahmen die Herausforderung begeistert an. Im Oktober 1906 – zu diesem Zeitpunkt hatten außerhalb des Weichbilds der Stadt Leipzig längst die neuen Ran-

Ein frühes Meisterwerk des Stahlbetonbaus: Aus dem modernsten Baustoff der damaligen Zeit entsteht die Querbahnsteighalle. Zugleich wachsen die Stahlbögen über den Längsbahnsteigen. (um 1912)

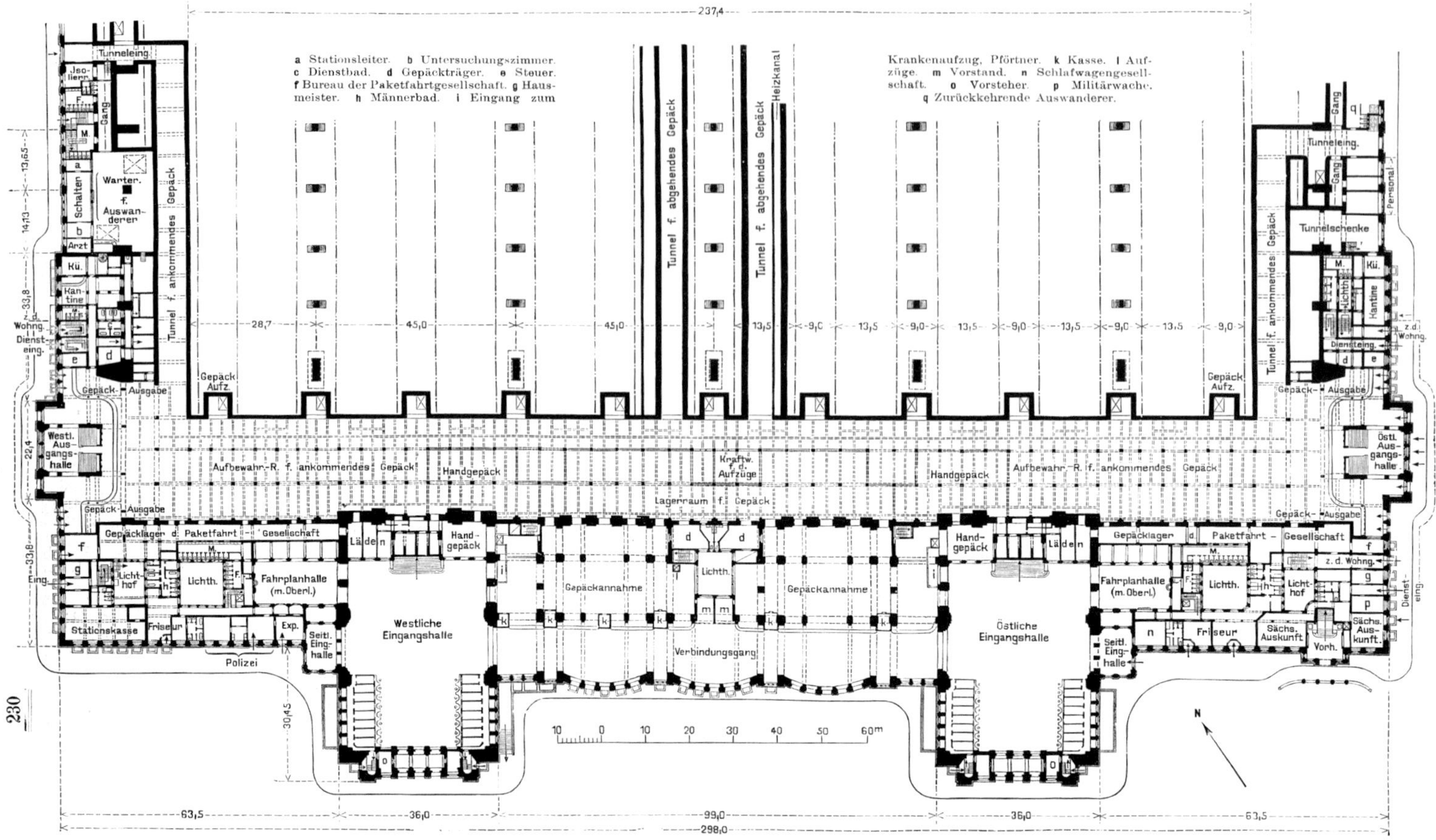

Grundriss des Empfangsgebäudes in Straßenhöhe. (1912)

gierbahnhöfe Wahren (Preußische Staatsbahn) und Engelsdorf (Sächsische Staatsbahn) ihren Betrieb aufgenommen, um den zentrumsnahen Güterverkehr verlegen zu können – wurde der Wettbewerb für den Bau des Empfangsgebäudes ausgelobt. Die Preise beliefen sich auf 32 500 Mark; daneben waren für Ankäufe je 3000 Mark vorgesehen.

An dem Wettbewerb beteiligte sich die Rekordzahl von 76 hoch angesehenen Architekten. Vielleicht wären es noch mehr gewesen, wenn eine Forderung nicht treudeutsch-wilheminisch gelautet hätte, alle Einreicher müssten Architekten mit deutscher Staatsangehörigkeit sein.

Die umfangreiche Ausschreibung wurde von einem hoheitlichen Aspekt dominiert, nämlich dass die Staatsbahnen Sachsens und Preußens die neue Anlage gemeinsam betreiben und nutzen sollten. Eine symmetrische, das Gleichgewicht achtende und betonende Gestalt – allerdings mit geschickt eingefügten Finessen – war vorgezeichnet.

Wer glaubte, dass die Ausschreibung für ein Gebäude mit präzise vorgegebenen Maßen und insgesamt 107 detaillierten und strikten Forderungen an die Funktionalität[24] inmitten vorhandener städtischer Bebauung die Phantasie der Baumeister unerträglich einengen würde, sah sich getäuscht. Für den Leipziger Hauptbahnhof nahmen die am Wettbewerb beteiligten Architekten kräftige Anleihen bei allen denkbaren Stilrichtungen, die sich ebenfalls der Repräsentation mit schmückenden Elementen verschrieben hatten. Folglich bekamen die Gutachter kuppelbekrönte Eingangshallen und hoch aufragende Uhrtürme ebenso zu Gesicht wie einen von klassischen Säulengängen umsäumten Vorplatz. Selbst der letztlich favorisierte Entwurf orientierte sich mit der Wahl von Deckengewölben in den Eingangshallen an antiken römischen Thermen, nun allerdings ins Monumentale gesteigert.

Der erste Preis des Architektenwettbewerbs wurde auf die Entwürfe mit den Kennworten »Wahrheit, Klarheit, Licht und Luft« von Jürgen Kröger aus Berlin sowie »Licht und Luft« von William Lossow (1852–1914) und Max Kühne (1874–1942) aus Dresden aufgeteilt. An letzterem lobten die Juroren, er sei sorgfältig durchgearbeitet, nutze den Ausschreibungsspielraum geschickt aus und überzeuge mit vorzüglicher Luft- und Lichtzuführung, einwandfreier Zugänglichkeit der Diensträume und guter Anlage

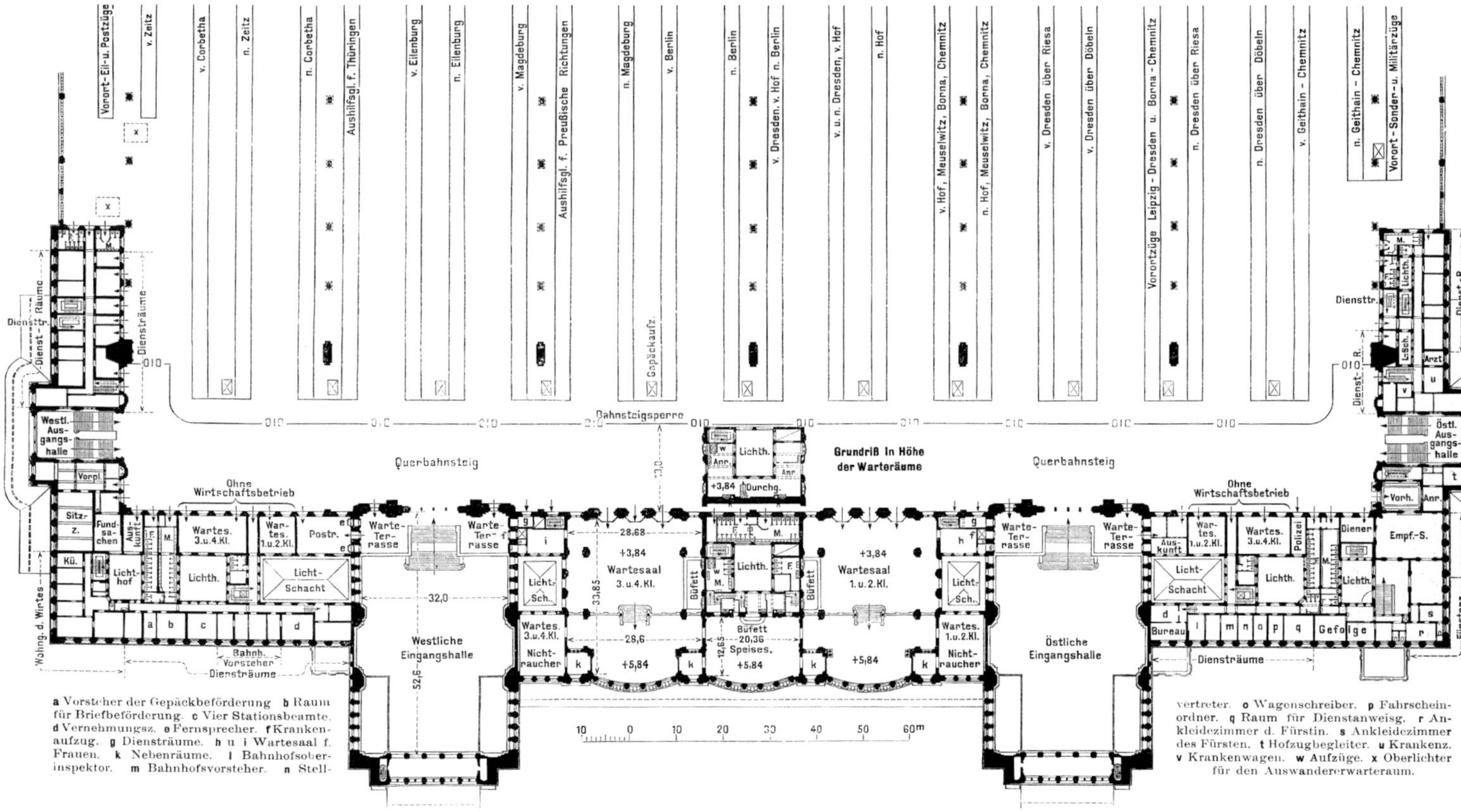

Grundriss des Empfangsgebäudes in Bahnsteighöhe (3,84 Meter über Vorplatzhöhe). (1912)

der Wohnungen. Angetan waren die Preisrichter von der monumentalen Gestaltung der Eingangshallen. Bemängelt wurde dagegen die nicht ausreichende Größenabmessung zweier Wartesäle, die Gestaltung der beiden Seitenausgänge sowie die Anordnung des Zugangs des Fürstenzimmers vom Bahnsteig aus.[25] Ein beigelegter Nebenentwurf mit hohen Türmen über den Eingangshallen fand wegen erheblicher Mittelüberschreitung keine Berücksichtigung durch das Preisgericht.

Nach dem durch Lossow und Kühne in Teilen geringfügig überarbeiteten Entwurf mit dem programmatischen Kennwort »Licht und Luft« entstand der Leipziger Hauptbahnhof zwischen 1909 und 1915 als Kopfbahnhof in der bekannten Form mit zwei repräsentativen, durch einen Mitteltrakt verbundenen Eingangshallen. Der im Dresdner Büro der beiden Professoren tätige Architekt Rudolf Bitzan bezeichnete sich später als eigentlichen Schöpfer des Leipziger Hauptbahnhofs und bestritt die Autorschaft Lossows und Kühnes für das grandiose Projekt. Alle einschlägigen Publikationen verweisen darauf, dass Bitzans Beitrag zum Entwurf des Leipziger Hauptbahnhofs baugeschichtlich noch zu klären sei.

Die Grundsteinlegung fand am 16. November 1909 in der südwestlichen Ecke des Empfangsgebäudes statt. Zu diesem Zeitpunkt war der Abschluss aller Arbeiten für das Jahr 1914 eingeplant. In der Kapsel, die in das Fundament eingemauert wurde, befinden sich neben Münzen und Tageszeitungen auch Unterlagen des Architektenwettbewerbs und nicht zuletzt der Kostenvoranschlag für den Hauptbahnhof, auf dass künftige Generationen einen Eindruck von damaliger Budgetdisziplin bekommen sollten.

Auf einem riesigen Areal lief innerhalb von sechs Jahren der zentrale Handlungsstrang bei der Umgestaltung der Leipziger Bahnanlagen ab. Die Vermischung von Personen- und Güterverkehr auf den historisch gewachsenen Leipziger Bahnanlagen zwischen Promenadenring und Parthe erzeugte Handlungsdruck, zunächst den größten Teil des Güterverkehrs von dem zentrumsnahen Areal weg zu verlagern, um Baufreiheit zu erlangen.

Für die Neuordnung der Leipziger Eisenbahnverhältnisse galt die Prämisse, dass während der gesamten Bauphase des Hauptbahnhofs der laufende Zugverkehr zu den vielen in- und ausländischen Destinationen nicht einmal vorübergehend unterbrochen

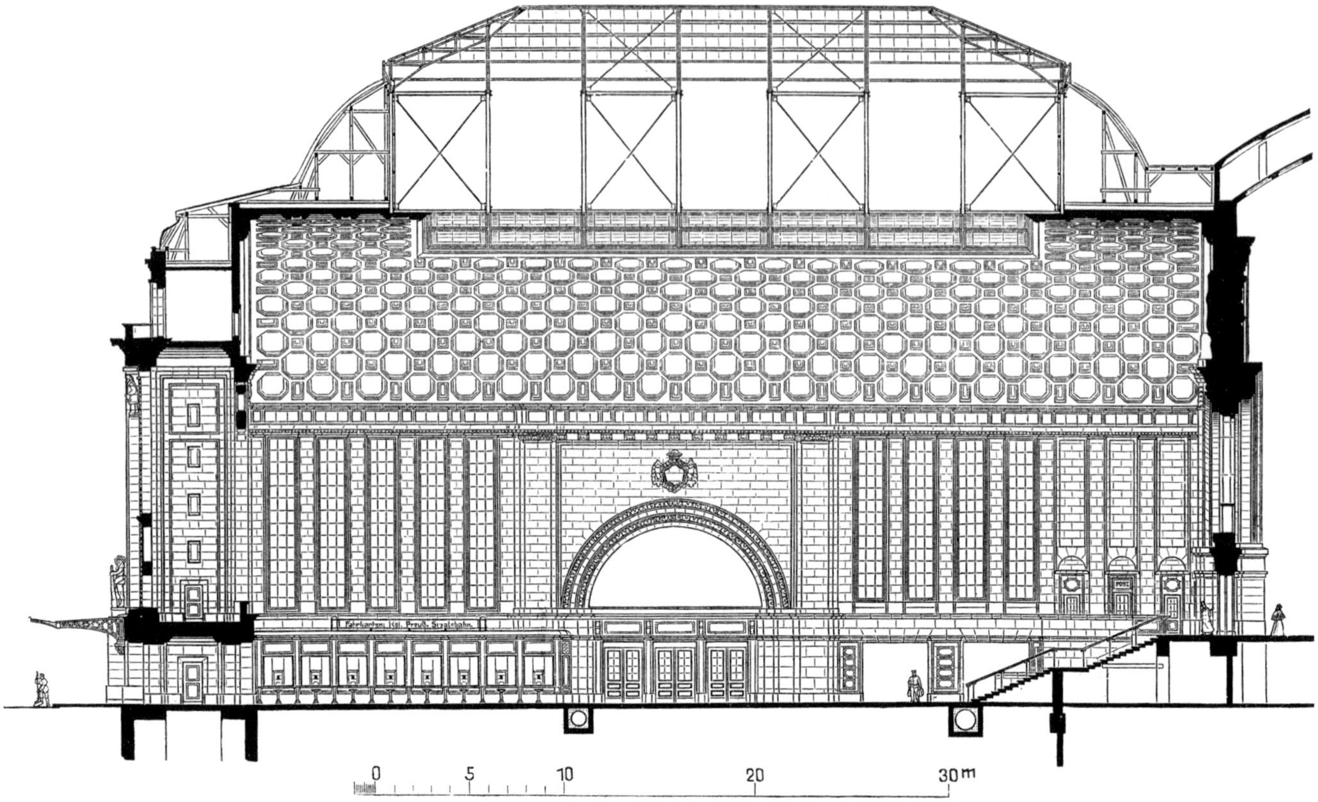

Längsschnitt durch die westliche Eingangshalle nach dem Entwurf von Lossow und Kühne. (1912)

werden dürfe. Da jedoch das Baugeschehen dem klaren Schema von schrittweisem Abbruch der drei Vorgängerbahnhöfe und unverzüglich folgendem Aufbau der neuen »Centralstation« auf den freigewordenen und vom Bauschutt beräumten Grundstücken folgte, waren gewohnte Bahnhofsareale für den Zugverkehr zeitweilig nicht nutzbar.

Die Verkehre von und zu den einzelnen historisch entstandenen Personenbahnhöfen mussten mehrfach verlagert werden. Das war ohne Provisorien und Zwischenlösungen nicht möglich. Nacheinander teilten sich unterschiedliche Stationen die verkehrlichen Aufgaben. Zuerst wurde der alte Thüringer Bahnhof am 1. Oktober 1907 geschlossen und anschließend abgebrochen. Sein Zugverkehr wanderte vorübergehend 150 Meter nach Osten zum benachbarten Magdeburger Bahnhof, der folgerichtig seinen Namen in »Provisorischer Thüringer Bahnhof« änderte. Die Westseite des neuen Hauptbahnhofs bekam bereits Konturen, als der Provisorische Thüringer Bahnhof seinerseits – weniger als 50 Jahre nach dem Umbau des Magdeburger Bahnhofs in den Jahren 1862/63 – den Spitzhacken zum Opfer fiel.

Der weiter nördlich gelegene, für den Personenverkehr eigentlich längst abgeschriebene Berliner Bahnhof übernahm vorübergehend noch einmal Teilfunktionen der nacheinander verschwindenden Stationen Thüringer, Magdeburger und Dresdner Bahnhof,[26] bevor er nach der Teilinbetriebnahme des neuen Hauptbahnhofs im Jahre 1912 selbst abgebrochen wurde und seinen Platz im Stadtbild räumte.

Das schrittweise Verschwinden der alten Bahnhöfe zog sich über sechs Jahre hin, von 1907 bis 1913. Während der alte Dresdner Bahnhof von 1864 noch stand und uneingeschränkt seine Funktion erfüllte, hatte die Westseite des neuen Hauptbahnhofs auf dem Terrain des einstigen Thüringer Bahnhofs längst ihre vorgesehene Gestalt angenommen und war bereits in Betrieb gegangen. 1913 schlug die Stunde für den 1864 umgebauten Dresdner Bahnhof auf jenem Areal, von dem 1839 die erste deutsche Fernbahn ihren Ausgang genommen hatte. Am 1. Februar 1913 fuhr pünktlich um 9.37 Uhr der letzte Zug mit einer festlich geschmückten Lokomotive ab – nach Dresden, das stand außer Frage. Während des Abbruchs des Dresdner Bahnhofs und des anschließenden Neubaus der sächsischen Ostseite des Hauptbahnhofs begannen die Züge in Richtung Dresden eine zeitlang an den weiter westlich gelegenen, bereits fertiggestellten Bahnsteigen der neuen Station.

Der Hauptbahnhof erstreckt sich teilweise über kompliziertem Baugrund. In seinem urzeitlichen

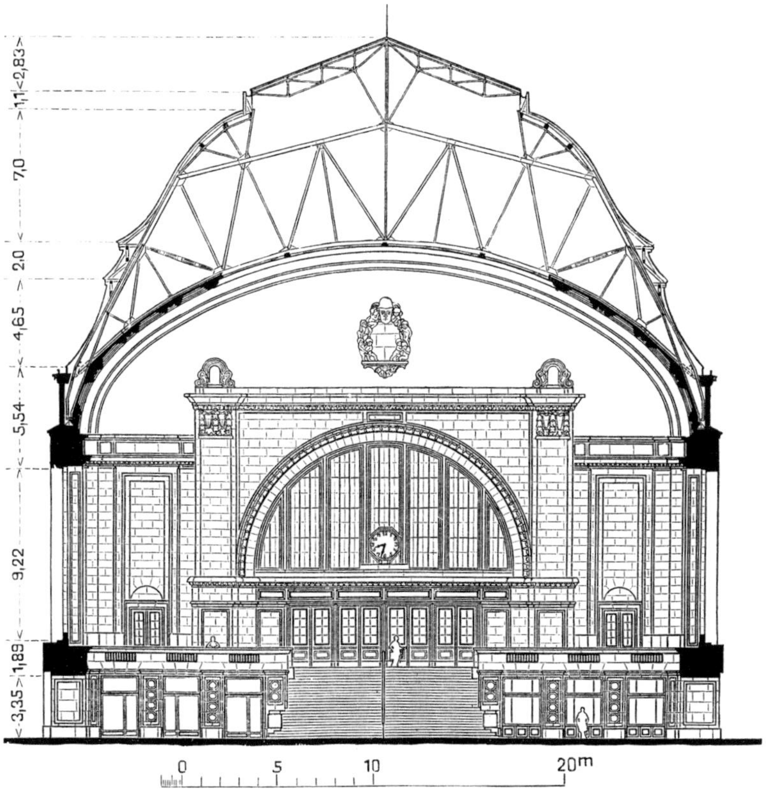

Schnitt durch die Eingangshalle mit Blick zum Bahnsteig. (1912)

Verlauf schwemmte das Flüsschen Parthe umfangreiche Erdmassen an, die sich zu einem morastigen Untergrund setzten. Bereits der alte Dresdner Bahnhof ruhte auf Eichensäulen. Für den Hauptbahnhof mussten insgesamt 3125 Gründungspfähle aus Stahlbeton, auf denen das Fundament des Empfangsgebäudes ruht, bis zu sieben Meter tief in den Boden getrieben werden, ehe sie auf Schichten mit ausreichender Tragfähigkeit stießen.

Die Parthe wurde unter die Erde verlegt und umgeleitet, um ein günstig geschnittenes Areal zu erlangen. Insgesamt fiel die Wahl für das nördliche Vorfeld des Hauptbahnhofs auf die Variante massiver Aufschüttungen, auf denen die Gleisanlagen ruhen. Das eingebaute Material stammte aus zwei zu respektablen Seen aufgeweiteten Sand- bzw. Kiesgruben, dem Auensee im Westen von Leipzig und aus Großsteinberg bei Grimma.

Aufschüttungen waren erforderlich, um das wellige Terrain zu nivellieren und um die Parthe so großzügig zu überwölben, dass selbst dem mächtigsten vorhersehbaren Hochwasser kein unüberwindliches Hindernis für den freien Durchfluss im Weg steht. Auf der Höhe dieser Überwölbung wurden die Gleise anschließend bis in die Bahnsteighalle geführt. Damit ergab sich zugleich die praktische Situation, einerseits im jedermann zugänglichen Bereich des Empfangsgebäudes die Ströme der Reisenden und ihres mitgeführten Gepäcks bereits auf der Straßenebene zu trennen und andererseits unter den Gleisen das verzweigte System der Verkehrs-, Gepäck-, Eilgut-, Post- und Energietunnel anzulegen.

Seit 1909 war der Baufortschritt des Hauptbahnhofs von der Straßenseite her gut zu verfolgen. Wer wollte, konnte das entstehende Bauwerk mit den zahlreichen Abbildungen auf den Ansichtskarten vergleichen, die bereits Jahre vor der Fertigstellung der Station zirkulierten und das Interesse an ihr anzufachen suchten. Nicht alle Details stimmten, und die Perspektive war teilweise grotesk. Dem Stolz auf den Riesenbau tat das keinen Abbruch.

Die Fassade schwingt in einer Folge von Bögen, »barock in ihrem Schwung, neoklassisch in ihrer Strenge«.[27] Beide Empfangshallen erstrecken sich in Richtung Vorplatz. Im Inneren des Gebäudes verlief zwischen ihnen ein 100 Meter langer und zwölf Meter breiter Verbindungsgang. Passend zum funktionalen Dualismus zweier Staatsbahnen, setzte die Gestalt des Hauptbahnhofs auf Symmetrie, um damit nach außen das Gleichgewicht im Geltungsanspruch zwischen Sachsen und Preußen zu manifestieren.

Am Beginn des 20. Jahrhunderts wurden in mehreren der neuen Hauptbahnhöfe fürstliche Warteräume vorgesehen, so auch in Leipzig.[28] Punkt 12 der besonderen Bestimmungen für das Empfangsgebäude hatte auf der sächsischen Seite von den Architekten eine »Eingangshalle mit überdeckter Vorfahrt für die in Bahnsteighöhe anzuordnenden Fürstenzimmer« gefordert.[29] So entstand trotz der sonst absichtsvoll zur Schau getragenen Symmetrie auf der Straßenseite eine Abweichung von der allgegenwärtigen Spiegelbildlichkeit: Nur am östlichen Gebäudeflügel ragt ein von Säulen getragener Vorbau wie ein Pavillon bis über den Fußweg hinaus. Dahinter befanden sich die ursprünglich der kaiserlichen Familie vorbehaltenen Empfangs- und Aufenthaltsräume. Die stilvoll ausgestatteten Räumlichkeiten mit edlem Mobiliar und blinkenden Lüstern erinnerten mitten in der aufstrebenden Metropole eher an ein kleines Landschloß als an einen großstädtischen Bahnhof. Über die ursprüngliche Bestimmung des Repräsentationsteils ging der Lauf der Zeit hinweg, denn das deutsche Kaiserreich überlebte die Fertigstellung des Leipziger Hauptbahnhofs um nicht einmal drei Jahre. Als die Monarchie überwunden war, gelangte die Einrichtung der Fürstenzimmer in die Büros verschiedener Eisenbahndirektoren, die auch als Vertreter der Republik auf Prunk nicht verzichten zu können glaubten ...

Markanten Bauschmuck im oberen Teil beider Eingangshallen des Hauptbahnhofs bilden zwölf überlebensgroße Figuren. Sie stehen für die Erbauer bzw. für typische Leipziger Berufe. Die Westhalle zieren Architekt, Ingenieur, Steinmetz, Zimmermann, Eisenarbeiter und Erdarbeiter, die Osthalle Professor, Musiker, Student, Kaufmann, Buchdrucker und Zurichter als Vertreter des Kürschnerhandwerks. An den Eingangshallen prangt je ein – preußisches bzw. sächsisches – Wappenpaar. Die auffälligen, mehrfach abgewinkelte Dächer zeigen neubarocken Einfluss im zeitgeistigen Historismus. Dass Bahnhofsbaumeister Kühne eine zeitlang in Berlin im Büro von Paul Wallot, dem Reichstagsarchitekten, gearbeitet hatte, ist unverkennbar.

Jede Eingangshalle bedeckt eine Grundfläche von 1620 Quadratmetern. Für den hellen Farbton der Seitenwände sorgt Cottaer Sandstein aus dem Elbsandsteingebirge. In 26 Meter Höhe wölben sich Kassettendecken über die majestätischen Eingangsbereiche. Aus den Hallen führen zehn Meter breite Freitreppen aus Lausitzer Granit auf den beeindruckenden Querbahnsteig von 33 Metern Breite und fast 300 Metern Länge. Er liegt rund vier Meter über dem Straßenniveau und verteilt die Ströme der Reisenden zu den Zügen oder nimmt sie für ihren Weg in die Stadt auf.

»»» *Das bauliche Bild ist hier [beim Leipziger Hauptbahnhof] besonders eindrucksvoll. Bei sämtlichen älteren Bahnhofanlagen sind die eisernen Gleishallen unmittelbar an das Empfangsgebäude herangeführt. Die Stützen sind überall an die steinerne Abschlußwand gesetzt. Das ergibt einen recht häßlichen Gegensatz zwischen der ungegliederten Schwere der steinernen Wände und dem daran geklebten, auseinanderstrebenden Geflecht der Eisenstützen. In Leipzig wurde dieser schroffe Gegensatz in großartiger Weise vermieden. Der Querbahnsteig ist mit einer eigenen Halle überwölbt; erst hinter dieser beginnen die Eisenbauten.* *Artur Fürst (1925)*[30]

Großzügigkeit und Übersichtlichkeit wurden von Besuchern des Bahnhofs seit jeher gelobt. Der Ursprungsgedanke der Architekten, Tageslicht seitlich und von oben so intensiv wie möglich in das Innere der Bahnhofsgebäude fluten zu lassen, zeigt bis heute seine Wirkung.

Über die Querbahnsteighalle spannen sich Betonbinder mit 35 Metern lichter Weite. Für Stahlbetonbauteile dieser Dimension lagen in der Entstehungszeit des Leipziger Hauptbahnhofs kaum praktische Erfahrungen vor. Um Gewissheit hinsichtlich der Festigkeit zu erlangen und Skeptiker zu beruhigen, entschlossen sich die ausführenden Firmen im Jahre 1910, in einer Kiesgrube von Dyckerhoff & Widmann in Cossebaude bei Dresden einen Probebinder in Originalgröße ausführlichen Belastungstests zu unterziehen. Nachdem das massive Bauteil bis zum Anderhalbfachen der praktisch erwarteten Kräfte belastet wurde und keine Ermüdungserscheinungen zeigte, stand der praktischen Umsetzung des Bauwerks nichts mehr im Weg.[31]

Drei Firmen teilten sich mit unterschiedlich großen Losen in die Errichtung dieses frühen Meisterwerks des Stahlbetonbaus – Dyckerhoff & Widmann

aus Dresden sowie Rudolf Wolle und Max Pommer, ein »Pionier des sächsischen Eisenbetonbaus«,[32] aus Leipzig. Die überdachte Fläche des Querbahnsteigs misst über 9000 Quadratmeter, die der Längsbahnsteige rund 60 000 Quadratmeter.

»»» *Auf den Perrons des Leipziger Bahnhofs, die mit eisernen Bogen überwölbt sind, ist es fast so hell wie im Freien. Denn die eisernen Streben, die die mächtigen Wölbungen bilden, sind hier mit großer Eleganz konstruiert. Wie ein zierliches Gewebe steigen die eisernen Maschen empor. Die graziösen Linien der Stützpfeiler setzten sich ganz leicht nur an einer schmalen Stelle auf die Fundamentsteine auf. Überall fällt von oben durch die gläsernen Platten das Licht hinein. Der Bahnhof erhält hierdurch trotz seiner imponierenden Größe und der Kraft seiner Linien etwas Luftiges. An ihrem Kopf nun werden die Glashallen von den großflächigen, schweren und wuchtigen Eisenbetonportalen abgeschlossen. Das wirkt hier baulich sehr gut, denn so stößt die Unruhe des Eisengeflechts nicht direkt an die geschlossenen Linien des monumentalen Empfangsgebäudes aus Sandstein, das ihm vorgelagert ist. Die großen, schweren Portale sammeln die Unrast des eisernen Linienzuges zu ruhigen Flächen zusammen.* Artur Fürst (1912)[33]

Die riesige, geschlossen anmutende Fläche mit Bahnsteigen und nur mäßigen Vertiefungen für den Gleiskörper lässt vergessen, dass sie sich rund vier Meter über dem Niveau der am Hauptbahnhof vorbeiführenden Straßen befindet. Stabile Betonstützen und Aufschüttungen tragen die Bogenkonstruktion der Bahnsteighallen aus Stahl, Beton und Glas, die Personen- und Gepäckbahnsteige und selbstverständlich das geschotterte Gleisbett, die Schwellen, Schienen, Prellböcke und Signale.

Beginn der Bauarbeiten auf der Westseite. Blick über die Parkstraße (heute Richard-Wagner-Straße), in der die Droschken halten, in Richtung Blücherstraße (heute Kurt-Schumacher-Straße). Das Erdgeschoss des westlichen Seitenflügels wird hochgemauert. (um 1910)

Bau des Betonabschlussbogens der Längsbahnsteighalle am Bahnsteig 8 und 9, Baulos der Firma Max Pommer, Leipzig. In der Bauphase des sächsischen Ostteils (Gleis 14 bis 26) fuhren Züge der Sächsischen Staatsbahn vorübergehend von den Gleisen der Preußischen Staatsbahn ab (Gleis 1 bis 13). (25. März 1913)

Den 1909 im Jahr der Grundsteinlegung initiierten Wettbewerb für die Konstruktion der Bahnsteighalle gewannen die Ingenieure Eilers und Karig. Sie lösten ihre Aufgabe mit Bravour, denn Eingangsgebäude und Bahnsteighalle fügen sich als verschiedene Baukörper zu einem viel bewunderten harmonischen Ganzen. Karig verdiente seinen Lebensunterhalt im Brückenbüro der Sächsischen Staatsbahn in Dresden und erstellte den Vorentwurf für die Stahlkonstruktion. Louis Eilers war zugleich Unternehmer; er bearbeitete die Unterlagen abschließend und lieferte die Konstruktionsteile aus seiner Firma in Hannover-Herrenhausen nach einem höchst modern anmutenden Herstellungsprinzip zum unverzüglichen Einbau nach Leipzig.[34]

Sechs mächtige Hallenschiffe, die sich an den Querbahnsteig anschließen und seitlich durch zwei kleinere und flachere Seitenschiffe flankiert werden, überspannten die ursprünglich 26 Bahnsteiggleise. Zwischen den Gleisen sind abwechselnd bequeme Personen- und flachere Gepäckbahnsteige angeordnet. Die maximale Spannweite der Stahlbögen beträgt 45 Meter. Ab Empfangsgebäude gerechnet, sind die Längsbahnsteige 240 Meter lang. »Die Bogenkonstruktion der Leipziger Bahnsteighallen ist leichter und schnörkelloser als auf dem Hauptbahnhof von

Frankfurt am Main, und sie eröffnet majestätische Perspektiven beim Blick durch die scheinbare Unendlichkeit der Bögen hindurch«.[35] In Stahl gefasste luftige Fensterbänder, wie in fortschrittlichen Industriebauten des beginnenden 20. Jahrhunderts, begrenzen die äußeren Längsbahnsteighallen in Richtung der vorbeiführenden Straßen.

»»» *Nicht hinsichtlich ihrer Spannweite, aber was die bebaute und überdachte Gesamtfläche betrifft, ist die sechsschiffige aus Stahl erbaute Halle einzigartig. […] Mit ihrer 20 Meter betragenden Scheitelhöhe ist ihre Raumwirkung monumental, die darin sich bewegenden Züge und die Reisenden gewinnen eine mehr als gebührende Abschirmung in einer – und das ist auch heute noch einmalig – 1,3 Millionen Kubikmeter umbauten Raum umfassenden Halle. Sie ist gut beleuchtet und war auch zur Zeit des Dampfbetriebes genügend durchlüftet.*

Mihaly Kubinszky (1990)[36]

Im Laufe mehrerer Jahre gingen schrittweise immer neue Anlagen in Betrieb, ohne die der Gesamtorganismus des Hauptbahnhofs nicht funktionieren konnte. So wurde bereits 1908 das preußische Bahnbetriebswerk – das spätere Bw Leipzig Hbf West – eröffnet. Seit dem 1. September 1910 rollte der Straßenverkehr über die imposante Bogenkonstruktion der Brandenburger Brücke, und ab 1912 übernahm der Postbahnhof an der Rohrteichstraße – der größte Postbahnhof der Welt, vorgesehen für die gemeinsame Behandlung der Postwagen von den preußischen und sächsischen Zügen – nach und nach seine Funktion. Einen reichlichen Kilometer nördlich des Hauptbahnhofs gelegen, stellt der Postbahnhof mit 29 Gleisen, 16 Bahnsteigen und einem Querbahnsteig ein verkleinertes Abbild seines großen Bruders dar, der dem Reiseverkehr vorbehalten ist. Angeschlossen war das Bahnpostamt BPA 18. Ende der 1920er Jahre wurden im Eisenbahn-Postverkehr mit Leipzig täglich min-

Bau der Längsbahnsteige. Der Junge im Matrosenanzug vermittelt einen Eindruck von der Größe der Betonfundamente zur Aufnahme der Stahlbogenkonstruktionen. Aus statischen Gründen wurde der Bau mit dem zweiten Hallenschiff begonnen. (um 1911)

destens 262 Wagen in speziellen Postzügen oder als Bahnpostwagen in regulären Reisezügen gezählt. Rangierlokomotiven bewegten die Wagen der Post nach einem genauen Plan vom Hauptbahnhof zum Postbahnhof und zurück.

Flankiert wird der Hauptbahnhof von zahlreichen Nebenanlagen, darunter dem Freiladebahnhof für Stückgut und dem Magdeburg-Thüringer sowie dem Dresdner Güterbahnhof, die mit ihren Namen die Erinnerung an die historischen Vorgänger wach halten. Welche Anlagen in welcher Funktion wie lange Bestand hatten, ist ein Teil der verzweigten Geschichte des Eisenbahn-Güterverkehrs in Leipzig.

Folgt man der zeitgenössischen Berichterstattung, muss wenige Tage vor der Eröffnung des Hauptbahnhofs eine knisternde Stimmung über der Stadt gelegen haben. Seit nunmehr acht Jahren konnten die Leipziger verfolgen, wie sich die detailliert abgestimmte Umgestaltung der Leipziger Bahnanlagen methodisch von außen nach innen dem Hauptbahnhof näherte, wo der Abschluss in mehreren Etappen stattfinden sollte.

»»» Die glatten, feingegliederten gelben Sandsteine der Wände dämpfen das Licht, während die kasettierte weiße Decke es milde reflektiert. Wenn hier vollständige Ruhe herrscht, muß der Aufenthalt in diesem Raume ein erhebendes und doch bedrückendes Gefühl in uns hochquellen lassen: wie groß und gewaltig diese Schöpfung von Menschengeist und Menschenhand! Wie winzig klein du Menschlein selbst in diesen Hallen!

Vollständige Ruhe! Ich muß lachen über die Unmöglichkeit dieser Forderung. Auf einem Bahnhof, auf dem größten Bahnhof der Welt, vollständige Ruhe! Auch jetzt vor der Inbetriebnahme herrscht hier alles andere als Ruhe. Ein Heer von Handwerkern und Arbeitern, von Malern, Tischlern, Installateuren, Schlossern, Mechanikern, Zimmerleuten, Steinmetzen, Klempnern usw. usw. – wer wollte alle Berufe, die hier tätig sind, nennen –, ist hier noch in voller Tätigkeit, die letzte Hand anzulegen zur Vollendung des Werkes, das in wenigen Tagen dem Verkehr übergeben wird. Das hämmert und rasselt und prasselt, das turnt über Leitern und schwingt den Pinsel. […]

Die großen Normaluhren auf den Bahnsteigen zeigen uns, wie rasch die Zeit vorwärtsschreitet. Leuchtend fällt die Sonne herein durch die gewaltigen Glasdächer, den (nach der Gesamtfertigstellung) 267 Meter langen Querbahnsteig in ein Meer von Licht tauchend, ebenso die drei fertigen Bahnhofshallen mit ihrer Breite von 41 bis 45 Metern. Sonne und Licht, das Motto des Entwurfs des Architekten, es ist in vollstem Maße bewahrheitet.

Auf Wiedersehen, du stolzragendes Monument deutscher Baukunst und Technik, am 1. Mai!

Leipziger Tageblatt (1912)[37]

Es war dem vereinbarten Bauablauf des Leipziger Hauptbahnhofs mit seinem Fortschreiten von West nach Ost, also von der preußischen hin zur sächsischen Seite geschuldet, dass der erste planmäßige Zug, der auf dem halb fertigen Hauptbahnhof am frühen Morgen des 1. Mai 1912 unter lebhafter Teilnahme von Schaulustigen abgefertigt wurde, einer der Preußischen Staatsbahn war, erstaunlicherweise ein ganz normaler Personenzug nach Corbetha (heute: Großkorbetha). Die Linie nach Zeitz ging an diesem Tag ebenfalls in Betrieb. Ganze vier Bahnsteige mit sechs Gleisen ließen die kommende Größe des Bahnhofs bestenfalls ahnen.

Der Hauptbahnhof arbeitete sich systematisch an die Übernahme seiner verkehrlichen Aufgaben heran: Ab dem 1. Mai 1912 wurde der Thüringer Verkehr auf die vorläufig bloß im westlichen Teil vollendete neue Station geführt. Am selben Tag wurde der Provisorische Thüringer Bahnhof für den Verkehr geschlossen, und sogleich begann sein Abbruch. Am 20. September 1912 wanderte der Verkehr aus und nach Richtung Halle vom Berliner auf den Hauptbahnhof. Ganze zehn Tage später – am 1. Oktober 1912 – wurden die Züge aus Richtung Berlin vom Bayerischen und dem Berliner Bahnhof sowie der Schnell- und Eilzugverkehr aus Richtung Hof vom Bayerischen Bahnhof zu dem neuen Bahnhof geführt. Schließlich folgten am 1. Februar 1913 die Dresdner und Chemnitzer Züge.

Seine erste große Bewährungsprobe bestand der zu jenem Zeitpunkt noch embryonale Bahnhof im Weihnachtsverkehr des Jahres 1912. Die Bahnhofsverwaltung reagierte schnell, ließ Sonderfahrkartenschalter einrichten und gab vor der Eröffnung der folgenden Bauabschnitte rechtzeitig Faltblätter heraus, um Passagieren und Dienstmännern zügige Orientierung in der riesigen Station zu ermöglichen.

Früher Stahlbetonbau: Aus angelieferten Brettern errichten die Spezialisten der Firma Rudolf Wolle die Schalung vor Ort. Im Bildhintergrund ist der alte Dresdner Bahnhof zu sehen, die Kuppel über der Dachkante gehört zur Alberthalle. (um 1912)

Mit der Teilinbetriebnahme des Hauptbahnhofs kam die Verlagerung des Fernreiseverkehrs in Richtung Osten vom preußisch betriebenen Eilenburger Bahnhof auf den neuen, näher am Stadtzentrum gelegenen Kopfbahnhof. Der Eilenburger Bahnhof wurde auf eine Station reduziert, die nur noch für den Vorortverkehr in Richtung Taucha (bei Leipzig) Bedeutung besaß (und sogar diese bescheidene Bestimmung ab dem Kriegsjahr 1942 einbüßte). Nach Fertigstellung des Hauptbahnhofs verlor auch der Bayerische Bahnhof seine einstige Bedeutung für den Fernverkehr in den weiß-blauen Freistaat. Schon Ende 1912 war von dieser Station der letzte Schnellzug nach Hof abgegangen. Ebenfalls seit 1912 verschwand der Berliner Bahnhof. Ab 1915 wurde der gesamte Leipziger Fernverkehr auf der Schiene zur Domäne des neuen Hauptbahnhofs. 78 Jahre nach der Ouvertüre zur Leipziger Eisenbahngeschichte war von den seit 1874 bestehenden sechs Leipziger Fernbahnhöfen nur einer übriggeblieben.

»»» *Noch stehen deutlich in unserer Erinnerung die alten Bahnhofsbauten in Hamburg und in Leipzig. Sie waren infolge des langsamen Entstehens der sehr ausgedehnten Neubauten gewissermaßen als Denkmäler einer längst vergangenen Zeit bis in unsere Tage stehengeblieben. Wenn man einen dieser Bahnhöfe berühren mußte, hatte man das Gefühl, daß in keiner anderen deutschen Stadt so wenig gereist werden müßte wie in Hamburg und in Leipzig. Solche Bahnhofhäuser wären, so meinte man, wohl geeignet, selbst den Reiselustigsten von dem Antritt einer Fahrt zurückzuhalten. Diese grauschwarzen Mauern mit den spärlich eingesetzten bunten Fensterchen, diese niedrigen, düsteren Hallen, die Engbrüstigkeit der Bahnsteige, die jämmerlich kleinen und kaum auffindbaren Anlagen für Fahrkartenentnahme und Gepäckbeförderung wirkten zusammen, um einen geradezu niederschlagenden Eindruck hervorzubringen. Man hätte meinen können, daß sich niemand in dieses traurige Gemäuer hineinbegäbe, der hierzu nicht unbedingt gezwungen wäre. – Wie anders sieht es heute auf den Bahnhöfen dieser Städte aus!*

Von Westen her wächst der Hauptbahnhof heran. Während im Frühjahr 1913 die Osthalle bereits deutliche Konturen zeigt, ist der Uhrturm des Dresdner Bahnhofs noch nicht gefallen. Der alte Dresdner Bahnhof von 1864 wird gerade abgerissen. Im Vordergrund wird die Brandenburger Straße angelegt. (1913)

Da sind heiter geschmückte Stirnwände, prunkende Vorräume von großartiger Weiträumigkeit; mächtig sich emporwölbende Hallen überspannen die Geleise, das Licht flutet voll herab auf die breiten, wohlgeordneten Bahnsteige, alles lockt und ladet dazu ein, das großartige Verkehrswerkzeug zu benutzen, das hier seine Empfangsstelle hat. Es gibt keine Zahlenaufstellung, die den Einfluß von Bahnhofbauten auf die Reisefreudigkeit erkennen läßt. Aber es ist nicht zweifelhaft, daß die prachtvollen Bauten neuerer Zeit anfeuernd hierauf einwirken.

Artur Fürst (1925)[38]

Am 4. Dezember 1915 fand schließlich mit einem Festakt die Schlusssteinsetzung für den Hauptbahnhof auf der Empore der Osthalle statt. Symbolträchtig wurde der Grundstein des abgebrochenen Dresdner Bahnhofs als Schlussstein der neuen großstädtischen Station verwendet. Ergriffen nannte der sächsische Staatsminister von Seydewitz die Vollendung des Hauptbahnhofs einen »Markstein in der Geschichte des europäischen Eisenbahnwesens«.

Das riesige Werk war ein Jahr später vollbracht, als im Jahre 1902 geplant war. In dem seinerzeit erstellten Kostenvoranschlag, der in der Metallhülse des Grundsteins steckt, rechnete man mit 135 Millionen Mark für den Umbau der Leipziger Bahnanlagen, der neben dem Hauptbahnhof unter anderem den Neubau der Rangierbahnhöfe Wahren, Engelsdorf und Gaschwitz, des Bahnhofs Schönefeld, des Kraftwerks im Gleisdreieck in Connewitz, den Postbahnhof, zig Kilometer Verbindungsbahnen und Brückenbauwerke sowie die erforderlichen Bahnbetriebswerke umfasste.

Der tatsächlich investierte Betrag belief sich auf 137,05 Millionen Mark, aufgeteilt auf Sachsen (54,53 Millionen), Preußen (55,66 Millionen), die Reichspostverwaltung (5,76 Millionen) und die Stadt Leipzig (21,10 Millionen Mark). Die Überschreitung des Budgets fiel mit genau anderthalb Prozent der ursprünglich veranschlagten Summe minimal aus. Von 137 Millionen Mark Gesamtkosten wurden 60,75 Millionen Mark allein für den »Hauptpersonen- und Güterbahnhof« verwandt.

Hinter dem preußischen Anteil in Höhe von 55,66 Millionen Mark an den Gesamtkosten für den Umbau der Leipziger Eisenbahnanlagen verbirgt sich eine bemerkenswerte Investitionsdynamik. Sie wird anschaulich im Vergleich mit den außerordentlichen

Die Ostseite im Bau. Die Dachkonstruktion besteht vorläufig nur aus einem Stahlskelett. Die Bautafel von Kell & Löser weist auf den gleichzeitigen Bau von Hauptbahnhof und Untergrundbahn hin. (21. November 1914, Foto mit einmontierten Personen)

Mitteln aus dem preußischen Etat, die zwischen 1890 und 1900 für den Neubau und die Erweiterung preußischer Stationen, Rangierbahnhöfe und Anschlussbahnen in Leipzig flossen. Es waren im letzten Jahrzehnt des 19. Jahrhunderts ganze 6,77 Millionen RM und damit fast dieselbe Summe, die in diesem Zeitraum auch nach Breslau floss, und nur unwesentlich mehr, als beispielsweise Stettin bzw. Rheydt (heute ein Stadtteil von Mönchengladbach) abbekamen.[39] Anfang des 20. Jahrhunderts ging es um andere Beträge.

Schon die im Jahre 1913 anlässlich der internationalen Baumesse in Leipzig versammelte Fachwelt blickte fasziniert auf die gelungene Verbindung von Sachlichkeit mit Repräsentation und war beeindruckt von der perfekt durchorganisierten Umgestaltung der Leipziger Bahnanlagen.[40] Architekten und Stadtplaner hätten ihren Blick womöglich noch länger mit Entzücken auf dem Riesenwerk ruhen lassen, wenn die wilhelminisch rasselnde Begleitmusik unterblieben wäre und die Fertigstellung des Leipziger Hauptbahnhofs auf einen glücklicheren und friedlicheren Zeitpunkt gefallen wäre als auf den siebzehnten Monat des mörderischen Ersten Weltkriegs.

Der Eröffnungstermin des Hauptbahnhofs mitten im Krieg hinterließ nicht zuletzt bei der Zahl der Reisenden seine Spuren. Es benutzten an normalen Tagen viel weniger Menschen die Züge, als die Projektanten angenommen hatten. In den ersten Betriebsjahren war der Riesenbahnhof überdimensioniert.

Der Leipziger Hauptbahnhof ist ein Kind bewegter Zeiten und seine Entstehungsgeschichte ein Spiegelbild pragmatischen Geltungsdrangs: In der Chronologie der herausragenden europäischen Bahnhöfe gilt er als die letzte große Eisenbahnstation des 19. und die erste des 20. Jahrhunderts.

Der Hauptbahnhof der Messestadt verkörpert den Typus Kopfbahnhof in geradezu idealer Weise, einschließlich eigentümlicher Spezifika. Dem Betrachter begegnet eine sehr deutsche Erscheinung: äußerlich eine repräsentative Gestalt mit wohlproportionierter, ansehnlicher Fassade, doch im Inneren von einem permanenten Spannungsverhältnis zwischen konkurrierenden Partnern geprägt. Zwei rivalisierende Staatsbahnen »gönnten« sich zwei getrennte Eingangshallen, zwei Wartesäle, zwei separate Schalter für die Zugauskunft, zwei Bahnhofsvorsteher, zwei Reglements für den Betriebsdienst und sogar zwei

Blick von West nach Ost durch die im Bau befindliche Halle des Querbahnsteigs. (Herbst 1912)

Uhrensysteme. In diesem Kontext erscheint es fast wie ein Wunder, dass sich die Sächsische und die Preußische Eisenbahnverwaltung auf eine einheitliche Heizung des kolossalen Gebäudekomplexes von der Ostseite her einigen konnten.

In das Reich der Fabel gehört die oft kolportierte Anekdote, jeden Tag pünktlich um neun Uhr morgens hätten sich in Bahnhofsmitte – zwischen Gleis 13 und 14 – der sächsische Bahnhofsvorsteher und sein preußischer Amtsbruder zum Uhrenvergleich getroffen, um anschließend gemeinsam ein Bier trinken zu gehen. Solch ein Exzess zum Schluss hätte damals wohl nicht in die Dienstauffassung zweier höherer Beamter gepasst, und die hoch betagte Tochter des sächsischen Bahnhofsvorstehers hat noch vor wenigen Jahren eben dieses Detail zurechtgerückt, um ihrem Vater späte Gerechtigkeit zuteil werden zu lassen.

In städtebaulicher Perspektive bildete der Hauptbahnhof den »monumentalen Abschluss« der Bebauung des Leipziger Rings, der ursprünglich eine Promenade über der Ende des 18. Jahrhunderts geschleiften Stadtbefestigung war.[41]

Als die beeindruckende Station im Rampenlicht des europäischen Eisenbahnverkehrs mitzuspielen begann, entwickelte Leipzig in den 1920er Jahren weltstädtischen Anspruch. Nach zeitweiligen Unterbrechungen durch den Ersten Weltkrieg wuchs die Bevölkerungszahl der Messestadt nun langsam weiter. Welchen fernen Tages sich die Expansion auf dem Weg zur Metropole abschwächen würde, wusste niemand. Gleichwohl war Vorsorge geboten. Insbesondere die Verkehrsprobleme schienen den Stadtplanern davonzulaufen und ließen sich nur noch mit einem Generalbebauungsplan – damals ein Novum für eine deutsche Kommune mit über 700 000 Einwohnern – beherrschen. Stadtbaurat Hubert Ritter legte diesem komplexen Plan, an dem er in den 1920er Jahren hingebungsvoll arbeitete, eine Verdopplung der Leipziger Bevölkerungszahl in den fünfzig Jahren von 1925 bis 1975 auf dann 1,5 Millionen zugrunde – natürlich unter der stillschweigenden Annahme, dass weitere verheerende Kriegseinflüsse ausbleiben.

In den »Goldenen Zwanzigern« verfolgte Leipzig den Plan, die Weltmesse auszurichten und die Markt-

führerschaft in diesem Segment des internationalen Handels dauerhaft zu übernehmen. Gegenüber dem Hauptbahnhof sollte sich ein imposanter Weltmessepalast erheben, dessen Bau allerdings wegen der schwierigen Wirtschaftslage nie begonnen wurde.

Indes zeigten sich auswärtige Besucher vom Messetrubel immer wieder beeindruckt. Erich Kästner beschreibt in seinem »Karneval des Kaufmanns« den Widerschein des weltstädtischen Lichtermeeres über dem nächtlichen Leipzig voller Begeisterung: »... inmitten der Stadt züngelt riesiger roter Schein zwischen dem dunklen Häusermeer und den gelassen strahlenden Sternen zu Himmel: über dem Bahnhof«.[42] Das friedliche, vom mondänen Ambiente der Metropole geprägte Bild sollte in den Bombennächten des Zweiten Weltkriegs eine schaurige Pervertierung erfahren.

Beim ersten schweren Bombenangriff auf Leipzig, der am 4. Dezember 1943 von der Royal Air Force unter der Tarnbezeichnung »Haddock« geflogen wurde, bekam auch der Hauptbahnhof einige Treffer ab. Rund um die Expressgutschuppen zu beiden Seiten der Bahnsteighalle brannte »eine beachtliche Zahl voll- oder teilbeladener Güter- und Expressgutwagen« aus.[43] Doch an diesem 28. Jahrestag seiner Eröffnung wurde das massige Gebäude nur zum Teil beschädigt. Aus der Perspektive des vernichtend getroffenen Stadtzentrums eröffnete sich sogar ein rettender Fluchtweg in Richtung der Westseite des Hauptbahnhofs. »Der Hauptbahnhof – von außen gesehen – nicht allzu schlimm«, notierte der Leipziger Walter Golde in einem aus dem unmittelbaren Erleben heraus verfassten Bericht in der ersten Dezemberdekade 1943.[44] Äußerlich sofort sichtbar war der totale Glasschaden an den Hallenschiffen, wodurch jedoch der Bahnbetrieb nur vorübergehend beeinträchtigt wurde.

Die schweren Treffer auf dem Bahnhof rührten vom Tagesangriff am 7. Juli 1944 her. 46,2 Tonnen Bomben der 1. Bomberdivision der 8. Luftflotte der US Air Force trafen an diesem Tag den Hauptbahnhof. Dabei wurde die Westhalle durch Sprengbomben nahezu vollständig zerstört. Einer der stützenden Stahlbetonbögen am Übergang vom Querbahnsteig zu den Längsbahnsteigen bekam ebenfalls einen Volltreffer ab. In den folgenden zwanzig Mi-

Die Ankunft des ersten Zuges (aus Corbetha) am Bahnsteig 1 im westlichen Seitenschiff des Hauptbahnhofs am 1. Mai 1912. Die Lok ist eine preußische P 4, Bahnnummer »1930 Halle«.

Seite 62/63:
Blick von Westen auf die gewaltige Fassade des Empfangsgebäudes. (um 1923)

Am 7. Juli 1944 stürzt nach einem Tagesangriff amerikanischer Bombenflugzeuge die Querbahnsteighalle ein und durchschlägt die Decke bis zur Ebene der Gepäckabfertigung.

nuten spielte sich eine fatale Kettenreaktion ab: Die konstruktiv als fortlaufende, in sich geschlossene Bogenreihe ausgeführte Verbindung der Hallenschiffe stürzte nach und nach ein, weil die verbliebenen, unbeschädigten Betonbögen die enormen Kräfte nicht mehr aufnehmen konnten. Tonnenschwere Stahlbetontrümmer durchschlugen die Decke des Querbahnsteigs an verschiedenen Stellen bis zum Boden der Gepäckaufbewahrung. Mehrere Trakte gerieten in Brand. In den Schutzräumen, die in den Untergeschossen zwischen den Bahnsteigen eingerichtet waren, fanden hunderte Eisenbahner und Reisende den Tod. Vernichtend getroffen, konnte der Hauptbahnhof seine Funktion nur noch eingeschränkt wahrnehmen. Um die Reisenden überhaupt zu den Zügen leiten zu können, wurden eilig provisorische Holzstege von der Osthalle über bedrohlich klaffende Löcher im Querbahnsteig hinweg und durch die Trümmerschlucht gezimmert. Einst wölbte sich das weite, freitragende Dach über dem Querbahnsteig, ab Juli 1944 spannte sich dort der Himmel über ein Gewirr aus geborstenem Beton und verbogenem Stahl. Längst waren alle Scheiben zu Bruch gegangen, doch an den nackten Fensterstreben der Osthalle prangte weiterhin halb surreal, halb höhnisch ein überdimensionales Hakenkreuz.

Beim Bombenangriff vom 7. Juli 1944 wird auch die Westhalle schwer zerstört. (Spätsommer 1944).

»»» *Mein Vater wurde als Beamter Anfang der vierziger Jahre aus Leipzig in das Generalgouvernement versetzt. Um den deutschen Anspruch auf das polnische Gebiet zu unterstreichen, sollten die Familien möglichst zu den Vätern ziehen, die im Osten arbeiteten. So kam ich als Kind mit meiner Mutter und mit meiner Schwester nach Wonkowice, das bald Eichenbrück genannt wurde.*

Im Sommer 1944 informierte man uns über die ersten schweren Bombenangriffe auf Leipzig. Also fuhren wir nach Hause, um zu schauen, wie es um unsere Wohnung steht. Wir kamen nach mehreren Monaten Abwesenheit auf dem Hauptbahnhof an. In meiner Erinnerung war es ein großer, lebendiger Bahnhof ohne irgendwelche Kriegsschäden, von dem wir abgereist waren. Doch nun war ich erschrocken über den ersten Anblick, den Leipzig nach der Ankunft unseres Zuges bot. Alles war zerstört. Die Bahnsteighalle existierte nur noch als Stahlgerüst ohne rechte Funktion. Am meisten deprimierte der riesige Trümmerhaufen, der einst der Querbahnsteig war und durch den nun provisorische Stege aus Holz zum Ausgang führten.

Unmittelbar nach der Zerstörung beginnen im Sommer 1944 die Aufräumarbeiten, um überhaupt wieder einen Zugang von der weitgehend unversehrt gebliebenen östlichen Eingangshalle zu den Bahnsteigen zu schaffen. (Spätsommer 1944)

Nichts war so, wie ich es zuvor erlebt hatte. Wir wollten die Straßenbahn zur Eisenbahnstraße nehmen, doch es fuhr keine. Auch das hatte es vorher nicht gegeben. Also gingen wir wohl oder übel zu Fuß durch die unheimliche dunkle Stadt nach Hause.

Rita Oelschlägel (2005)[45]

Trotz des Einsatzes tausender Hilfskräfte für die Trümmerbeseitigung und dringende Reparaturarbeiten gelang die Instandsetzung der zerfetzten, an vielen Stellen mehrfach getroffenen Bahnanlagen ab 1944 kaum noch, und intakte Eisenbahnfahrzeuge standen bald ebensowenig zur Verfügung. Nach erheblichen Einschränkungen seit Februar 1945 kam der Eisenbahnverkehr auf dem Leipziger Hauptbahnhof in der Endphase des Zweiten Weltkriegs in Leipzig im April 1945 vollständig zum Erliegen.

Eine der wichtigsten Voraussetzungen für die Wiederaufnahme des Zugverkehrs auf dem Leipziger Hauptbahnhof ab Ende Mai 1945 war die Trümmerbeseitigung auf den Bahnsteigen. Eine Reihe von Zugängen musste freigesprengt werden. Trümmerbahnen fuhren unmittelbar vor dem Hauptbahnhof und in der klaffenden Lücke des zerstörten Querbahnsteigs auf der Ebene der einstigen Reisegepäckanlagen. Somit beherbergte diese Station, pragmatischen Erwägungen gehorchend, eine Zeitlang sogar spezielle Schmalspurbahnen.

Auf der Straßenseite war die kaputte, nach vorn offene Westhalle in voller Höhe mit schwarzen Wellblechtafeln verkleidet; zwei schmale Fensterbänder ließen etwas Tageslicht herein. Die Holzbrücken über dem eingestürzten Querbahnsteig wurden noch geraume Zeit gebraucht. Für den wieder beginnenden Expressgut- und Reisegepäckumschlag stand lange Zeit nur der Weg über die Bahnsteige 22 und 23 zur Verfügung.

Angesichts der wenigen vorhandenen Kraftfahrzeuge und des allgegenwärtigen Kraftstoffmangels erfüllte die Eisenbahn nach dem Zweiten Weltkrieg eine besondere Funktion für das Ingangsetzen von Verkehr und Wirtschaftsleben. Der Leipziger Hauptbahnhof übernahm dabei eine wichtige Rolle. Innerhalb von mehr als sechs Jahren musste auf dieser zentralen Station ein infernalisches Knäuel ineinander verkeilter Konstruktionsteile gesprengt und 30 000 Kubikmeter Schutt und Trümmer beseitigt werden. 20 000 Sprengschüsse waren nötig, um die überall herumliegenden Stahlbetontrümmer in transportfähige Fragmente zu zerlegen.

Es galt als beachtlicher Erfolg, dass schon zur ersten Friedensmesse im März 1946 einige Bahnsteige fast uneingeschränkt betreten werden konnten. Anlässlich der Frühjahrsmesse 1947 war sogar der Querbahnsteig teilweise wieder nutzbar.

Nach vorangegangener Reaktivierung von Teilbereichen des Bahnhofs folgte 1948 die wichtige Ausbesserung des Querbahnsteigs. Zur Herbstmesse erfüllte er auf 7000 Quadratmetern Fläche wieder seine Funktion, die Ströme der Reisenden zu verteilen. Das 300 Meter lange Trenngitter zu den Längsbahnsteigen kehrte zurück, und zwölf Häuschen für die Bahnsteigsperren waren nutzbar. Nach zeitraubender Beräumung der Trümmerwüste im Inneren des Empfangsgebäudes öffnete der Quergang in Ost-West-Richtung erneut. 1949 war die Osthalle im Wesentlichen wieder hergestellt. Im Jahr darauf wuchs die neu gezogene Betondecke in der Querbahnsteighalle auf rund 9000 Quadratmeter an. Anschließend konnten die Bauarbeiten auf die zerstörte Westhalle verlagert werden. Sie entstand in den Jahren 1950/51 unter Beibehaltung der ursprünglichen architektonischen Gestalt neu.

Ging es beim Wiederbeleben des Hauptbahnhofs in den ersten fünf Jahren nach dem Kriegsende vordergründig um die Sicherung der dringend benötig-

Ende der 1940er Jahre reichen die Gleise der Trümmerbahn auf Straßenhöhe bis in die Gepäckabfertigungsanlagen unter dem Querbahnsteig, dessen Decke auf der Westseite bereits wieder betoniert ist. (um 1948/49)

Ende der 1940er Jahre ist die zerstörte Straßenseite der Westhalle noch mit schwarzen Wellblechtafeln verkleidet. Nur einer kleiner Teil der geborstenen Fenster am Seiten- und Mittelflügel ist bereits wieder verglast. (um 1949)

ten Funktionalität, erlaubten sich die Bauherren nun endlich wieder eine stärkere Betonung der Ästhetik der berühmten Station. Sogar der Bauschmuck auf der Straßenseite – die Wappen über dem Eingang und die Figuren im oberen Teil der Fassade – erlebte eine Renaissance. Am 15. August 1951 wurde die Westhalle wieder dem Verkehr übergeben.

Im Unterschied zum repräsentativen Empfangsgebäude blieben die mächtigen Längsbahnsteighallen nach dem Ende des Zweiten Weltkriegs über zehn Jahre lang ohne Bedachung. Die Situation änderte sich erst mit dem Beschluss des Ministerrates der DDR zum vollständigen Wiederaufbau des Leipziger Hauptbahnhofs. Dafür wurden 1954 immerhin 40 Millionen Mark eingeplant. Im Zuge des Wiederaufbaus begann sich der Hauptbahnhof allmählich von seinen Verwundungen und Entstellungen zu erholen. Für das Gelingen dieses Werks war das Zusammentreffen unterschiedlicher Einflüsse ausschlagebend.

Grundsätzlich ließ der beschrittene Weg heimische Bautraditionen des Historismus wieder aufleben. Solch ein sichtbares Bekenntnis zu einer vergangenen Strömung der Baukunst war in der Frühphase der DDR unter maßgeblichem sowjetischen Einfluss mit einer verordneten Abkehr von vielerlei bürgerlichen Traditionen keineswegs selbstverständlich.

Am 15. August 1951 wird die wiederaufgebaute Westhalle in Anwesenheit sowjetischer Offiziere feierlich eingeweiht.

Die Deutsche Bundesbahn nahm in vielen kriegszerstörten Städten im Westen Deutschlands Abstand davon, die versunkene Welt der alten Bahnhöfe originalgetreu zu rekonstruieren und gab modernen Zweckbauten den Vorzug, wie die großen Ruhrgebietsbahnhöfe oder München Hauptbahnhof oder die Neubauten in Heidelberg und Braunschweig zeigen. Weil dem Leipziger Hauptbahnhof jedoch eine Repräsentations- und Schaufensterfunktion insbesondere für westliche Messegäste zugedacht war, verlief der Wiederaufbau in seinen wesentlichen Teilen mit dem hohen Anspruch einer Rekonstruktion des einstigen Zustands.

Allgemein galt für die Deutsche Reichsbahn nach dem Zweiten Weltkrieg die Richtlinie, stark zerstörte Bahnhofshallen aus Kostengründen nicht wieder aufzubauen bzw. für neue Stationen allenfalls schmale Dächer über den Bahnsteigen zu projektieren. So erhielt der Dresdner Hauptbahnhof in seinem östlichen Teil ein verkürztes Dach, auf dem Wettiner Bahnhof in Dresden (nach dem Zweiten Weltkrieg: Bahnhof Dresden Mitte) entfiel der Wiederaufbau des Hallendachs komplett, ebenso in Magdeburg und Rostock, wogegen in Cottbus und Plauen oberer Bahnhof gesichtslose Stationen neu gebaut wurden, die zum Zeitpunkt ihres Entstehens als modern gefeiert wurden.

Der Wiederaufbau des Leipziger Hauptbahnhofs markierte eine beachtliche Leistung der Deutschen Reichsbahn. Sie wurde im In- und Ausland gewürdigt und fand die erhoffte positive Resonanz bei den Leipzigern und bei auswärtigen Messegästen.

Seit 1955 drehten sich die Baukräne über den Längsbahnsteigen. Alles begann mit der Verglasung der Seitenwände entlang der Randbahnsteige. Anschließend kamen die sechs Hallenschiffe an die Reihe. Im mittleren Bereich wurden 1956/57 zuerst die beiden Längsbahnsteighallen mit den Bahnsteigen 10 bis 18 wieder überdacht. Dabei erhielten die Wölbungen im oberen Teil der Hallenschiffe einen gestuften Aufbau aus Holz und Glas, einschließlich von Öffnungen, um Abzugsmöglichkeiten für Dampf und Rauch der Dampflokomotiven zu schaffen. Neu waren im Zuge des Wiederaufbaus die auf Schienen geführten Untersuchungswagen. Diese fuhren in den einzelnen Hallen unter dem Bogen des Glasdachs und wurden für regelmäßige Inspektionen, die Glasreinigung und Anstricharbeiten genutzt.

43 Bogenträger waren die wichtigsten Bauteile für die neu entstehenden Längshallen. Der Materialein-

satz je Halle belief sich auf 280 Tonnen Stahl, 430 Kubikmeter Holz, 3200 Quadratmeter Draht- und Flachglas sowie 19 Tonnen Farbe und Imprägniermittel. Pünktlich zur Herbstmesse 1957 waren alle sechs Hallen über den Längsbahnsteigen mit insgesamt über 60 000 Quadratmetern Überdachung fertig.

In der abschließenden Etappe des Wiederaufbaus konzentrierten sich die Arbeiten auf die Querbahnsteighalle. An den sechs Abschlussbögen stand der schwierigste Teil des Aufbauwerks bevor. Nachdem die Pfeiler 18 Meter tief gegründet waren, wurden die Bögen in ihrer traditionellen Geometrie betoniert. Die Querbahnsteighalle selbst erhielt eine abgeänderte Gestalt mit großen Glasflächen im oberen Teil. Auf die ursprüngliche Wand- und Deckenausbildung wurde zugunsten einer angepassten neuzeitlichen Lösung mit verbesserten Lichtverhältnissen verzichtet. Hinter der Deckenverglasung sorgten 810 Hochdruckquecksilberleuchten für eine gute Ausleuchtung der Halle. 1960 war die gesamte Querbahnsteighalle wieder überdacht. Über der Baustelle schwebte die Richtkrone, und 1961 war das Glasdach über dem Querbahnsteig vollständig wieder hergestellt. Bereits drei Jahre zuvor konnten alle Besucher des Hauptbahnhofs den modernisierten Verbindungsgang zwischen Ost- und Westhalle nutzen.

Auf dem Querbahnsteig zogen sich abschließende Arbeiten bis 1963 hin. Die mit dem Wiederaufbau einhergehende Verbreiterung um sechs Meter beruhte nicht auf einer Aufweitung des Bauwerks, sondern auf dem Wegfall von Bahnsteigsperren und Aufzugstürmen für das Reisegepäck in diesem Teil des Bahnhofs. Am Ende von zehn Jahren Aufbauarbeit entstanden 1964 neue Diensträume für das Aufsichtspersonal auf den Längsbahnsteigen.

Die großzügige Vorbereitung auf das Stadtjubiläum »800 Jahre Leipziger Messe« im Jahr 1965 muss als wohltuender Sondereinfluss besonders für den

Nach dem Kriegsende fehlt zehn Jahre lang das gläserne Dach über den Bahnsteigen. Behelfsmäßig werden die nächsten Züge mit Kreide angeschrieben. (um 1948)

1958 ist der Aufbau der Abschlussbögen im vollen Gange, um das Betondach über den Querbahnsteig wieder spannen zu können.

Hauptbahnhof gelten, in den folgenden 25 Jahren bis zum Ende der DDR passierte nichts annähernd Vergleichbares mehr.

Am »Schicksalstag« des Leipziger Hauptbahnhofs, dem 4. Dezember – 1915 Eröffnung, 1943 erste kriegsbedingte Beschädigung – steht 1965 der Abschluss aller Wiederaufbauarbeiten. »Alles addiert, all das durchdacht, wird der Leipziger Hauptbahnhof – aus Ruinen neu, schöner entstanden – zu einem aussagekräftigen Symbol für das Aufbauwerk seit 1945, für den Elan, der Leipzigs fleißige Bürger beflügelt«, stand bereits am 9. September 1965 in der *Leipziger Volkszeitung*.

Doch weil auf diesem Bahnhof immer irgendwo gebaut wird, folgten 1966 neue Einzelhandelsgeschäfte in beiden Eingangshallen, darunter der Blumenladen in der West- und der Tabakwarenladen der Mitropa in der Osthalle. Sie ersetzten die historischen hölzernen Geschäftseinbauten.

In das Vierteljahrhundert zwischen dem Abschluss des Wiederaufbaus 1965 und der deutschen Einheit 1990 fallen partielle Umnutzungen einzelner Bereiche des Hauptbahnhofs, doch einschneidende Veränderungen setzten erst Mitte der 1990er Jahre ein, worauf im Rahmen der vorliegenden Darstellung in einem besonderen Abschnitt Bezug genommen wird.[46] Letztlich zeigten aber alle Ein- und Umbauten ebenso wie die äußere Gestalt und die funktionale Durchbildung, dass die großzügige Anlage des Leipziger Hauptbahnhofs stets genügend Spielraum bot, den Einflüssen aller Zeitläufte standzuhalten. Es ist deshalb auch nicht erforderlich, Industriearchäologie zu betreiben, um einen Eindruck von der Herkunft des Leipziger Hauptbahnhofs zu bekommen.

ick-Annahmen
Leipzig, Hauptbahnhof. Eingangshalle.

IMPONIEREN UND REPRÄSENTIEREN

Womit der Hauptbahnhof seine Besucher beeindruckt

Blick in die westliche Eingangshalle, die im Mai 1912 in Betrieb genommen wurde. (1915)

Der Leipziger Hauptbahnhof sei »eine der großartigsten, eindrucksvollsten Bahnanlagen, die je gebaut worden sind«, schwärmt der Verfasser eisenbahnhistorischer Abhandlungen Siegfried Bufe.[47] Für den Leipziger Professor für Bauwesen Manfred Berger gehört der Bau der komplexen »Centralbahnhofsanlage« der Messestadt zu den »bedeutendsten Werken der deutschen Verkehrs- und Baugeschichte«.[48] Gerhard Illner und Albert Schuchardt feierten den riesigen Bahnhof anlässlich des fünfzigsten Jahrestages seiner Eröffnung und eingedenk des vollendeten Wiederaufbaus im Jahre 1965 als »Weltstadtbahnhof«,[49] obwohl die sehr eingeschränkten Reisemöglichkeiten während der DDR-Zeit ernste Zweifel am »Weltstädtischen« aufkommen ließen.

Die Ausnahmestellung des Leipziger Hauptbahnhofs im europäischen Verkehrsnetz diente immer wieder als willkommener Maßstab für internationale Vergleiche. Insbesondere die englische verkehrsgeschichtliche Literatur – schließlich stammt sie aus dem Mutterland der Eisenbahn – riskiert oftmals einen Seitenblick, was sich auf dem Kontinent denn tat. Der angesehene Historiker Jack Simmons kommt zu dem Schluss, von den britischen Bahnhöfen erreiche »keiner eine solche physische Präsenz in seiner Stadt, um in irgendeiner Weise vergleichbar mit den Bahnhöfen von Frankfurt oder Leipzig« zu sein.[50] Als die amerikanischen Truppen in der Endphase des Zweiten Weltkriegs auf deutsches Staatsgebiet vorstießen und es galt, die Armeeangehörigen und Nachrichtendienstleute in Handbüchern umfassend zu instruieren, was sie an Besonderem erwarte, blieben die Bahnhöfe nicht ausgespart: »Die deutschen zivilen Behörden haben – anders als in Großbritannien – die Eisenbahnen dabei unterstützt, ansprechende Hauptbahnhöfe zu entwickeln, indem sie Grund und Boden für eindrucksvolle Gebäudefronten mit beeindruckenden Freiräumen zur Verfügung stellten. Der Hauptbahnhof in Frankfurt am Main war zum Zeitpunkt seiner Eröffnung 1888 die schönste Station in Europa, doch inzwischen beansprucht der Leipziger Hauptbahnhof diese Stellung, obwohl er die Konkurrenz anderer Städte, wie zum Beispiel Königsberg, zu spüren bekommt«, zeigte sich die amerikanische Naval Intelligence Division im Mai 1945 im Band *Ports and Communications* des von ihr herausgegebenen *Geographical Handbook* angetan.[51] Die wohlwollenden Wertungen kollidierten zum Zeitpunkt ihres Erscheinens – bedingt durch den Kriegsverlauf – allerdings auf merkwürdige Weise mit der vorgefundenen Wirklichkeit, waren es doch vor allem amerikanische Bomberverbände, die wenige Monate zuvor die berühmten Hauptbahnhöfe von Leipzig und Frankfurt/Main in eine Trümmerwüste verwandelt hatten.

Was am Leipziger Hauptbahnhof seit nunmehr neunzig Jahren fasziniert, ist die Dreieinigkeit aus Größe, Funktionalität und Verkehrsleistung. Für pure Entdeckerfreude bildet er ein schier unerschöpfliches Reservoir. Bau, Zerstörung und Wiederaufbau des Leipziger Hauptbahnhofs wurden bis in die schöngeistige Literatur hinein auf vielfältige Weise reflektiert. Uwe Johnson spannte den widersprüchlichen Bogen von der erhabenen Gestalt der Station bis zum pulsierenden Leben in ihrem Inneren besonders eindrucksvoll.

»»» Der Bahnhof saß so breit auf dem unbebauten Platz (in dessen Mitte früher eine dichte Kette von Hotels die Ankömmlinge begrüßt hatte), daß er seinen amtlichen Namen zur Seite drückte, damals wie heute trafen sich die Straßenbahnen fast sämtlicher Richtungen auf dem Bahnhof-Vorplatz und nicht auf dem der Republik oder dem des geschlagenen Generals, der vor dreißig Jahren dem deutschen Staat vorgestanden hatte. Auch faßten getrennte Fahrbahnen an seinen Kanten den städtischen Ziel- und Quellverkehr und schleusten ihn nach allen Seiten. So war der Bahnhof Treffpunkt für die Bewohner entgegengesetzter Stadtteile, er lag inmitten, und überhaupt günstiger für den Aufenthalt, da die Straßen der Innenstadt nur die Hälfte des Tages Mahlzeiten oder Waren oder Unterhaltung boten. […] Das mächtige graue Gebäude zog östlich und westlich mit hohen Hallen auf den Platz und betrat die Straße, vor der zurückgesetzt verbindenden Front begaben sich die Anfahrten der Mietautos und Lieferwagen. Wie die Ziegelmauer außen verkleidet war mit heldenhaft zerklüftetem Sandgemisch (das heißt rustiziert), so waren innen die hohen Deckengewölbe aus klassischen Kassetten gebildet und von stämmigen Säulenpfosten unterstellt und zeigten nicht den Stahl, der sie eigentlich hielt. Nur ein kleiner Teil der unbenutzbaren Höhe war besetzt mit Verkaufsräumen für Blumen Lebensmittel Fahrkarten Reiseandenken Tabakwaren, in ihrer Größe auch hielt sich die lange Höhle des unteren Durchgangs zur Schwesterhalle; war einer die flachen Stufen zu den Zügen hinaufgestiegen, sah er winzig im Raum geduckt die Holzbuden der Fahrkartenausgabe von oben und ihre staubigen Dächer. Von der Treppe aber trat man auf die geräumige quere Plattform, die auf Stahlbögen in Höhe des Himmels schwere Überglasung trug und überging in den vergitterten Zugang zu dreißig Bahnsteigen nicht auf einen Blick zu übersehen. Unterteilt in sechs Hallen kam das rauchgeschwärzte Dachgewölbe über den Gleisen an die Pfeiler der Querplattform gestützt, dicht unter ihnen hielten die Lokomotiven, überqualmten Kontrollhäuschen und Verkaufsbuden und Gepäckfahrstühle, und waren zu sehen aus den oberen Etagen der Restaurants Treppenhäuser Diensträume, die die hohe und sanfter rustizierte Fassade gegen die eigentliche Zughalle füllten. In diesen Gewölben aber oben und unten kreiselte und strömte tags unendlich und nachts noch dicker Gewimmel von Menschen, von denen wenige abfuhren oder ankamen oder Gäste begrüßten. Bis spät in die Nacht war hier Zeit hinzubrin-

Der Leipziger »Haupt-Personen- und Güterbahnhof« im Sommer 1929. Vor der Westhalle (im Bild links) wird gerade der Personentunnel gebaut.

Eingangshalle (um 1930)

gen in den Gaststätten beim Friseur in den Geschäften mit Verabredungen und Spazierengehen inmitten von Gesichtern und Gesten, die unablässig in andere übergingen und andere wurden, selbst das Erwartete kam überraschend und regte auf und bedeutete ferne Städte und die Nacht jenseits der Häuserversammlung und die kräftige Schnelligkeit der Maschinen und plötzlich kenntlichgemachtes (fremdes verwandtes eigenes) Gesicht: zusammengefaßte Bewegung des Lebens und mehr als zu sehen war.

Uwe Johnson (1961)[52]

So, wie in den Jahren der deutschen Teilung viele Leipziger davon träumten, einmal den Rhein oder die Alpen in natura zu sehen, träumten viele Eisenbahnfreunde aus dem Westen davon, selbst einmal den sagenhaften Leipziger Hauptbahnhof in Augenschein nehmen zu können. Das Faszinosum dieser Station stützt sich traditionell auf eine ganze Reihe außergewöhnlicher Merkmale:

Der gesamte Umbau der Leipziger Bahnanlagen zwischen 1902 und 1915 schloss die Bauten für den Güterverkehr ein und kostete 137 Millionen Mark. Hinter der für damalige Verhältnisse immensen Summe verbarg sich der größte in einem Zug für eine komplexe Verkehrsanlage aufgewandte Kapitalbetrag. Selbst im Vergleich mit der zwischen 1891 und 1903 gebauten Transsibirischen Eisenbahn mit deren Tausenden Kilometern Schienenweg, mächtigen Brücken und gewundenen gebirgigen Abschnitten, wofür insgesamt fast zwei Milliarden Mark flossen,[53] stellt die Investition für den Umbau der Leipziger »Centralbahnhofsanlage«, die innerhalb eines kompakten Stadtgebiets getätigt wurde, eine imposante Größe dar. Mit den 60 Millionen Mark, die allein der Bau des Hauptbahnhofs verschlang, ist ihm der Superlativ sicher, zur Entstehungszeit der teuerste Bahnhof der Welt gewesen zu sein.

Gigantisch mutet die Menge der Baustoffe an, die in der Entstehungszeit für das Empfangsgebäude und die Bahnsteighalle verwendet wurden: Über 7000 Tonnen Eisenteile und 625 Tonnen Glas für die Längsbahnsteighallen sowie 34 000 Tonnen Zement, zu deren Transport 3400 der damals üblichen Eisenbahnwagen erforderlich gewesen wären, stecken in den Bauwerken, rechnete die *Wochenschrift für deutsche Bahnmeister* ihren Lesern vor.[54]

Ob der Hauptbahnhof auch dank seiner Größe einen internationalen Spitzenplatz belegt, ist eine Frage, die seit langem die Leipziger umtreibt. 1915 erklomm er den Spitzenplatz unter Europas Stationen. Doch mit ihrer mehr als 3000 Quadratmeter größeren Grundfläche der Bahnsteighallen verdrängte Milano Stazione Centrale den Leipziger Hauptbahnhof ab 1931 auf Platz zwei in Europa. Die Planungen für den Mailänder Hauptbahnhof des Architekten Ulisse Stacchini liefen zeitgleich wie in Leipzig an, auch der Bau begann in beiden Großstädten im selben Jahr 1906, nur zog sich die Fertigstellung in Mailand wegen des Krieges und entbehrungsreicher Nachkriegsjahre erheblich länger hin als in Leipzig.

Konkurrenz aus Übersee haben die führenden europäischen Stationen seit Jahrzehnten nicht mehr zu fürchten. Zwar war die Pennsylvania Station in New York – gemessen an der Zahl ihrer 48 Gleise – einst größer, doch wurde der architektonisch reizvolle historische Bahnhof von McKim, Mead und White trotz des erstmals in einer solchen Angelegenheit artikulierten Protestes von Denkmalschützern im Jahre 1963 abgerissen. Was sich heute Penn Station nennt, ist ein düsterer, beengter und verdreckter Fernbahnhof tief unter dem Vergnügungszentrum Madison Square Garden in Manhattan.

Der Leipziger Hauptbahnhof brillierte achtzig Jahre lang mit seinen 26 Ein- und Ausfahrgleisen sowie fünf Außenbahnsteigen als größter europäischer Kopfbahnhof. Gemessen an der Zahl der Gleise verlor er seinen Spitzenplatz, nachdem von 1995 bis 1997 auf der Ostseite zwei Gleise für ein Parkdeck überbaut wurden und ein weiteres nur noch zum Aufstellen historischer Eisenbahnfahrzeuge zur Verfügung steht. Seither wird die herausragende Stellung des Hauptbahnhofs im europäischen Eisenbahnnetz mit seiner imponierenden Kubatur begründet: 1,1 Millionen Kubikmeter umbauter Raum werden anderswo nicht erreicht.

Wollte jemand den Leipziger Hauptbahnhof in der gängigen Modellbahn-Nenngröße H0, dem Maßstab 1:87, nachbauen, müsste im Modell allein für die Vorderseite des Empfangsgebäudes eine Breite von 3,45 Meter vorgesehen werden. Von einer »Miniatur« könnte dann wahrlich keine Rede mehr sein! Die mehr als 80 000 Quadratmeter überdachte Fläche sind so groß wie zwölf Fußballfelder. Gemessen an ihrer Grundfläche, übertreffen die Leipziger Bahnsteighallen beispielsweise die Halle des Bahnhofs Berlin Alexanderplatz um das Elffache. Empfangsgebäude und Bahnsteighallen in Leipzig bringen es auf eine Gesamtfläche von 145 550 Quadratmetern – vierzehneinhalb Hektar »Eisenbahn total«. Mit seinem gesamten Areal einschließlich der Gleisanlagen im Vorfeld steht der Hauptbahnhof dem weniger als einen halben Quadratkilometer großen Leipziger Stadtzentrum innerhalb des Promenadenrings in nichts nach. Auch im Inneren des Hauptbahnhofs öffnen sich beeindruckende Räume. Der Querbahnsteig ist 276 Meter lang, 33 Meter breit und 27 Meter hoch. Ein Weltklassesprinter bräuchte immerhin eine runde halbe Minute von einem Ende des Querbahnsteigs zum anderen. Unwesentlich weniger Zeit wäre erforderlich, um an das Ende der 240 Meter langen Bahnsteighalle – ab Empfangsgebäude gerechnet – zu gelangen.

Die Dimensionen der riesigen Station haben zu allen Zeiten zu unterschiedlichen Vergleichen animiert. Der deutsche Kaiser Wilhelm II. bemerkte – seinen militaristischen Gedankengängen getreu –, »er ist so riesengroß, daß in ihm eine den Heeren der Verbündeten bei der Leipziger Völkerschlacht entsprechende Menschenmenge bequem aufgestellt werden könnte.« Auf 70 000 Quadratmetern 250 000 Menschen unterzubringen, wäre allerdings wohl nur in ziemlicher Enge möglich gewesen. Ins Zivile gewendet, würde der Vergleich lauten, dass die halbe Leipziger Stadtbevölkerung nach dem Stand vom Beginn des 21. Jahrhundert unter den mächtigen Hallendächern Platz fände.

In den fünfziger Jahren funktionierte der Einzelhandel in beiden Eingangshallen wieder. (1959)

Ein verschwundener Typ von Aushängen - der »Fahrpreis-Anzeiger«. (1916)

Ein Thema für sich ist die Zahl der Reisenden. Die Gelegenheit zu exakten Zählungen ging verloren, als die Bahnsteigsperren aufgehoben wurden. Alles, was seither an Zahlen genannt wird, beruht auf Stichproben, Schätzungen und Hochrechnungen. Der Start des Hauptbahnhofs fiel verhalten aus; im Ersten Weltkrieg hätte die Fahrgastzahl auch von einer erheblich kleineren Station bewältigt werden können. Für die zweite Hälfte der 1930er Jahre heißt es, dass an Messe-Spitzentagen je 150 000 ankommende und abfahrende Reisende, also insgesamt 300 000 den Leipziger Hauptbahnhof frequentierten.[55] Mitte der 1960er Jahre sollen es an jedem normalen Tag rund 150 000 Reisende gewesen sein, die hier ankamen und abfuhren, wobei diese Zahl zu den Messen, während der Kinderferienaktion oder anlässlich der Turn- und Sportfeste erheblich höher lag.[56] Zum Vergleich sei angeführt, dass Frankfurt/Main Hbf Mitte der 1970er Jahre nachzuweisen versuchte, mit 150 000 Reisenden pro Tag der größte Bahnhof in Europa zu sein.[57] Täglich 120 000 Menschen passierten den Hauptbahnhof Mitte der 1980er Jahre. Als 1989 der 150. Jahrestag der ersten deutschen Fernbahn von Leipzig nach Dresden gefeiert wurde, vermeldete die Deutsche Reichsbahn auf dem Leipziger Hauptbahnhof »weit über 100 000 Reisende pro Tag«.[58] Anfang des 21. Jahrhunderts bezifferte die Deutsche Bahn die Zahl der Reisenden, die täglich den Leipziger Hauptbahnhof passieren, mit 100 000 und aktualisierte diese Angabe Ende Juni 2005 mit 85 000.

Stellt man in Rechnung, dass die Eisenbahn im vorigen Jahrhundert lange Zeit uneingeschränkt den Fernverkehr beherrschte, weil die Konkurrenz durch das Automobil noch in den Kinderschuhen steckte, dass die Mobilität früher jedoch noch nicht so groß war wie heutzutage, scheint – über alle Zeiten hinweg – die Annahme von durchschnittlich 100 000 Reisenden pro Tag für den Leipziger Hauptbahnhof nicht zu hoch gegriffen zu sein. Gemäß dieser eher vorsichtigen Schätzung ergäben sich pro Jahr 36,5 Millionen Bahnreisende bzw. 3,285 Milliarden innerhalb von 90 Jahren. Diese geschätzte Zahl aller

Expressgut-Annahme
Gepäck-Annahme Sächs. Staatsbahn
Gepäck-Annal

Als die Bahn noch das Monopol im Fernverkehr innehatte, war der Gepäckdienst ähnlich organisiert wie heutzutage auf Flughäfen. In straffer Beamtenhaltung erwarten sächsische Eisenbahner den Ansturm der Reisenden - Blick von Ost nach West in den Quergang zwischen den beiden Eingangshallen. (1916)

1959 war der Quergang wieder aufgebaut. Er wandelte sich zur Ladenstraße, unter anderem mit Zeitungsladen, Mitropa-Kiosk, Zugauskunft und später auch einem Intershop. Die Reisegepäckannahme blieb am gewohnten Ort. (um 1975)

Fahrgäste, die seit der Eröffnung auf dem Leipziger Hauptbahnhof ankamen oder abfuhren, entspräche etwa der Hälfte der heutigen Weltbevölkerung.

Vor siebzig Jahren verzeichnete der Hauptbahnhof während der Leipziger Messe täglich 700 Zugfahrten.[59] Nach den Zerstörungen des Zweiten Weltkriegs und durch den Mangel an Eisenbahnfahrzeugen waren es 1948 nur 120 Züge pro Tag. Im Sommerfahrplan 1954 standen – je nach Verkehrstag – bereits wieder bis zu 400 ankommende und abfahrende Züge. Anfang der 1960er Jahre wurden innerhalb von 24 Stunden 320 bis 420 fahrplanmäßige Züge auf dem Leipziger Hauptbahnhof abgefertigt, und in der Messezeit stieg diese Zahl auf fast 500 bzw. stündlich im Schnitt auf 40 Züge. Insofern mutet die Zahl von täglich rund 700 Zügen Ende der 1980er Jahre spektakulär an,[60] doch sind darin die Leerfahrten sowie die S-Bahnen enthalten, die seit 1969 die Zahl der täglichen Zugfahrten zum und vom Leipziger Hauptbahnhof deutlich vergrößerten.

Hinsichtlich der Beschäftigtenzahl wartet der Leipziger Hauptbahnhof ebenfalls mit beeindruckenden Zahlen auf: Rund 1400 Eisenbahner kümmerten sich vor vierzig Jahren um die Sicherheit und Pünktlichkeit des Bahnverkehrs sowie um die Bequemlichkeit der Reisenden.[61] Diese Zahl blieb bis Mitte der 1970er Jahre ungefähr konstant. Wird jedoch der gesamte Bereich des damaligen Dienstortes Leipzig Hauptbahnhof einbezogen, d.h. auch die beiden Bahnbetriebswerke Leipzig Hbf West und Leipzig Hbf Süd, das Bahnbetriebswagenwerk, das Kraftwagenbetriebswerk sowie die Wagen-, Starkstrom-, Fahrleitungs-, Signal- und Fernmeldemeistereien, so zählte der größte Bahnhof der Deutschen Reichsbahn im Jahre 1974 insgesamt 5500 Beschäftigte, und diese Zahl hätte den meisten industriellen Großbetrieben zur Ehre gereicht. 5500 ist übrigens genau die Zahl von Arbeitskräften, die das neue BMW Werk Leipzig bei Ausschöpfen seiner vollen Fertigungskapazität erreichen soll. Nachdem in den späten 1970er Jahren die Rationalisierung auf vielen Gebieten des Verkehrswesens zu greifen begann, sank die Beschäftigtenzahl des Leipziger Hauptbahnhofs – ohne Betriebswerke – auf reichlich 1000.

Betrachtet man die verschiedenen Einrichtungen auf dem Leipziger Hauptbahnhof, so drängt sich

REISEGEPÄCK
VER

der Eindruck einer kleinen, wohlgeordneten Stadt förmlich auf. Dabei geht es hauptsächlich um all die dienstbaren Bereiche, die den Reisenden die Bahnfahrt so angenehm wie möglich machen sollen. Das spezifische Fluidum der riesigen Station rührte jedoch stets daher, dass sie über eine Vielzahl weiterer Einrichtungen verfügte, die dem eiligen Bahnbenutzer normalerweise verborgen blieben. Doch einerlei, ob es sich um die unmittelbar dem Reiseverkehr dienenden Teile des Bahnhofs oder die vielfältigen begleitenden Abschnitte handelt, sie alle widerspiegeln in ihrer Struktur zwar die Vielgestaltigkeit einer Bahnreise, doch die meisten machten innerhalb von 90 Jahren Bahnhofsgeschichte auch einen signifikanten äußerlichen, organisatorischen und technischen Wandel durch.

Für die meisten Reisenden beginnt der Kontakt mit der Bahn am Fahrkartenschalter. 36 gehörten zur »Erstausstattung« des Leipziger Hauptbahnhofs. Sie waren aus dunklem Fichtenholz gezimmert und reihten sich zu beiden Seiten sowohl der Ost- als auch der Westhalle. Die Fahrkarte als Mittel zum Zweck der Eisenbahnreise war eine so genannte »Edmonsonsche«, gedruckt auf einem kleinen, genormten Papprohling. Von den dafür erforderlichen Fahrkartendruckern, die den höchsten Stand der Technik repräsentierten, standen Mitte der 1920er Jahre 22 auf dem Leipziger Hauptbahnhof.

»»» *Links eine feinmaschige Gitterwand, rechts auch, vorn das verhängte Schiebefenster und daneben ein Tablett mit unbedruckten braunen und grünen Fahrkarten, und im Hintergrund ein Schreibtisch mit Abrechnungs-Formularen.*

Interessant an der ganzen Kajüte ist nur die Regina.

Regina, *zwei Meter lang, einen Meter dick, Schalterdruckmaschine von der A.E.G., Berlin.*

Die »Königin« mir vorzustellen, fehlt die Zeit, denn wir haben Bereitschafts-Dienst, jede Sekunde kann der Kollege im Nachbarkäfig rufen »Es drückt«, und dann sind wir eiligst verpflichtet, mit dem sich stauenden Publikum zu fensterln.

Schnell wird die Farbenwalze der Regina *eingeschwärzt, »ta-tack« macht sie, und schon ist unsere Kontrollkarte gedruckt. Laut Vorschrift gehen zwei Probefahrkarten in die Maschine. Sie geraten vorzüglich und werden mit dem Kontrollbillett auf den Kopf der Abrechnung geklebt. Außerdem werden dort M. 100.– Einnahme gebucht, soviel Wechselgeld wird jedem Schalterbeamten in die Kasse gelegt. [...]*

Mit der Uhr habe ich festgestellt, daß von 100 Reisenden 70 bis 80 zum Bezahlen der Fahrkarte 10 bis 50 Sekunden länger brauchen als der Beamte zum Fragen, Drucken der Karte und Angabe des Preises. [...]

Schalterdienst in einem großstädtischen Zentralbahnhof erfordert enorm viel: Das Fahrkarten-Repertoire jedes Schalters umfaßt rund 3000 Stationen. Bei der Hälfte davon weiß der Beamte schon ehe er an die Regina *geht, den Preis, die Abgangszeit, den Abgangsort, die Art, die Fahrtdauer, die Hauptanschlüsse des Zuges, bestimmt aber weiß er sofort, auf welcher Seite des »Prismas« der Name des verlangten Ortes steht. Das Prisma enthält auf seinen Kantstellen alle in Frage kommenden Stationen, es muß durch Schub- und Druckkraft so gedreht werden, daß die Kantstelle mit dem Stationsnamen oben liegt. Damit werden die im Kasten der* Regina *hängenden Klischees entriegelt. Nun wird der »Schlitten« mit dem Druckapparat bis an »Borsdorf« oder »Burgstädt« herangeführt. Ein Hebeldruck: Klischee »Borsdorf« springt aus dem Kasten in den Schlitten, schlägt dort gegen die eingesteckte Fahrkarte und fällt in die Versenkung zurück. [...]*

Fehlbeträge gehen zu Lasten des Beamten, etwaige Überschüsse werden eingezogen. Von »Überschüssen« zu sprechen, ist natürlich Witz, ein Minus dagegen unterläuft öfters und auch dem routinierten Kassierer. Die Tageskasse beträgt nicht unter 2000 Mark (sonnabends das Doppelte), verteilt auf 500 bis 800 Fahrkarten. Wenn man aber zu Festtagszeiten in 8 Stunden 2000 Fahrkarten verkauft, muß man mit letzter Konzentration arbeiten, um sich vor Verlusten zu schützen. Die Reichsbahn gewährt auf 10 000 Mark Einnahme eine Mark Verlustentschädigung – versierte Schalterbeamte haben jährlich etwa 40 Mark zur Deckung ihrer Kassendefizite. [...] Weichherzige könnten allerdings schon in einer Woche ihr nicht sehr großes Gehalt verlieren. [...]

Nach Mitternacht blüht das Geschäft in »Gaffeegarde«, Fahrkarten nach Station Kirchstraße[62] *oder Gohlis. Die von Patrouille und Geschäftstouren zurückkehrenden Damen lösen sie nur, um als »Reisende mit Fahrkarte« in der Bahnhofswirtschaft einen Morgenkaffee oder Gutenachttrunk – wie man will – zu bekommen. [...]*

Ob Rosengärten an dem Halboval vorbeiziehen oder

stinkende »Koksöfen«, ob einer in nervöser Unruhe den Radetzky-Marsch auf die Marmorplatte trommelt oder sich mit bayrischer Bierruhe vor den Glasfenstern zu längerem Aufenthalt niederläßt, ob das Publikum im schlimmsten Andrang mit einem Hundertmarkschein oder mit Kupferpfennigen zahlt, alles, alles muß der Mann hinter dem Schalterfenster mit olympischer Ruhe und mit einer Liebenswürdigkeit quittieren, als ob er der Hauptaktionär der Deutschen Reichsbahn A.-G. wäre.

Ernst John (1926)[63]

Grundsätzliche Änderungen der Organisation des Schalterdienstes brachte der Wiederaufbau des Leipziger Hauptbahnhofs nach dem Zweiten Weltkrieg nicht. Allerdings mussten die Fahrkartenschalter an ihrem angestammten Platz im Laufe der Zeit einen Wandel von Fichtenholz hin zu Kunststein als Auflagefläche und zu eloxiertem Aluminium für die Fensterrahmen über sich ergehen lassen. Außerdem sank die Zahl der Fahrkartenschalter vor vierzig Jahren auf 32.

Analysen der Abläufe beim Fahrkartenverkauf zeigten Anfang der 1980er Jahre, dass die Abrechnung pro Schicht 45 Minuten dauerte. Diese Zeit sollte ebenso wie der eigentliche Verkaufsvorgang am Schalter – angestrebt waren 25 Sekunden – verkürzt werden. Deshalb wurden auf dem Leipziger Hauptbahnhof im zweiten Halbjahr 1981 schrittweise elektronisch gesteuerte Fahrkartendrucker an allen der damals nur noch 25 Schalter eingeführt. 1100 Stationen im Netz der Deutschen Reichsbahn waren vorprogrammiert. Damit schlug die letzte Stunde der jahrzehntelang bewährten elektromechanischen Drucker und der damit produzierten »Pappfahrkarten«. Ab 1984 folgten acht Fahrkartenautomaten, die allerdings nur Münzen akzeptierten. In diesen auf Selbstbedienung getrimmten »stummen Verkäufern« waren 280 Fahrtziele sowie die Kennungen des damals üblichen Sortiments von Zuschlagkarten gespeichert. Es ist bezeichnend, dass die Deutsche Reichsbahn die moderne Technik zuerst auf den Hauptbahnhöfen von Erfurt und Dresden im Praxiseinsatz testete, ehe sie auch Leipzig einbezog. Leipzig Hauptbahnhof als am stärksten frequentierte Station der DR barg als Versuchsfeld ein zu großes Risiko, da die Automaten in der Einführungsphase störanfällig waren.

Im Zuge des Umbaus des Leipziger Hauptbahnhofs in den Jahren 1995 bis 1997 verschwanden die Fahrkartenschalter aus den beiden Eingangshallen, um als »Counter« im »Reisezentrum«, nun allerdings im Mittelbau, wiederzukehren. Die Zahl der mit Rechentechnik bestückten Nachfolger der klassischen Schalter ist inzwischen auf 17 gesunken.

Zu allen Zeiten führte der direkte Weg vom Fahrkartenschalter zu den Zügen über die breite Freitreppe in Richtung Querbahnsteig. Zur ursprünglichen Ausstattung des Hauptbahnhofs gehörten auf der Empore Schwingtüren mit schweren hölzernen Rahmen und Messinggriffstangen. Dem Zeitgeist entsprechend, folgten ihnen in den 1960er Jahren Aluminiumtüren, die ihrerseits in den 1990er Jahren gemäß den Auflagen des Denkmalschutzes wieder verschwanden und exakten Nachbauten der ursprünglich hölzernen Schwingtüren Platz machten.

Über der jeweiligen Türreihe befand sich in beiden Eingangshallen rund dreißig Jahre lang je eine matt schimmernde Großuhr aus eloxiertem Aluminium. Beide Uhren, die in die Fensterbögen eingesetzt waren, wurden in den 1990er Jahren durch genormte Bahnhofsuhren ersetzt.

Die heutzutage geläufige Ausstattung der Bahnsteige ist das Ergebnis einer sukzessiven Entwicklung. Vor neunzig Jahren waren Bahnsteigsperren mit Fahrkartenkontrolle auf dem neuen Hauptbahnhof wie auf sämtlichen anderen Bahnhöfen obligatorisch. Ihre charakteristische Form trug ihnen den Spitznamen »Schaffnerwannen« ein. Die Sperren und mit ihnen die Pflicht, eine Bahnsteigkarte für zehn Pfennig zu lösen, verschwanden ab Dezember 1957 – bei der Deutschen Reichsbahn zuerst auf dem Leipziger Hauptbahnhof.

Rund hundert Jahre lang wurden ankommende und abfahrende Züge ausgerufen. Das war allein schon akustisch nicht mehr möglich, als das Zeitalter des Massenverkehrs anbrach. Seit 1937 verfügt der Leipziger Hauptbahnhof anstelle von stimmgewaltigen Bahnbeamten über Lautsprecher auf dem Querbahnsteig und den Längsbahnsteigen. Sie wurden ursprünglich zur Unterstützung und Bewältigung des Messeverkehrs installiert und – so zwei zeitgenössische Berichterstatter – »haben sowohl bei den Reisenden als auch bei den auf den Bahnsteigen tä-

Sächs. Gepäckausgabe
in der Ausgangshalle
Droschken
Fahrkarten
II
Eingangshalle
Handgepäck
Abfahrt der Züge
Wartesäle

tigen Beamten dankbare Anerkennung gefunden«.[64] Dass die Lautsprecheransagen bei Bedarf auf einzelnen betroffenen Bahnsteigen erklangen, war vor rund siebzig Jahren eine technische Errungenschaft.

Die Richtungsanzeige übernahmen in der Frühzeit des Hauptbahnhofs nach dem Muster von Toren aufgestellte Blechtafeln über dem Anfang jedes Bahnsteigs, weil die Gleise exakt nach Richtungen gruppiert waren. Emailleschilder zum Stecken für die Abgangszeit des Zuges und den Zielbahnhof ergänzten am Gleis die allgemeine Richtungsangabe. Nach dem Zweiten Weltkrieg dienten dann kleine Tafeln mit Kreideanschriften der Angabe der Abfahrtszeit und des Zielbahnhofs als Notbehelf. Eine Zeitlang wurden Holztäfelchen mit diesen Angaben gesteckt.

Elektrische Zugzielanzeiger und beleuchtete Fahrplanvitrinen stehen auf allen Bahnsteigen seit 1964. Wiederum war es die Leipziger Messe, die der Einführung neuer Technik einen starken Impuls gab. Vom Jubiläum »800 Jahre Leipziger Messe« im Jahre 1965 profitierte die gesamte Stadt – und der Hauptbahnhof, der den berühmten besten ersten Eindruck vermitteln sollte, in besonderer Weise.

Als der Hauptbahnhof gebaut wurde, berücksichtigten die beteiligten Bahnen, dass er vielen auch einen der letzten Eindrücke von Deutschland vermittelt. Eine unbekannte Zahl von Auswanderern nahm ihren Weg über diese Verkehrsstation. Deshalb war es konsequent, ein Auswandererbüro einzurichten. Das ambivalente Verhältnis zu dieser Einrichtung drückte sich darin aus, dass es verschämt, – vom großen Strom der Reisenden abgezweigt – »in der Hauptsache außerhalb des Flügels unter dem Randbahnsteige liegend«, durchaus auch im Kellergeschoss untergebracht war, aber respektable 850 Quadratmeter Grundfläche einnahm. Das Auswandererbüro umfasste unter anderem einen Warteraum, einen Schalterraum, ein Arztzimmer, Aufenthaltsräume für einen Kommissar und einen Wachtmeister, einen »Isolierraum« und einen größeren Raum für die Gepäckaufbewahrung.[65]

Der Wandel des Reiseverhaltens und des damit korrespondierenden Leistungsangebotes spiegelte sich im Umgang mit dem Reisegepäck. Gepäckträger waren früher eine fest etablierte Berufsgruppe auf jedem größeren Bahnhof, darunter vor allem in Leip-

Der Querbahnsteig, kurz nachdem er im Oktober 1915 in kompletter Länge eröffnet wurde. Auf keinem anderen Bahnhof war der Übergang von den Eingangshallen zu den Längsbahnsteigen so elegant und großzügig gelöst wie in Leipzig. Fachleute und Reisepublikum zeigten sich jahrzehntelang gleichermaßen beeindruckt. (1916)

zig, wo auf dem Hauptbahnhof das Aufgebot der Gepäckträger während der Messezeit um das Dreifache verstärkt werden musste. Die Zusatzkräfte bildeten eine selbständige, ohne Zuschüsse der Verwaltung arbeitende Gepäckträgergemeinschaft.[66] Ende der 1990er Jahre wagte die DB eine Renaissance des Gepäckträgerdienstes, doch in der vom Hamburger Nachrichtenmagazin *Der Spiegel* beklagten »Service-Wüste Deutschland« stieß dieses Angebot auf keine ausreichende Nachfrage, so dass es nach kurzer Zeit still und heimlich wieder verschwand.

Über den gewissermaßen fliegenden Dienst hinaus musste in der Hoch-Zeit des Eisenbahnverkehrs ein stetig fließender Strom von aufgegebenem Gepäck reibungslos durch den Hauptbahnhof geschleust werden. Dafür standen die Reisegepäckaufgabe im Mittelgang zwischen den beiden Eingangshallen, separate Tunnel sowie zwölf Gepäckbahnsteige zwischen den Gleisen zur Verfügung.

Kunden der Bahn konnten ihr Gepäck auf dem Leipziger Hauptbahnhof zu ebener Erde aufgeben und brauchten es damit nicht auf die Bahnsteige hochzuschleppen. Allerdings mussten sie sich mindestens eine Stunde vor Abfahrt ihres Zuges zu diesem Schritt entschließen, damit genügend Zeit zum Sortieren blieb. So wurden die Ströme der Reisenden und des Gepäcks funktional und komfortabel getrennt. Die Projektanten des Leipziger Hauptbahnhofs hatten unter den Bahnsteigen eine zweckmäßige Behandlungsanlage für Annahme und Sortierung von Reisegepäck und Expressgut ersonnen.

Neben den hier aufgegebenen Stücken passierte ein weiterer Expressgutstrom den Hauptbahnhof als Zwischenstation. Über die 200 Meter lange Expressgutumladestelle wurden noch in den 1960er Jahren 4,5 Millionen Stück Expressgüter pro Jahr umgeschlagen, darunter Massen von Büchersendungen, die der in Leipzig ansässige Buch-Großhandel der DDR aufgab.[67] Mitte der 1980er Jahre wurden auf dem Leipziger Hauptbahnhof täglich immerhin 5000 Stück Gepäck und Expressgut aufgegeben.

Nach Richtungen und Zügen sortiert, gelangten Reisegepäck und Expressgut auf speziellen Karren durch ein eigenes Tunnelsystem und anschließend per Aufzug rund vier Meter nach oben auf die Bahnsteigebene. Schon seit den 1920er Jahren kamen

Der Wiederaufbau der Querbahnsteighalle gehörte in den 1960er Jahren zu den international gewürdigten Leistungen der Deutschen Reichsbahn. (1965)

Elektrokarren und Elektroschlepper in nennenswertem Umfang zum Einsatz. Mit ihrer Hilfe wurden die aufgegebenen Sendungen von und zu den bereitstehenden Zügen befördert. Zeitgemäße Transporttechnik steigerte die Umschlaggeschwindigkeit und half, die Kosten zu senken.

Gemäß dem ursprünglichen Funktionsschema des Hauptbahnhofs befanden sich Aufzüge für Gepäck-Elektrokarren sogar auf dem Querbahnsteig. Sie behinderten den Strom der Reisenden jedoch immer mehr und wurden beim Wiederaufbau zugunsten der weiter betriebenen Aufzüge auf den Gepäckbahnsteigen aufgegeben.

Der Umgang mit dem Handgepäck war auf dem Leipziger Hauptbahnhof ebenfalls gut organisiert. Die Handgepäckaufbewahrung neben den Treppenaufgängen in den beiden Eingangshallen hatte in Spitzenzeiten alle Hände voll zu tun. Zur Frühjahrsmesse 1937 stieg der Handgepäckdienst auf das Siebenfache seines normalen Umfangs an. Anstelle der üblichen zwei Aufbewahrungsstellen wurden vorübergehend insgesamt sechs eingerichtet. Reisende vertrauten der Reichsbahn damals innerhalb von neun Tagen 77 000 Handgepäckstücke an, darunter allein 12 000 am aufkommenstärksten Tag.

Nach dem Zweiten Weltkrieg richteten sich die Anstrengungen der Reichsbahn darauf, den personalintensiven manuellen Handgepäckdienst zu reduzieren und die Kundschaft an die Nutzung entsprechender Automaten zu gewöhnen. Mitte der 1960er Jahre standen auf dem Leipziger Hauptbahnhof bereits 1616 Handgepäckautomaten, seit 1964 ergänzt um Wechselautomaten für die erforderlichen Münzen. Die Schließfächer kamen damals auf insgesamt über 350 000 Belegungen pro Jahr.

Hatten die Reisenden ihr schweres Gepäck deponiert und blieb noch ausreichend Zeit bis zur Abfahrt des Zuges, so lockte der Leipziger Hauptbahnhof mit einer Vielzahl nützlicher Einrichtungen. Unbeschwert konnten sie die komfortabelste europäische Verkehrsstation nutzen. Überragend war die Rolle der Bahnhofsgastronomie, die mit ihren Restaurants und Büffets in einem eigenen Abschnitt betrachtet wird.[68]

Nicht alle Einrichtungen hielten den Zeitläuften stand, da sich schließlich auch die Reisegewohnheiten wandelten. Doch als der Leipziger Hauptbahnhof vor 100 Jahren Gestalt annahm, war es selbstverständlich, dass angesichts ausgedehnter Reisen durch Raum und Zeit für anspruchsvolle Bahntouristen Wannenbäder eingebaut wurden! Der entsprechende Schriftzug hat sich in haltbarer Anilinfarbe in den Sandstein eingefressen und ist bis heute, nur leicht verblasst, in der Tiefe der Westhalle erkennbar.

Eine »Konstante« blieb durch alle Zeiten hindurch das Blumengeschäft in der Westhalle: »Blumen-Hanisch« hielt sich unerschütterlich im Sprachgebrauch, obwohl die Eigentümerfamilie nach dem Zweiten Weltkrieg nach Frankfurt am Main weggezogen und das Geschäft volkseigen geworden war.

Beliebte Einrichtungen auf dem Hauptbahnhof, über die aus unterschiedlichen Gründen die Zeit hinwegging, waren in den 1960er Jahren auch der Laufmaschendienst – eine wichtige Dienstleistung, als Damenstrümpfe noch nach anderen Technololgien hergestellt wurden als heutzutage – und die Schnellbügelanstalt, beide von der Mitropa betrieben. Die Reisenden wollten schließlich adrett ankommen.

Zu höchster Bekanntheit, ohne dass irgendwelche Werbung erforderlich gewesen wäre – Flüsterpropaganda genügte vollauf –, brachten es in den letzten Jahrzehnten der DDR die drei Intershops in der Osthalle und im Verbindungsgang des Hauptbahnhofs. Wer über harte Währung verfügte, konnte sich dort all die Wünsche nach Delikatessen, Bekleidung, Kosmetika und Heimelektronik erfüllen, an denen der »normale« Einzelhandel bei der Versorgung von Konsumenten mit Weichwährungs-Handicap hoffnungslos scheiterte.

Leipziger Bahnhofsblues

Wennde in den Leipzschor Bahnhof einfährst,
da denksde, daßde in eener Weldstadt wärsd.
Gommste dann ä Häbbchen raus –
nu, da siehds dann ooch ä bissel andersch aus.

Offn Bahnhof gannsdn ganzen Daach vorbringen.
Hier schallds so scheen, wennde duhsd singen.
Im Bahnhof essen Engkel mit 'm Oba
in den schnellen Resdorangs der Midrohba.

Sächsunzwanzich Bahnschdeiche
un noch fimfe aussen.
An jedor Ägge eene Weiche.
Hier gibbs geene Bausen.
Ne Halle im Osten un im Westen
dieser Bahnhof, der geherd zu den Besden!

Iewrall off'n Bahnhof schwirrn de Dauben,
die den Leiden Brotgriemel rauben.
Ooch ne Menge von den gleen Schbadzen
duhn noch fäsde an den Räsden rumschmadzen.

Dann gibds hier ooch ne ganze Masse Läden,
ooch solche, wo de Leide driewer reden ...
Am Blumenladen dräffn sich viel Baare,
nur Bluhm sinn dord ooch ne seldne Ware.

Dausendsächshundertsächzehn Audomaden,
wern Schlissel verlor – gann lange raden!
Goffer, Daschen un von dr Dadsche ä Schdigg Dach,
alles schdobbn de Leide nein ins Gofferfach!

Dor greeßde Gobfbahnhof Eirohbas,
von dor DDR de greeßden Midrohbas.
De greeßden Sachsen fahrn hier dächlich ein und aus.
Gehds in Urlaub, gleichd dr Bahnhof eenem Freidenhaus!

Achtung Reisende!
Der Exbress Baries – Gonnewitz – Warschau fährd
soeben am Bahnschdeich 26 ein un aus!

Bernd-Lutz Lange (1979)[69]

Weniger eine Ausnahmeerscheinung denn gängiger Standard eines Großstadtbahnhofs aus der Eisenbahnepoche war das Postamt Leipzig 17 auf der Westseite des Hauptbahnhofs mit seinem breiten Spektrum von der ordinären Briefmarke bis zur Vermittlung von Auslandsferngesprächen. Die Versorgung der Bahnfahrer mit Periodika und Taschenbüchern lag in der DDR in den Händen des Postzeitungsvertriebs. Er stand formal in der Tradition des deutschen Bahnhofsbuchhandels, dessen Entwicklung eng mit der Geschichte des Leipziger Hauptbahnhofs verknüpft ist.

Die Festlegung, dass Verkaufsstände und Verkaufsräume für Zeitungshändler – ebenso wie für Zigarren und Blumen – in die Entwürfe für die Gestaltung des Empfangsgebäudes einzubeziehen seien, war vorausschauend bereits in die Wettbewerbsbestimmungen für die Architekten aufgenommen worden. Als im Jahre 1912 ein weiterer Teilbereich der kontinuierlich von West nach Ost wachsenden Riesenstation in Betrieb ging, begann die steigende Zahl der Bahnbenutzer den Bahnhofsbuchhandel wirtschaftlich zu interessieren. Um die entsprechende Konzession zum Verkauf des gedruckten Wortes bewarb sich eine eilig gegründete Gesellschaft mit beschränkter Haftung unter dem Namen Vereinigte Leipziger Bahnhofsbuchhandlung, zu der sich die damals dominierenden deutschen Bahnhofsbuchhändler – Robert Steuernagel aus Leipzig, Jacques Bettenhausen aus Dresden und Hermann Stilke aus Berlin – zusammengeschlossen hatten. Sie boten am höchsten und erhielten die Konzession; der ebenfalls bietende Lokalmatador Leipziger Sortimenterverein schied neben weiteren Bewerbern enttäuscht aus.[70]

Geplant war, den Bahnhofsbuchhändlern einen vom Personal begehbaren, geschlossenen und damit windgeschützten Verkaufspavillon zu geben sowie einen festen Raum, der sich als Büro und Lager für schnellen Nachschub an Lesestoff eignete. Doch die Leselust übertraf alle Erwartungen.

»»» *Sollte also dem Buche auf dem größten europäischen Bahnhofe, auf dem Bahnhofe der Buchhändlerstadt Leipzig, der ihm gebührende Platz eingeräumt werden, so mußten Einrichtungen getroffen werden, die dem reisenden Publikum überall dort, wo es vorübergehen mußte, das Vorhandensein von Büchern, Zeitschriften und Zeitungen in auffälliger Weise zeigten. Ein ursprünglich auf der rechten Terrasse der Eingangshalle auf der preußischen Seite dem Buchhandel zugewiesener besonderer Platz, auf dem sich auch jetzt noch ein Verkaufspavillon befindet, erwies sich als zu weit abgelegen. Um gewissermaßen Buch und Zeitung mitten in den Verkehr hineinzustellen, machte es sich nötig, nicht nur einen, sondern eine ganze Reihe von Verkaufsständen einzurichten. Außer dem erwähnten Pavillon befinden sich daher in den beiden großen Eingangshallen weitere zwei Pavillons. Dort aber, wo sich der Hauptverkehr abspielt, nämlich auf dem großen*

Als der Hauptbahnhof entstand, erhielt jedes Gleis eine bestimmte Fahrtrichtung der Züge zugeordnet. An den Bahnsteigsperren wurden Fahrkarten bzw. Bahnsteigkarten kontrolliert. Über die Bahnsteige spannte sich eine unglaublich leicht erscheinende Konstruktion aus Stahl und Glas. (1916)

Querbahnsteige, erblicken wir vier große Bücherverkaufstische, die von keinem der Vorübergehenden übersehen werden können.[71]

Neben den festen Pavillons und Verkaufstischen versorgte die Vereinigte Leipziger Bahnhofsbuchhandlung die Reisenden auf den Längsbahnsteigen vor neunzig Jahren mit acht Bücherwagen und mehreren Reclam-Bücherautomaten. Am Beginn des 21. Jahrhunderts bestreiten auf dem Leipziger Hauptbahnhof vier Geschäfte einer auf den Bahnhofsbuchhandel spezialisierten Kette das Geschäft mit der Reiselektüre.

Seit dem Abschluss des Wiederaufbaus Mitte der 1960er Jahre gab es auf dem Leipziger Hauptbahnhof zehn Einzelhandelsgeschäfte, die auf beide Eingangshallen sowie den als Ladenstraße ausgeführten Durchgang zwischen ihnen konzentriert waren. Verglichen mit den über einhundert Geschäften in den heutigen Promenaden Leipzig Hauptbahnhof, die im Kapitel über die Wandlungen in der Hülle des Bahnhofs betrachtet werden,[72] nimmt sich diese Zahl recht bescheiden aus. Gleichwohl entsprach sie dem damaligen Standard im Bereich Handel und Dienstleistungen, und dazu trugen auf dem Hauptbahnhof auch der Friseur bei oder die Wechselstelle der Staatsbank der DDR, die in der Tradition der Wechselstube der Deutschen Verkehrs-Kredit-Bank als Hausbank der Deutschen Reichsbahn in den 1930er Jahren stand.

Wurde den Fernreisenden die Zeit bis zur Abfahrt ihres Zuges in den Wartesälen oder dem ab 1957 für einigen Jahre bestehenden Kulturraum mit Lese- und Fernsehzimmer gegenüber Gleis 3 zu lang, konnten sie sich in einer diesmal allerdings wirklich besonderen Einrichtung auf dem Hauptbahnhof unterhalten lassen. In der Osthalle lud rund 40 Jahre lang das Zeitkino zu einem Besuch ein. Es schloss wegen seines als kritisch eingestuften baulichen Zustands Ende 1992 für immer die Pforten. Das DEFA-Zeitkino war das einzige Filmtheater dieser Art in der DDR und entstand durch Umbau der funktionslos vor sich hin schlummernden Station der niemals verwirklichten Leipziger U-Bahn. Es verfügte über 204 Sitzplätze und lockte täglich zwischen 10 und 18.30 Uhr mit einem rund 70 Minuten dauernden Kurzfilmzyklus sowie

Bahnsteig
21
21
Abfahrt
Personenzug 11 37
Dresden über Riesa
20
Gesperrt
Gesperrt

zwei Spielfilmen der Unterhaltungs- bzw. Abenteuersparte am Abend. 13 Stunden pro Tag war Kinozeit. Im Zuschauerraum befand sich eine Uhr als sanfter Hinweis für diejenigen Reisenden, die sich allzu sehr vom Geschehen auf der Leinwand ablenken ließen. 1978 zählte das Zeitkino mehr als 300 000 Besucher in 5589 Vorstellungen.[73]

»»» *Hinten rechts in der Osthalle befand sich das Zeitkino. Zunächst ging es eine steile Treppe nach unten, die ja ursprünglich als Zugang zur U-Bahn-Station gedacht war. Auf der unteren Ebene befanden sich die Kassen. Mit den Eintrittskarten hatte es folgende Bewandnis: Sie besaßen eine zeitlich begrenzte Gültigkeit. Zwar liefen ununterbrochen Filme, doch man konnte nicht einfach den ganzen Tag sitzen bleiben. Deshalb wurden durch die Platzanweiserinnen zwischen den Filmen regelmäßig die Nummern der Eintrittskarten aufgerufen, die gerade abgelaufen waren. Wer bleiben wollte, musste sich dann eine neue Karte kaufen.*

Im Zeitkino konnte man sich die Zeit vertreiben. Tagsüber liefen Kurzfilme – Dokumentarfilme und auch mal ein Trickfilm. Ab 20 Uhr gabe es Spielfilme zu sehen.

Übrigens, Eisenbahn und Kino waren eine Zeitlang noch enger miteinander verquickt: Ende der fünfziger Jahre liefen in den Schnellzügen zwischen Leipzig und Berlin morgens und abends Kinowagen mit. Rechts und links von einem Mittelgang befanden sich ungefähr 20 Sitzplätze, an der Rückwand war die Projektionsapparatur aufgebaut. Die Fahrzeit reichte damals auf jeden Fall aus, um sich einen Spielfilm von normaler Länge anzuschauen.

Helmut Sander (2005)[74]

Im Guten wie im Schlechten steht der Leipziger Hauptbahnhof mit all seinen Einrichtungen seit neunzig Jahren für die Entwicklung der Reisekultur. Seine Offerten reichten für Ansprüche jeglicher Art.

»»» *Vor einer knappen Stunde eilte ich nun zum Zimmernachweis im Hauptbahnhof. Dort kam mir die Erleuchtung. Noch immer reist es sich am bequemsten im gutgefederten Wagen hinter dem braven Feuerroß her. Auf den 26 Gleisen dampfte Zug um Zug in die breite gläserne Halle. […]*

Menschenwogen ergießen sich durch die lichtüberfluteten Hallen. Neonlichter zucken. Ober hasten durch die Säle der Mitropa-Gaststätten. Speisekarte mit einer Fülle von Gerichten. Ein Steppke weint mit hoher, heller Stimme. Dreihundert Meter Bahnhof – und die Mama ist verschwunden. Ungerührt von dem Trubel küßt sich vor dem Zeitkino ein Pärchen. […]

Leipzigs Hauptbahnhoffassade ist von imposanter Wucht und von ferne nur mit Respekt anzusehen. Wer sie auf der Suche nach dem Quartierbüro umrundet, hat unversehens ein Sportstadion unter die Füße genommen, als Geher.

Klaus Beuchler (1963)[75]

Eher mit kritischen Ausnahmesituationen wurde das Wirken des Bahnhofsdienstes des Deutschen Roten Kreuzes identifiziert. Er bezog Anfang der 1950er Jahre sein Domizil neben dem östlichen Seitenausgang. Drei Jahrzehnte später verzeichnete der Bahnhofsdienst in seiner alljährlichen Bilanz rund 85 000 soziale Hilfeleistungen sowie 30 000 Erste-Hilfe-Leistungen. Unter älteren Reisenden hatte sich längst herumgesprochen, dass im Zeichen des Roten Kreuzes eine Anzahl von Übernachtungsmöglichkeiten angeboten wurde – wenn man eine gültige Fahrkarte vorzeigen konnte. Seine große Bewährungsprobe erlebte der Bahnhofsdienst während des arktischen Kälteeinbruchs zur Jahreswende 1978/79, als Tausende Reisende, die wegen verwehter Strecken auf dem Hauptbahnhof festsaßen, mit heißen Getränken versorgt werden mussten.

»»» *Krankenschwester Christa Schröder, Leiterin [des Bahnhofsdienstes] in Leipzig, kennt Geschichte und Geschichten dieses Bahnhofes. […] Eine ältere gebrechliche Dame wird vorübergehend betreut, da sie mit dem nächsten Zug erst in einer Stunde weiterfahren kann. Christa Schröder reicht ihr eine Tasse Tee. Eine Mutti kommt mit ihrem Kind im Wagen. Sie fragt, ob sie mal die Babynahrung aufwärmen kann. Sie will mit ihrem Sprößling nach dem Norden zur Oma. Bis sie jedoch am Reiseziel ist, werden noch einige Stunden vergehen. Der Bahnhofsdienst ist also auch auf diesen Service eingerichtet. Die Mütter haben, wie Christa Schröder schildert, seit Verkündung der sozialpolitischen Maßnahmen über die bezahlte Freistellung von berufstätigen Frauen nach der Geburt des zweiten und jedes weiteren Kindes, von der Möglichkeit zunehmend Gebrauch gemacht, zu verreisen. Das ist ver-*

ständlich, denn jetzt haben sie noch mehr Zeit, Verwandte und Freunde zu besuchen. So fehlt es in den modern und zweckmäßig ausgestatteten DRK-Räumen eben auch nicht an Krabbelgitter und Wickeltischen. [...]

Es gibt eigentlich nichts, wie Christa Schröder berichtet, was es beim Bahnhofsdienst nicht gibt. Einige Episoden hat sie sofort parat. Unwahrscheinlich sind oft die Fragen und Bitten in der sozialen Betreuung. Reisende sind im Zug eingeschlafen, und inzwischen haben ihnen Spaßvögel die Schuhe weggenommen. »Einmal hatten wir sogar einen kleinen Affen mit einer Lungenentzündung für einige Stunden in Obhut«. Nicht nur Damenabsätze gehen durch die Trittbretter an den Zügen kaputt und müssen repariert werden. Auch größere Hunde haben sich oft schon ihre Krallen beim Ein- und Aussteigen am Trittbrett herausgerissen. Die Hundepfote braucht schließlich einen Verband. Wer hilft? Natürlich der DRK-Bahnhofsdienst.

Mitteldeutsche Neueste Nachrichten (1982)[76]

Ab 1991 wurde im Zuge der Umgestaltung sämtlicher Lebensbereiche im Osten Deutschlands wieder die Bahnhofsmission eingerichtet.

In dem riesigen Stationsgebäude befanden sich in der DDR-Zeit viele weitere Diensträume, zu denen unbefugten Reisenden der Zutritt verwehrt war. Dazu zählten, ganz unspektakulär, die Aufenthalts- und Schlafräume für die Zugbegleiter (ehedem säuberlich nach Beamten und Oberbeamten getrennt), aber auch die Bahnhofsverwaltung der Deutschen Reichsbahn, nicht weit davon entfernt die Dienststelle des Ministeriums für Staatssicherheit, um die man lieber freiwillig einen großen Bogen schlug, und die Transportpolizei auf der Ostseite, als deren Nachfolger seit der deutschen Einheit der Bundesgrenzschutz über die Sicherheit des Bahnbetriebs wacht.

Auf wenig Gegenliebe konnte die »Meldestelle der Deutschen Volkspolizei« auf der Ostseite zählen. Sie war für ausländische Besucher vorgesehen und musste nach dem harsch behaupteten Souveränitätsanspruch der DDR auch von Westdeutschen bei ihren Leipzig-Aufenthalten aufgesucht werden.

Für die große Zahl von Eisenbahnern, die auf dem Leipziger Hauptbahnhof beschäftigt waren, verfügte die Deutsche Reichsbahn hier über eine Reihe innerbetrieblicher Einrichtungen, wie zum Beispiel die leistungsfähige Betriebsküche auf der Ostseite, aus der Ende der 1970er Jahre täglich 3000 Essensportionen kamen, den Medizinischen Dienst der DR, aber auch einen Betriebskindergarten für 40 Sprösslinge von Eisenbahnern, eine Kegelbahn und eine eigene Turnhalle. Des weiteren war auf der Westseite die Außenstelle Leipzig der Ingenieurschule für Verkehrstechnik Dresden mit 350 Studenten in 16 Seminargruppen untergebracht.

Nicht zu vergessen, dass für 18 Familien der Hauptbahnhof ganz einfach den Namen Georgiring 14 trug – sie hatten ihre Wohnung in den Flanken des Gebäudekomplexes, in dessen Innerem sich Bahn und Reise mit all ihren Facetten auf vielfältige Weise verflochten.

»»» *Siebzehn war Gerhard Teubner, als er 1948 zu seiner Tante in den Bahnhof zog. Das Dach war damals Treffpunkt der Jugendlichen. In jenen Jahren wuchsen hier oben Tomaten, auch etwas Salat und Spinat. Die Erde hatten die Frauen in den Hungerjahren hochgeschleppt für die kleinen Beete. Heute flattert auf diesem Dach nur noch Wäsche zum Trocknen. »Einmal kam die Tante aufgeregt in die Wohnung. Handtücher und Laken fehlten«, erzählt Gerhard Teubner. Doch sie fanden sich bald wieder an. Vom Wind waren sie auf den Bahnsteig geblasen worden. »So um 1950 muß das gewesen sein, als die Überdachung, noch vom Krieg zertrümmert, jedem Wetter und Tantes Wäsche Einlaß bot.« Erinnerungen auch an jene Nachbarin, die sich hier oben noch ungestört sonnen konnte. Jetzt schauen die oberen Etagen des Hochhauses aus der Wintergartenstraße indiskret über die Zinnen.*

Ellen Harendt (1981)[77]

18 Wohnungen in den Eckgebäuden und Seitenflügeln vorzusehen – selbstverständlich in spiegelbildlicher, die Machtbalance wahrender Anordnung auf der sächsischen und der preußischen Seite –, war Teil der Ausschreibung für den Architektenwettbewerb 1906.[78] Dem Dienstrang der darin wohnenden Beamten entsprechend, reichten die Wohnungsgrößen von 45 über 60 und 80 bis zu 130 Quadratmetern – nach damaliger Norm ein repräsentatives Zuhause.

Eine der Bewohnerinnen war Helga Keilitz, in den 1980er Jahren Leiterin des Reichsbahnamtes Leipzigs, des größten der Deutschen Reichsbahn:

Als die Presse noch zu den Reisenden gefahren wurde: Zeitungskarren auf dem Hauptbahnhof. (1973)

»»» *Wir haben gut gewohnt im Hauptbahnhof. Die Wohnungen waren groß und hatten hohe Räume. Es gab darin alle Annehmlichkeiten; die Heizung hat funktioniert, und die dicken Wände sorgten dafür, dass wir in der Wohnung vom Bahnbetrieb nichts mitbekamen. Allerdings ging ein Teil der Fenster zum inneren Lichthof hinaus. Wenn diese Fenster geöffnet waren, hörte man natürlich Bahnhofsgeräusche.*

Wir haben mit den übrigen Familien so zusammen gelebt wie in jedem anderen Mehrfamilienhaus auch. Eisenbahner waren alle, da galt Schichtdienst.

Weil die Läden im Bahnhof auf den Bedarf der Reisenden eingestellt waren, hatten sie auch außerhalb der normalen Zeiten geöffnet. Außerdem lagen sie für uns ja wirklich vor der Haustür. Das war sehr praktisch.

Als die Umbaupläne bekannt wurden, sind alle Mieter in den Jahren 1992 und 1993 ausgezogen. Wir wussten, dass es im Hauptbahnhof nie wieder Wohnungen geben würde. Büronutzungen passen ganz einfach besser zum neuen Konzept nach dem Umbau. *Helga Keilitz (2005)*[79]

Ihrer verkehrsgeschichtlichen Bedeutung entsprechend, stehen Empfangsgebäude, Querbahnsteig und Längsbahnsteige einschließlich der darüber gewölbten Hallenschiffe des Leipziger Hauptbahnhofs unter Denkmalschutz. Als gigantischer Sachzeuge der Verkehrsgeschichte schaffte es der Großstadtbahnhof Anfang der 1980er Jahre in die Zentrale Denkmalliste der DDR, woraus – der Form nach – besondere Fürsorge erwuchs. Auch im Detail lud und lädt die Station an mehreren Stellen zu ganz unterschiedlichem Gedenken ein.

Als der alte Dresdner Bahnhof in Leipzig dem neuen Hauptbahnhof weichen musste, wurde das Hauszeichen des Vorgängers, die in Stein gehauenen Wappen von Leipzig und Dresden, geborgen und später hoch oben in die rechte äußere Seitenwand der Osthalle eingepasst. Das zweite Relikt des ursprünglichen Dresdner Bahnhofs ist dessen Grundstein, der – mit dem eingemeißelten Schriftzug »Schlußstein 4. Dezember 1915« versehen – seinen Platz auf der linken Seite der Empore in der Osthalle fand.

Seit dem Jahr 1999 flankieren die restaurierten Büsten zweier Leipziger Eisenbahnpioniere, des Bankiers Gustav Harkort und des Nationalökonomen Friedrich List, auf hohen Sockeln den westlichen Seitenausgang des Querbahnsteigs. Beide Skulpturen waren zusammen mit zwei Bronzetafeln ursprünglich am Georgiring aufgestellt. Die Bronzetafeln gingen im Zweiten Weltkrieg verloren, die Büsten lagen jahrzehntelang im Magazin des Leipziger Museums der bildenden Künste und ergänzen inzwischen das Ensemble des Hauptbahnhofs.

Bis zum Umbau des Hauptbahnhofs Mitte der 1990er Jahre befand sich – vom Querbahnsteig aus gesehen – rechts neben der Westhalle, gegenüber den Bahnsteigen 4 und 5, eine Tafel, auf der, in Stein gemeißelt, in Erinnerung gerufen wurde, dass sich die Novemberrevolution 1918 in Leipzig nicht zuletzt auf dem damals noch nicht einmal drei Jahre alten Hauptbahnhof abgespielt hat. Während der Umbauarbeiten verschwand die am 8. November 1968 enthüllte Gedenktafel. In der Nachbarschaft glitzernder Konsumtempel schien die Erinnerung womöglich unangebracht, dass es im Lauf der Geschichte starke politische Kräfte gegeben hat, die revolutionäres Gedankengut hegten und weiter greifende Ideale hatten als schnöden Konsum.

An die jüngsten einschneidenden Veränderungen des Hauptbahnhofs, den Umbau zum Promenaden-Einkaufszentrum, erinnert eine kleine Messingplatte, die in der Mitte des Querbahnsteigs am Beginn der Rolltreppe in den Kunststeinboden eingelassen wurde.

Museale Funktionen als Reminiszenz an vergangene Epochen der Eisenbahntechnik übernehmen seit dem Jahr 2000 die historischen Lokomotiven und Triebwagen auf dem Museumsbahnsteig 24, darunter die Dampflok 52 5448, die E-Lok E 44 046 und der zweiteilige Schnellverkehrstriebwagen Bauart »Hamburg« VT 137 225.

Während des Umbaus des Schweizer Bahnhofs in Basel stand die dort zu besichtigende riesige Stahlskulptur »Nominator« des Schweizer Künstlers Jean Tinguely (1925–1991) im Wege. Sie sollte vorübergehend an einen anderen Ort ausgelagert werden, welcher zu der von dem Stahlkoloss symbolisierten Bewegung passte. Die Skulptur gilt als Sinnbild für Tinguelys Credo: »Stillstand gibt es nicht«. Es gab eine Reihe von Kunstmetropolen, die sich glücklich geschätzt hätten, dieses Werk der Moderne eine Zeitlang bei sich zeigen zu dürfen, doch der Koloss wurde über ein Jahr auf dem Querbahnsteig des Leipziger Hauptbahnhofs präsentiert. Dort konnten sich Bahnreisende und Bahnhofsbesucher ein Bild von dem über zehn Meter hohen bizarren Gewirr aus Stahlstreben, wippenden Auslegern, allerlei Rädern, Glühlampen und einem aus Blech modellierten Drachen verschaffen. Kenner waren entzückt von der bis tief in den Zirkel der Kunstkritik hinein despektierlich als »Schrottmonster« apostrophierten stählernen Apparatur, andere reagierten eher verwirrt. Nach seinem Leipziger Gastspiel im Jahr 2000 wippt und rotiert der »Nominator« längst wieder an seinem angestammten Platz, dem Bahnhof Basel SBB.

nach Paris!
Leipzig - Paris!
184.

FAHREN UND FLIEGEN

Wohin die Reise auf Schienen führte

Fahrpläne bilden den Idealzustand eines großen Bahnhofs ab – einschließlich der fragilen Balance aus pünktlichen Ankünften, Abfahrten, erreichbaren und unerreichbaren Zielen. Eine vollständige systematische Abhandlung, welche Züge vom Leipziger Hauptbahnhof in welchen Perioden zu welchen Zielen rollten, würde etliche Bände füllen. Heraus käme ein nahezu unentwirrbares Geflecht von ursprünglich eingerichteten, später gekappten oder abgewandelten und gelegentlich revitalisierten Verbindungen, Zugläufen und Umsteigemöglichkeiten. Doch sind allein schon die großen Entwicklungsrichtungen der Zugverbindungen vom und zum Hauptbahnhof aufschlussreich genug für interessante Einblicke in die Verkehrs- und Kommunikationsstränge, die Leipzig auf der Schiene mit der weiten Welt verbanden.

Das 20. Jahrhundert war zu unruhig und zu bewegt, als dass die vielen Veränderungen von Gesellschaftssystemen, Grenzen und Zeitläuften nicht ihren deutlichen Niederschlag in Fahrplänen und Kursbüchern gefunden hätten. »Kursbücher sind so etwas wie die Grundbücher des Funktionierens unserer Kultur. Sie sind nicht einfach Tabellen und Verzeichnisse, sondern Choreographien unendlich vieler, aufeinander abgestimmter Bewegungen; sie sind Bewegungsprotokolle, ohne die die selbstverständliche Routine unserer gesamten Zivilisation binnen kürzester Zeit zum Stillstand käme«.[80] Karl Schlögel deutet Kursbücher deshalb als »Zivilisationsprotokolle«.

Ein prüfender Blick in den Fahrplan war in der Bauphase des Leipziger Hauptbahnhofs dringend geraten. Das nahtlose Ineinandergreifen von Abriss und Aufbau führte zu stufenweisen Verlagerungen wichtiger Zugverbindungen auf benachbarte Bahnhöfe und zur zeitweiligen Übernahme längst verloren geglaubter Aufgaben durch den Berliner Bahnhof, die abseits des Stadtzentrums gelegene Leipziger Station. Die Fahrplangestaltung brachte ein letztes, außerordentliches Aufbäumen des Berliner Bahnhofs, ehe schließlich auch sein geplantes Ende im Reigen der aus dem 19. Jahrhundert ererbten Stationen nahte.

Vom einzigen Durchgangsbahnhof unter den großen Leipziger Fernbahnhöfen existierten in der Bauphase des Hauptbahnhofs vorübergehend wichtige Zugverbindungen. Aufschlussreich ist ein Blick in den Fahrplan der Englischen Großen Ostbahn vom Kontinent nach England aus dem Sommer des Jahres 1911. Es war das Krönungsjahr König Georges V. mit pompösen Feiern in der Hauptstadt des Empire und zugleich das drittletzte komplette Friedensjahr im alten, bürgerlich geprägten Europa vor Ausbruch des Ersten Weltkriegs.

Ein Schnellzug, der Anschlüsse von Dresden Hbf, Buchholz (heute: Annaberg-Buchholz Süd) und Bad Elster aufnahm, verließ jeden Tag um 10.26 Uhr den Berliner Bahnhof in Leipzig. Ab Halle war ihm ein direkter Wagen nach Hoek van Holland beigegeben. Weiter ging die Fahrt über Halberstadt und Goslar – für die Harz-Touristen – nach Löhne. Dort wurde um 5.15 Uhr nachmittags ein Schnellzug erreicht, der um 10.36 Uhr den Berliner Bahnhof in Leipzig verlassen hatte und über Magdeburg und Hannover gefahren war. Vereint erreichte der Zugverband um 11.18 Uhr abends den Hafen Hoek van Holland, von wo das Dampfschiff – es hätte die »Dresden« der Great Eas-

Im Kriegstaumel 1914 fuhren auch vom Leipziger Hauptbahnhof Militärzüge an die Westfront. Die Anschrift an dem Wagen zeigt ein Ziel, das deutsche Soldaten damals im Feldzug nie erreichten. Der Längsträger des Eisenbahnwagens trägt folgende interessante Aufschrift: »Heimatbahnhof Leipzig Hauptbahnhof Revisionsdatum 28.10.14.« (um 1915)

3
3
Dienst

»Mitfahrgelegenheit« auf Trittbrettern und Puffern - nach 1945 kommt der Eisenbahnverkehr unter größten Mühen in Gang. (1946)

tern sein können – fünfzig Minuten später nach England abfuhr. Wer wollte, konnte am nächsten Morgen um 6.30 Uhr von Harwich den Zug nach London nehmen (oder noch bis 8.00 Uhr an Bord des Schiffes bleiben, um später weiterzureisen, wobei für die rechtzeitige Weiterbeförderung des Gepäcks Sorge zu tragen war). Mit dem ersten Zug erreichten Reisende London Liverpool Station um 8.00 Uhr Ortszeit – 21 Stunden und 34 Minuten nach der Abfahrt in Leipzig.

In der 1. Klasse hätte die Fahrt über Goslar 85,80 Mark gekostet, in der 2. Klasse 57,80 Mark (retour 99,70 Mark). Von Leipzig über Kassel, Köln, Herbesthal und Antwerpen nach London wären in der 1. Klasse 91,10 Mark fällig gewesen, in der 2. Klasse 55,80 Mark (retour 101,80 Mark).[81] Zum Vergleich: 94 Mark waren Anfang des 20. Jahrhunderts der durchschnittliche Monatslohn eines Werkstättenarbeiters und 70 Mark der mittlere Monatsverdienst eines Betriebs- oder Streckenarbeiters bei der Preußischen Staatsbahn,[82] die dafür sorgten, dass eine Eisenbahnreise für diejenigen, die es sich leisten konnten, zum Genuss geriet.

In der gediegenen bürgerlichen Sphäre des späten 19. und des frühen 20. Jahrhunderts tickten die Uhren anders als heute, und zwar im Wortsinn. Die Mitteleuropäische Zeit (MEZ) war das Ergebnis einer internationalen Konferenz in Paris im Jahre 1887. Anfang des 20. Jahrhunderts galt die MEZ bei den deutschen, schweizerischen, österreichisch-ungarischen, dänischen, schwedischen, norwegischen, serbischen und italienischen Bahnen. Doch schon in den Niederlanden galt die Amsterdamer Zeit; sie lag 40 Minuten vor der Mitteleuropäischen. Dafür zeigten die Bahnhofsuhren in Belgien – ebenso wie im Vereinigten Königreich – die Westeuropäische Zeit (WEZ), eine Stunde früher als die MEZ. Hinzu kam, dass erst 1924 das 24-Stunden-System allgemeingültig wurde. Bis dahin deuteten halbfett unterstrichene Minutenangaben in den Fahrplantabellen darauf hin, dass es sich um Zeiten zwischen 6.$^{\underline{00}}$ Uhr abends und 5.$^{\underline{59}}$ morgens handelte.

In einer Welt, der die Eroberung durch das Automobil erst bevorstand, erfüllten Eisenbahnreisen Sehnsüchte. Ausgedehnte Reisen waren damals ein Privileg für Begüterte und wurden häufig mit beflis-

Rückkehr von der Hamsterfahrt. Die Eisenbahn »vermittelte« in den ersten schweren Nachkriegsjahren die Befriedigung elementarer Lebensbedürfnisse. (um 1947)

senem Bildungserwerb zelebriert. Der Tourismus steckte in den Kinderschuhen und war meilenweit entfernt von einer Massenerscheinung. In Leipzig als der damals zweitreichsten deutschen Stadt gab es für die Bahngesellschaften ein auskömmliches Potenzial reiselustiger Bürger, so dass Eisenbahnverbindungen von hier in zahlreiche aufstrebende Touristenzentren in Böhmen, Österreich, in der Schweiz und Italien führten. Mit den Nachbarbahnen koordiniert wurden die Aktivitäten ab 1910 in der einmal pro Jahr abgehaltenen »Vereinigten Fahrplan- und Wagenbeistellungskonferenz«.

Die Bahnverwaltungen entsprachen dem Hang zum Luxus und dem Drang in die Ferne. Die *Compagnie Internationale des Wagons Lits* (CIWL), in Deutschland unter dem Namen Internationale Schlaf- und Speisewagen-Gesellschaft (ISG) aktiv, erkannte die Marktlücke und richtete attraktive internationale Verbindungen mit bequem ausgestatteten Wagen ein. So entstanden Zugläufe aus dem kühlen europäischen Norden in den begehrten wärmeren Süden. Seit 1897 verkehrte der Brenner-Express von Berlin nach Verona,[83] seit 1902 der Berlin-Neapel-Express, und zwar zweimal wöchentlich.[84] Im Winter 1913 fuhr er einmal pro Woche sogar bis Palermo. Aus der deutschen Hauptstadt ging es über Leipzig, München, den Brennerpass und Rom im Schnellzugwagen der CIWL bis an den Fuß des Vesuv oder weiter bis nach Sizilien.[85] Laut Winterfahrplan 1913 verließ der Zug den Leipziger Hauptbahnhof donnerstags um 1.26 Uhr am Nachmittag, fuhr um 9.00 Uhr abends vom Münchner Hauptbahnhof ab, überquerte in der zweiten Stunde des neuen Tages den Brenner und erreichte nach 32 Stunden und 19 Minuten Fahrt am darauffolgenden Abend Neapel.

Das Umsteigen zwischen Leipzig und den italienischen Zielen erübrigte sich, denn es gab schließlich Kurswagen – einzelne oder zu Gruppen zusammengestellte Eisenbahnwagen, die auf wichtigen Bahnhöfen von einem Zug zum anderen rangiert oder in Fährhäfen von den Zügen des Binnenverkehrs abgekoppelt und auf die bereitliegenden Schiffe gedrückt wurden. Deshalb kamen auch ab Leipzig beeindruckende Wagenläufe in Mode, ohne dass etwa derselbe Zugverband in der Gesamtrelation eingesetzt wurde. Kurswagen blieben so lange eine verbreitete Erscheinung des Verkehrs zu beliebten Reisezielen, wie die Bahngesellschaften das Rangieren noch nicht als zu teuer und folglich entbehrlich ausgemacht hatten und die Reisenden noch nicht in ansteckende Hektik verfallen waren.

Vor einhundert Jahren, als die Eisenbahn das Monopol im europäischen Fernverkehr innehatte, pflegten feine Leute hohe Reisekultur auf Schienen. Das englische Sprache kennt für den Genießer des höherwertigen Reisens den vielsagenden Begriff des »armchair tourist«, der in lässiger Ruhe und Bequemlichkeit die vor seinem Wagenfenster gemächlich vorüberziehende Landschaft betrachtet. Ausgestattet mit dem neuesten Baedeker, dem in Leipzig herausgegebenen gedruckten Appetitmacher auf Erholungs- und Bildungsgenuss, die Schrankkoffer im Gepäckwagen gut aufgehoben wissend, betrat man in der Belle Epoque sein Schlafwagen- bzw. das nachts in Liegen umwandelbare Sitzwagenabteil. Der Komfort und der Dienstleistungsumfang waren beträchtlich. Fahrgäste, die zum Beispiel eine schnelle Nachricht versenden wollten, konnten sich in den höchstklassigen Zügen an den Zugführer wenden. Der nahm Telegramme entgegen, für deren Versand der Halt auf den Stationen genutzt wurde.

Die Zuggeschwindigkeit lag Anfang des 20. Jahrhunderts wenig höher als jene 80 Kilometer in der Stunde, die bereits 1892 erreicht waren, als die Preußische Staatsbahn ihre neue Kategorie D-Zug einführte und nach schnellen Erfolgen die meisten anderen Bahnverwaltungen zum raschen Nachziehen mit ebensolchen Schnellzügen animierte.

Eine Voraussetzung für den nächsten Schritt in Richtung höherer Zuggeschwindigkeiten schuf in den schweren Jahren nach dem Ersten Weltkrieg die Streckenelektrifizierung. Sie ging für den Personenverkehr vom Leipziger Hauptbahnhof nach Halle am 23. Mai 1922 und nach Bitterfeld am 19. Dezember 1922 in Betrieb.[86] Begonnen mit dem elektrischen Zugverkehr in Mitteldeutschland hatte die Preußische Staatsbahn, die dafür die Linie Magdeburg–Leipzig–Halle auswählte, wovon das Teilstück Dessau–Bitterfeld bereits ab 1910 unter den Fahrdraht kam und der Leipziger Güterring zwischen Wahren und Schönefeld im Mai 1914.[87] Die mitteldeutschen Strecken mussten nach dem Ersten Weltkrieg zum zweiten Mal elektrifiziert werden, weil der Kupfermangel während des Krieges den Abbau der aus wertvollem Material bestehenden Anlagen nach sich zog.

Als die E-Loks schließlich bis Leipzig fuhren, gab es keine Preußische Staatsbahn mehr. Zwei Jahre zuvor – 1920 – war die Deutsche Reichsbahn entstanden. Die Beamtenschaft in deren Direktionen konnte lange Zeit ihre nachhaltige Prägung durch die jeweilige Vorgänger-Staatsbahn nicht verleugnen, und das wirkte sich bis hin zu manchem Zuglauf aus. Doch auch ein objektiver Grund zeigte Wirkung: Deutschland war im Unterschied etwa zu Frankreich gleichmäßiger besiedelt; deshalb wurden in die Zugläufe der schnellsten Verbindungen erheblich mehr Zwischenhalte, darunter zum Teil in relativ kleinen Orten, eingelegt als in den Nachbarländern. Der Rang der Hauptbahnhöfe trat dadurch noch deutlicher hervor.

Schnellzüge verkehrten in der Länderbahn-Epoche auch über Routen, die später aufgegeben wurden. So fuhr 1914 der schnellste Zug Leipzig–Köln, der D 214, auf dem kürzeren und trassenmäßig günstigeren Weg am Nordharz entlang, über Kreiensen bis Hagen mit nur fünf Zwischenhalten in Halle, Halberstadt, Goslar, Paderborn und Schwerte. Irgendwann mussten die Dampflokomotiven schließlich Wasser nehmen. 1939, am Vorabend des Zweiten Weltkriegs, nahmen alle Fernzüge von Leipzig nach Köln den Umweg über Erfurt und Kassel.[88] Die Reichsbahn hatte hier und anderswo ihre kommerziell interessantesten Zugläufe auf ausgewählten Hauptstrecken entlang von Städten mit hohem Fahrgastaufkommen gebündelt – auch mit der klaren Absicht, bessere Umsteigemöglichkeiten zu schaffen.

Spätestens seit den 1930er Jahren musste sich die Eisenbahn außerdem der beginnenden Konkurrenz durch den Straßenverkehr und – obwohl noch in den Kinderschuhen steckend – den Luftverkehr erwehren. Die Reichsbahn reagierte, indem sie wichtige Strecken für höhere Zuggeschwindigkeiten ausbaute, dafür den sicherheitstechnisch erforderlichen Vorsignalabstand vergrößerte, die induktive Zugsicherung (Indusi) einführte und mit einer Vielzahl fortschrittlicher, schneller und bequemer Eisenbahnfahrzeuge ihre Kundschaft im Fernverkehr zu behalten versuchte.

Zur regelrechten Legende schafften es die so genannten »Fliegenden Züge«. Sie bildeten einen der »bleibenden Vorzüge auf technischem Gebiet« in der »gefährlich dynamischen Mischung aus rückwärtsgewandten sowie zukunftsweisenden Elementen« im Dritten Reich.[89] Fliegen galt zu jener Zeit als Inbegriff des schnellen, modernen und elitären Reisens und gab damit zugleich ein Qualitätsversprechen ab. Es war kein Wunder, dass die Reichsbahn vom hohen Ansehen und der Faszination des neuen Konkurrenten profitieren wollte und ihre hochklassigen

Auf dem Bahnsteig. (um 1946)

Züge mit Flugattributen schmückte. Punkten ließ sich in den »Fliegenden Zügen« vor allem mit dem für damalige Verhältnisse luxuriösen Interieur aus textilen Bezügen der bequem gepolsterten Sitze und mit holzgetäfelten Wänden im Vergleich mit der aus Gewichtsersparnisgründen eher spartanischen Einrichtung der frühen Verkehrsflugzeuge.

Mit modernen Diesel-Triebwagen in ansprechender creme-violetter Farbgebung baute die Deutsche Reichsbahn Mitte der 1930er Jahre in rascher Folge ein ganzes Schnellverkehrsnetz zwischen den wichtigsten deutschen Großstädten auf. Benannt nach ihren ersten Einsatzstrecken, rasten der »Fliegende Hamburger« und die Schnelltriebwagen der Bauart Hamburg und der Bauart Köln über deutsche Schienenwege. Mit diesen Zügen waren vom Leipziger Hauptbahnhof aus Berlin, Frankfurt/Main und München mit günstigen Direktverbindungen erreichbar.

Neben der offensichtlichen Fixierung auf den prestigeträchtigen Schnellverkehr der Reichsbahn tat sich auch im Regionalverkehr auf Schienen einiges. Sechs Exemplare des Elektro-Triebwagens ET 41 setzten bereits seit Februar 1928 für den Schnellverkehr im mitteldeutschen Netz nach Halle bzw. über Dessau nach Magdeburg ein »Eckdatum in der Geschichte elektrischer Triebwagen auf deutschen Schienen«.[90] Mit einer für die damalige Zeit beachtlichen Höchstgeschwindigkeit von 100 Kilometern pro Stunde sollten diese Schnelltriebwagen nach dem Willen der Deutschen Reichsbahn »die noch bestehenden Fahrplanlücken ausfüllen und dadurch den Nachbarortverkehr zwischen Leipzig und Halle und Leipzig und Magdeburg sowie den dazwischenliegenden Städten durch Darbietung häufiger Verkehrsverbindungen mehr als bisher pflegen«.[91]

Mit dem ET 41 dauerte die Fahrt zwischen den Hauptbahnhöfen von Leipzig und Halle ab 1928 bei einem Zwischenhalt in Schkeuditz ganze 34 Minuten. Im Jahr 2005 braucht die S-Bahn auf der neuen, kürzeren Trasse durch das nordwestliche Leipziger Stadtgebiet (bei allerdings elf Zwischenhalten) 36 Minuten; auf der Neubaustrecke via Flughafen Leipzig/Halle geht es schneller nach Halle, nämlich innerhalb von 28 Minuten.

1930 bis 1934 lag die oberste Begrenzung für Hauptbahn-Personenzüge der Deutschen Reichsbahn bei

Leip

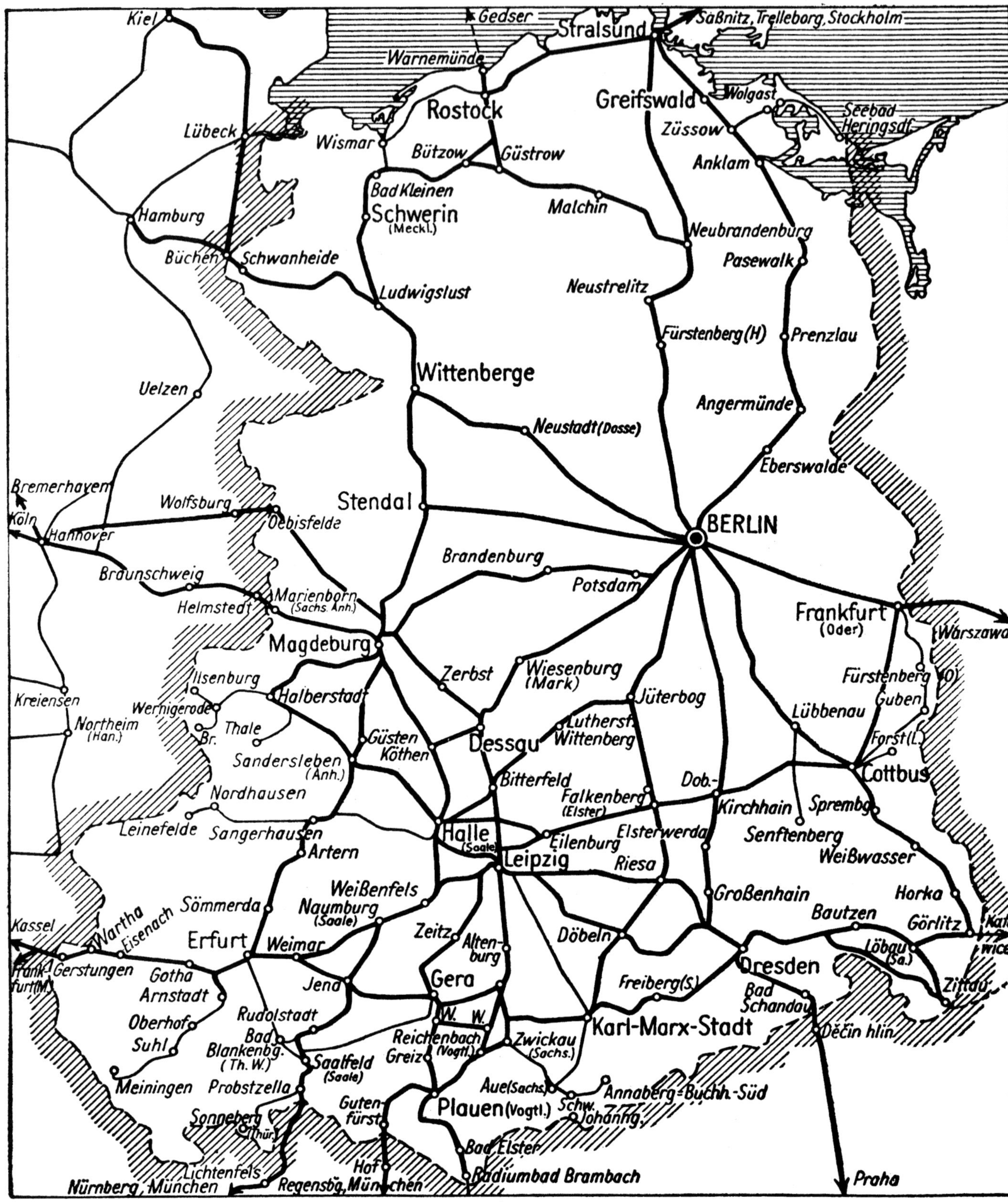
Kiel
Gedser
Stralsund
Saßnitz, Trelleborg, Stockholm
Warnemünde
Rostock
Greifswald
Wolgast
Seebad Heringsdf.
Lübeck
Wismar
Bützow
Güstrow
Züssow
Anklam
Bad Kleinen
Schwerin (Meckl.)
Malchin
Hamburg
Neubrandenburg
Büchen
Schwanheide
Pasewalk
Ludwigslust
Neustrelitz
Fürstenberg (H)
Prenzlau
Wittenberge
Uelzen
Angermünde
Neustadt (Dosse)
Eberswalde
Bremerhaven
Wolfsburg
Oebisfelde
Stendal
BERLIN
Köln
Hannover
Brandenburg
Braunschweig
Potsdam
Helmstedt
Marienborn (Sachs. Anh.)
Frankfurt (Oder)
Warszawa
Magdeburg
Ilsenburg
Zerbst
Wiesenburg (Mark)
Fürstenberg (O)
Kreiensen
Wernigerode
Halberstadt
Jüterbog
Lübbenau
Guben
Northeim (Han.)
Thale
Br.
Lutherst. Wittenberg
Forst (L.)
Güsten
Köthen
Dessau
Sandersleben (Anh.)
Cottbus
Bitterfeld
Dob.-
Kirchhain
Nordhausen
Falkenberg (Elster)
Spremberg
Leinefelde
Sangerhausen
Halle (Saale)
Eilenburg
Elsterwerda
Senftenberg
Artern
Leipzig
Riesa
Weißwasser
Weißenfels
Großenhain
Horka
Sömmerda
Naumburg (Saale)
Bautzen
Kassel
Wartha
Eisenach
Zeitz
Görlitz
Kato-wice
Erfurt
Weimar
Altenburg
Döbeln
Löbau (Sa.)
Frankfurt (M)
Gerstungen
Gotha
Dresden
Arnstadt
Jena
Gera
Freiberg (S)
Zittau
Bad Schandau
Rudolstadt
W. W.
Oberhof
Bad Blankenbg. (Th. W.)
Reichenbach (Vogtl.)
Karl-Marx-Stadt
Děčín hlin.
Suhl
Zwickau (Sachs.)
Greiz
Saalfeld (Saale)
Meiningen
Probstzella
Aue (Sachs.)
Annaberg-Buchh.-Süd
Gutenfürst
Plauen (Vogtl.)
Schw. Johanng.
Sonneberg (Thür.)
Bad Elster
Lichtenfels
Hof
Radiumbad Brambach
Nürnberg, München
Regensbg. München
Praha

65 bis 85 Kilometern pro Stunde, für Eil- und D-Züge abschnittsweise bei 100 Kilometern pro Stunde. Erhalten gebliebene dienstliche Fahrplanunterlagen der RBD Dresden aus den frühen 1930er Jahren weisen aus, dass auf der Strecke Leipzig–Reichenbach–Hof zwischen Leipzig-Connewitz und Gößnitz 100 Kilometer pro Stunde erlaubt waren, und dieselbe Geschwindigkeit galt zwischen Dresden-Neustadt und Leipzig-Paunsdorf.[92]

Die Ertüchtigung des Oberbaus auf ausgewählten Hauptstrecken – als vordringliche Reaktion auf eine Serie schwerer Unfälle in den späten 1920er Jahren – und der anschließende erstklassige Streckenzustand ermöglichten ab Mitte der 1930er Jahre eine deutliche Erhöhung der Zuggeschwindigkeit. Im Jubiläumsjahr »100 Jahre deutsche Eisenbahnen«, 1935, wollte sich die Reichsbahn selbst gebührend feiern und ihre Wettbewerbsfähigkeit beweisen, obwohl durch die zentralistisch verfügte Verkehrspolitik des Nazi-Staats ausgerechnet sie es war, die das Kapital zur Finanzierung des Autobahnbaus und damit zur Aufpäppelung ihrer direkten Konkurrenten aufbringen musste.[93]

Zur regelrechten Paradestrecke ab Leipzig Hauptbahnhof entwickelte sich der Zugverkehr nach Berlin. In der Reichshauptstadt begannen und endeten die Züge dieser Relation auf dem Anhalter Bahnhof. Mit dem Sommerfahrplan 1936, als in Berlin die Olympischen Spiele stattfanden und im Vorfeld von Leipzig das Schkeuditzer Kreuz zweier Reichsautobahnen vollendet wurde, sank die Fahrzeit der schnellsten Verbindung, des FDt 571, zwischen Berlin Anhalter Bahnhof und Leipzig Hauptbahnhof ab 15. Mai 1936 auf fabelhafte 76 Minuten, woraus sich eine Durchschnittsgeschwindigkeit von knapp 130 Kilometern pro Stunde für die 164 Kilometer lange Strecke errechnete. Das Zugpaar FDt 571/572 Berlin Anh Bf–Leipzig Hbf–Frankfurt (M) Hbf und Gegenrichtung gehörte damals zu den Spitzenreitern im gesamten Netz der Deutschen Reichsbahn.

Mit der Dampflok-Baureihe 03 bespannt, fuhr der schnellste D-Zug in dieser Relation zwei Jahre zuvor planmäßig mit 104 Kilometern pro Stunde, und zwar mit den wesentlich verbesserten Ganzstahl-D-Zug-Wagen der Bauart 1930. »Die Innenausstattung der D-Zug- und Eilzugwagen wurde erneuert, die Abteile wurden vergrößert, die Fenster verbreitert, Beleuchtung, Heizung und Belüftung verbessert. Kurzum: Auch den vielen, für die der berufliche Verkehr Alltag und die große Reise noch Abenteuer war, diente die allgemeine Entwicklung der Eisenbahntechnik während der dreißiger Jahre.«[94]

Bis heute wurde die Geschwindigkeit der »Fliegenden Züge« zwischen der Messestadt und der Hauptstadt noch nicht wieder erreicht. Der schnellste ICE benötigt im Jahr 2005 zwischen Berlin und Leipzig bei einer Durchschnittsgeschwindigkeit von 117,4 Kilometern pro Stunde planmäßig 92 Minuten – 16 Minuten mehr als ein »Fliegender Zug« vor 69 Jahren, allerdings auf einem teilweise anderen Weg. Die häufig angeführte Begründung, dass es die Verbindung zum Anhalter Bahnhof nicht mehr gibt und dass die Züge ab den frühen 1950er Jahren den rund 16 Kilometer längeren Weg über den Berliner Außenring nehmen mussten bzw. dass sie heutzutage in der deutschen Hauptstadt zum Ostbahnhof bzw. zum Bahnhof Zoo geführt werden, reicht zur Begründung der längeren Fahrzeit nicht aus. Jahrzehntelang verhinderte der Zustand des Oberbaus ähnliche Höchstgeschwindigkeiten wie in den 1930er Jahren. Besserung zeichnet sich allmählich ab. Immerhin fährt im Jahr 2005 der ICE zwischen Leipzig und Frankfurt/Main 33 Minuten schneller als die »Fliegenden Züge« des Jahres 1936. Im Rückblick gleicht die Zeit der »Fliegenden Züge« und der damals modernen Einheits-Schnellzug-Dampflokomotiven mit ihren schnittigen Wagenzügen einer kurzen und intensiven Blütephase und einem Aufbäumen am Ende des »Eisenbahn-Jahrhunderts«.

Im weltpolitisch zum Zerreißen gespannten Sommer 1939 warf der Zweite Weltkrieg seine Schatten voraus. Die Deutsche Reichsbahn führte bereits Ende August 1939 den detailliert ausgearbeiteten »Höchstleistungsfahrplan« ein, und dieser brachte in rascher Folge den absoluten Vorrang für die kriegswichtigen Eisenbahntransporte, eine Ausdünnung des Fahrplans im Reiseverkehr in erfahrungsgemäß verkehrsschwachen Zeiten bis hinunter zu den Nebenbahnlinien, schließlich Einschränkungen oder Streichungen im hochwertigen Zugangebot sowie immer mehr Nutzungsbeschränkungen für die Zivilbevölkerung im Fernverkehr der Eisenbahn.

Die Streckenkarte der DDR-Reichsbahn von 1956 verdeutlicht die wichtige Rolle des Zentralknotens Leipzig/Halle und zeigt die damaligen Grenzübergangsstellen zum Netz der Deutschen Bundesbahn.

Einen Personenzug zu benutzen, verlor jedenReiz. Der Einsatz von weniger Zügen, ohne dass die Zahl der Reisenden sank, trieb die Überbelegung nach oben. Gemäß dem Luftschutzgesetz vom 20. Oktober 1940 mussten außerdem alle Züge verdunkelt werden. Doch es sollte noch schlimmer kommen: Weil die Züge überfüllt waren, durften Fahrräder nur noch bei Reisen von mehr als 100 Kilometer Entfernung in Personenzügen mitgenommen werden; aus den D-Zügen wurden Fahrräder generell verbannt. Züge mit einem Lauf von weniger als 100 Kilometer – das war letztlich der gesamte Regionalverkehr – wurden überhaupt nicht mehr geheizt, alle anderen erst, wenn die Außentemperatur unter 8 Grad Celsius fiel.[95]

Am geänderten Umgang mit ursprünglich sehnsüchtig erwarteten Ereignissen ließ sich der eingetretene Wandel ebenfalls ablesen: So war zum Beispiel die Streckenelektrifizierung in Deutschland historisch in Form dreier nicht zusammenhängender Netze in Mitteldeutschland, Bayern und Oberschlesien entstanden – dort, wo der Strom billig und seine Erzeugung nahe war. Die Reichsbahn arbeitete daran, die beiden Netze in Bayern und Mitteldeutschland durch die Elektrifizierung der Strecke Nürnberg–Saalfeld–Weißenfels–Leipzig (mit späterer Weiterführung bis Berlin) zu verknüpfen. Am 15. Mai 1939 erreichte der Fahrdraht von Süden her Saalfeld, und die Reichsbahn feierte das Ereignis mit Pomp und Sonderzügen als großen Erfolg.[96] Als die beiden historisch entstandenen Netze in Mittel- und Süddeutschland am 2. November 1942 durch die Eröffnung des elektrischen Zugbetriebs auf dem Streckenabschnitt Weißenfels–Leipzig Hbf endlich zusammengeschlossen waren, fand das Ereignis – zeitbedingt – nur wenig Beachtung. Gleichwohl ging es nun durchgängig elektrisch von Leipzig bis München, vor vielen Zügen mit der damals technisch am höchsten gezüchteten Schnellzug-E-Lok der Deutschen Reichsbahn, der legendären E 19, oder mit der E 18 und Schnellzügen, die aus sechs Wagen gebildet waren.

In den Kriegsjahren zwischen 1939 und 1945 geriet es zum Politikum, dass »in der Heimat« anfangs ein relativ dichtes Zugangebot bestehen blieb. Es wurde ebenso wie die Möglichkeit, Reisegepäck aufzugeben und Expressgut zu versenden, intensiv genutzt. Insofern unterschied sich zum Beispiel das Jahr 1942 deutlich vom Jahr 1917, obwohl beide – für sich betrachtet – das jeweils vierte Kriegsjahr im Zweiten bzw. Ersten Weltkrieg waren. Doch während 1917 der Eisenbahnverkehr ebenso wie wichtige Teile des deutschen Wirtschaftslebens in weiten Teilen paralysiert war, wurde 1942 weiterhin intensiv verreist, Urlaubsfahrten inbegriffen.[97]

Allerdings führten unterlassene laufende Instandsetzungsarbeiten selbst auf wichtigen Strecken zu einer spürbaren Verlängerung der Fahrzeiten – sofern die zunehmenden Bombenangriffe den Zugverkehr auf bestimmten Strecken zeitweilig nicht gänzlich unterbrachen. Im Sommerfahrplan 1943 der RBD Dresden »für Sachsen und angrenzendes Sudetenland« standen die meisten D-Züge zwischen den Hauptbahnhöfen von Leipzig und Dresden mit einer Fahrzeit von einer Stunde und 57 Minuten in den entsprechenden Tabellen. Diese Fahrzeit entsprach annähernd einer Durchschnittsgeschwindigkeit von 60 Kilometern pro Stunde, und das war eindeutig ein Rückschritt, gemessen am früher bereits erreichten Standard.

Seit den ersten Bombenangriffen auf Leipzig verkehrten die Züge immer häufiger nur bis zu Vorortbahnhöfen, weil die Weiterfahrt durch die Trümmerwüste nicht mehr möglich war. So wurde zum Beispiel für die Züge aus Richtung Berlin zeitweilig ein Pendelverkehr mit Autobussen vom Bahnhof Neuwiederitzsch zum Vorplatz des Hauptbahnhofs eingerichtet. »Paunsdorf spielte Hauptbahnhof«, notierte Friedrich Ostarhild, Pfarrer an der Nikolaikirche, voller Sarkasmus in seinem Rückblick auf die Situation im Leipziger Eisenbahnverkehr am 7. Dezember 1943.[98]

Im vorläufigen amtlichen Abschlussbericht vom 30. Dezember 1943 über den dreieinhalb Wochen zurückliegenden schweren Bombenangriff auf Leipzig stand: »Da der Hauptbahnhof vorübergehend nicht betriebsfähig war, war der D-Zugverkehr nur mittels Pendelzügen von Halle aus möglich.« Sie fuhren ab dem »Einsatzbahnhof« Leipzig-Wahren. Kraftomnibusse pendelten zwischen dem Hauptbahnhof und den Einsatzbahnhöfen.[99] Offenbar hatte sich die Reichsbahn auf ihre »vordringlichste Aufgabe im

Um alle Züge aufzuführen, die täglich in Leipzig ankommen und abfahren, sind vier große Aushangblätter erforderlich. (um 1965)

Katastrophenfall« vorbereitet: Demnach waren »Obdachlosenzüge bereits 2 Stunden nach der Katastrophe fahrbereit«, wie die Verfasser des als »Geheim« eingestuften Abschlussberichts notierten.[100] Während des Ausfalls des Hauptbahnhofs wurden Fernpersonenzüge über den Güterring umgeleitet. Generell galt eine Annahmesperre für alle Frachten, Gepäck und Expressgut nach den Leipziger Bahnhöfen. Nur Lebensmitteltransporte waren davon ausgenommen.

Weihnachten 1943 gab es auf dem beschädigten Hauptbahnhof schon wieder lebhaften Feiertagsverkehr, wobei der Wunsch, der zerstörten Großstadt – und sei es für wenige Tage – den Rücken zu kehren, eine wichtige Rolle gespielt haben mag. Der Leipziger Architekt Arthur Kahnt schilderte in einem Brief seine Empfindungen bei der Fahrt nach Pegau: »Der Eisenbahnzug entführte bald den Strom der Feiertagsreisenden, die sämtlich die Spuren grauenhaften Erlebens auf ihren Gesichtern trugen. Er brachte uns bereits nach Leipzig-Möckern in unzerstörtes Friedensland.«[101]

Manche Schnellzüge verkehrten in den Kriegsjahren letztmalig in gewohnten Relationen, die es später nie wieder geben sollte und die selbst nach Herstellung der deutschen Einheit trotz anfänglicher Euphorie wohl nicht wieder eingerichtet werden. So fuhr noch im Jahre 1944 täglich ein Schnellzug Hamburg–Leipzig–Dresden über Uelzen und Stendal, bevor der hochwertige Fernverkehr von dieser Strecke verschwand.

Das letzte *Deutsche Kursbuch*, das im Sommer 1944 erschien, trug auf dem Einband den Gültigkeitsvermerk »bis auf weiteres«. Damit war drohendes Unheil auf eine eingängige Formel gebracht. Die Gültigkeit des Kursbuches – eines bestandskräftigen Hauptbuches teutonischen Ordnungssinns – zerbröselte zusehends. Solche Züge wie den D 353 Leipzig–Cottbus–Posen–Thorn–Allenstein, der 1943 im Kursbuch stand und sich mit weniger als 60 Kilometer pro Stunde durch die deutschen Ostgebiete bewegte, sollte es schon bald nicht mehr geben. Selbst Breslau fiel Anfang 1945 aus dem Kreis der Ziele heraus, die von Leipzig Hauptbahnhof erreichbar waren.

Mit der zügigen Einschnürung des von den alliierten Siegermächten noch unbesetzten deutschen Gebietes zu Beginn des Jahres 1945 brach der geordnete Eisenbahnverkehr von außen nach innen rasch zusammen. Flüchtlinge aus den deutschen Ostgebieten bildeten bald den größten Teil der Reisenden aus dieser Richtung. Die im Bahnhofsumfeld allgegegenwärtigen Parolen wie »Räder müssen rollen für den Sieg. Unnötige Reisen verlängern den Krieg« oder »Erst siegen – dann reisen« verkamen immer mehr zur Groteske.

Die unter großen Mühen und unter Aufbietung zahlloser Hilfskräfte seit dem ersten schweren Bombenangriff auf Leipzig am 4. Dezember 1943 und nach den Bombardements vom 7. Juli 1944 und 27. Februar 1945 immer wieder reparierten Gleisanlagen des Leipziger Hauptbahnhofs bestanden zum Schluss nur noch als zerfetzter Torso zwischen zahllosen Bombentrichtern.

Anfang April 1945 kam der Zugverkehr zum Erliegen. Nach erneuten Bombenangriffen auf den Hauptbahnhof fuhren Züge aus dem Osten ab dem 6. April 1945 nur noch bis Leipzig-Paunsdorf, und vier Tage später war dann bereits ab Engelsdorf nicht mehr an eine Weiterfahrt zu denken.[102]

Nach dem Einmarsch der Amerikaner in Leipzig am 18. April 1945 begannen unverzüglich auch auf dem Hauptbahnhof die Aufräumarbeiten. Ende April verkehrten bereits wieder mehrere Straßenbahnlinien zum Hauptbahnhof. Zugleich ließ ein funktionierender Postdienst noch auf sich warten. Seit dem 22. Mai 1945 fuhren vom Leipziger Hauptbahnhof wieder Züge nach Grimma, Geithain, Zwickau, Dürrenberg, Halle, Merseburg und Delitzsch. Schwieriger gestaltete sich die Aufnahme des Zugverkehrs nach Dresden, weil am 16. April 1945 die Eisenbahnbrücke über die Mulde kurz vor Wurzen gesprengt worden war. Weiter als bis Bennewitz am westlichen Ufer der Mulde kamen die Reisenden auf der Schiene nicht. Erst ab dem 6. August 1945 fuhren wieder Züge über die behelfsmäßig mit einem Gleis aufgebaute Brücke.[103]

Doch Hauptsache, das Arteriensystem des öffentlichen Lebens geriet wieder in Bewegung, egal, in welchem äußeren Zustand sich damals die Stationen präsentierten. Als typischer Zusatz war »Zugverkehr unregelmäßig« in den Fahrplanaushängen zu finden.

Auf dem Bahnsteig. (um 1965)

»»» *Viel von seiner monumentalen Schönheit hat der Leipziger Hauptbahnhof im Zentrum der Stadt eingebüßt, seine Umfassungsmauern sind an vielen Stellen ihrer Verzierung beraubt, aber die 26 Bahnsteige, auf denen teilweise wieder lebhafter Verkehr herrscht, beweisen am eindrucksvollsten, was der Hauptbahnhof und Leipzig selbst für Deutschland bedeuten.*

Aber lebt Leipzig nur von der Vergangenheit? Ein erster Blick auf den Vorplatz genügt, um die Frage verneinend zu beantworten. Innerhalb einer Minute überqueren vier Straßenbahnen mit je zwei Anhängern, von Fahrgästen überfüllt, den Hauptknotenpunkt, und dies bei angespannter Energiewirtschaft.

G. Geronsky (1945)[104]

An klassischen Reiseverkehr war in diesen Zeiten nicht zu denken, sondern unter der Last der Zeitumstände wohl eher an die pragmatische Nutzung der Bahn zwecks Befriedigung des elementaren Lebenmittelbedarfs. In der Erinnerung von Zeitzeugen erscheinen die so genannten »Hamsterzüge« gelegentlich wie eine eigenständige Zugkategorie. Dabei handelte es sich um nichts anderes als um hoffnungslos überfüllte Personenzüge zu ländlichen Zielen im näheren Umkreis, wo die hungernden Städter einen Teil ihrer verbliebenen Habe zum Beispiel gegen begehrte Kartoffeln einzutauschen suchten. Wer mitkam, wusste vom »Kartoffel-Express« zu berichten.

»»» *8.08 sollte mein Zug [von Crimmitschau nach Leipzig] gehen. Zuerst wurde er mit einer Stunde Verspätung und gänzlich überfüllt gemeldet. Schließlich ging er ¾10 Uhr und war so voll, daß es unmöglich war, in ein Abteil zu kommen. Schließlich bin ich noch auf dem Kohlen-Tender mitgefahren. An Gepäck hatte ich Vatis Riesenrucksack, eine Munitionskiste und Vatis Militär-Stofftasche. Ich konnte kaum alles schleppen. Als ich in Leipzig ankam, war ich kohlschwarz.*

Ingetraut Beier (1945)[105]

Um den Schwarzhandel einzudämmen und um die Überfüllung der Züge abzubauen, mussten Reisegenehmigungen eingeführt werden.[106] Die erforderliche Reisebescheinigung stellte der Bürgermeister oder in größeren Orten die Kommandantur aus. Wie der aus Halle stammende Eisenbahnschriftsteller Karl-Ernst Maedel berichtete, gab es allerdings Möglichkeiten, die Restriktionen zu umgehen. Wer zu Fuß bis zu einer Vorortstation lief, auf der die Kontrollen weniger ernst genommen wurden, konnte von dort seine Reise zum auserkorenen Ziel antreten, sofern sich im oder am überfüllten Wagen noch ein Platz zum Hinstellen – beipielsweise auf den Trittbrettern – oder ein Vorsprung am Wagenkasten zum Festhalten fand.[107]

Die außerordentlichen Anspannungen im Reiseverkehr entstanden nicht zuletzt durch eklatanten Wagenmangel. Noch 1948 war nur jeder vierte reparierte Eisenbahnwagen in der Sowjetischen Besatzungszone ein Personenwagen. Der Güterverkehr genoss eindeutig Vorrang.

Der Zweite Weltkrieg und seine politisch-territorialen Folgen wirkten sich auf den deutschen Eisenbahnverkehr gravierend aus. Wurde in den Kriegsjahren der Personenverkehr mit der Eisenbahn in den gewachsenen Relationen – wenn auch unter beträchtlichen Schwierigkeiten und mit immer mehr Einschränkungen in der Art von »Zug verkehrt nur auf besondere Anordnung« – zunächst noch weitgehend aufrecht erhalten, so änderten sich die Verhältnisse gegen Kriegsende und erst recht mit der Vertiefung der deutschen Teilung im Ergebnis des beginnenden Kalten Krieges nachhaltig.

Der Leipziger Hauptbahnhof, an zentraler Stelle im deutschen Eisenbahnnetz errichtet und mit vielen Zielen im Ausland dank direkter Zugläufe oder durch Kurswagen verwoben, erlitt als wichtige Station im europäischen Fernverkehr einen schmerzlichen Bedeutungsverlust.

Paradoxerweise wuchs jedoch seine dominante Rolle für die Deutsche Reichsbahn in der DDR eher noch an, da der Vergleichsmaßstab verloren ging und weil selbst in der Hauptstadt Berlin keine Station von auch nur annähernder Größe existierte. Der »Zentralknoten Leipzig/Halle« bildete eine feste Größe in sämtlichen betrieblichen Planungen der Deutschen Reichsbahn und in einschlägigen Abhandlungen zur Verkehrsgeografie. Mussten im Verlauf von Bauarbeiten Umleitungen eingerichtet werden, schwollen die entsprechenden Dienstunterlagen mit den Sonderfahrplänen regelmäßig zu ansehnlichen Wälzern im Taschenbuchformat an.

Vor der Abfahrt des Abendzuges. (um 1975)

Der Abbau der Anlagen für den elektrischen Zugbetrieb rund um Leipzig als Reparationsleistung für die Sowjetunion ab April 1946, der Mangel an (obendrein minderwertiger) Kohle für die daraufhin wieder verstärkt geforderten Dampflokomotiven und der Abbau des zweiten Gleises auch auf Hauptstrecken gestalteten den Betriebsablauf äußerst kompliziert.

Zum Trauerspiel geriet der Zugverkehr zwischen dem Leipziger Hauptbahnhof und Berlin Anhalter Bahnhof, der sich nun – außerdem schwer zerstört – im amerikanischen Sektor der geteilten deutschen Hauptstadt befand. Als die Reichsbahn daranging, unter unglaublichen Schwierigkeiten wieder einen geordneten Fahrplan aufzustellen und ihn auch einzuhalten, verließen ab dem 20. August 1945 jeden Tag ganze vier Fernzüge den Anhalter Bahnhof. Keiner dieser Züge berührte den Leipziger Hauptbahnhof, einer wenigstens den Hauptbahnhof von Halle, da er weiter nach Erfurt fuhr.[108]

Die kurze Nachkriegsgeschichte des Zugverkehrs zwischen Leipzig Hbf und Berlin Anh Bf ist nur im vielschichtigen Kontext des Viermächte-Status von Berlin, der Verkehrsbedienung auch der Westsektoren durch die Deutsche Reichsbahn und der zunehmenden Spannungen zwischen den Großmächten, die schließlich in der Berlin-Blockade ab Juni 1948 kulminierten, einigermaßen erklärbar. Langsam glitt der Anhalter Bahnhof unter den sporadischen Einflüssen der großen Politik in die missliche Lage einer Regionalverkehrsstation ab, obwohl es ab 1949 durchaus wieder Schnellzugläufe, darunter nicht zuletzt nach Leipzig Hauptbahnhof gab.

Ein Blick in den Sommerfahrplan, gültig ab 14. Mai 1950, verdeutlicht die Kalamität: Der Frühzug D 37

Sitzgelegenheiten waren rar auf dem Leipziger Hauptbahnhof. (um 1975)

von Leipzig Hauptbahnhof nach Berlin Anhalter Bahnhof benötigte drei Stunden und 12 Minuten. D 237 von Plauen unterer Bahnhof über Leipzig nach Berlin war mit zwei Stunden und 57 Minuten geringfügig »schneller«, und der abendliche D 45 von Eisenach über Leipzig nach Berlin brauchte mit zwei Stunden und 56 Minuten zumindest laut Fahrplan ungefähr die selbe Zeit.[109] Jedoch hielten die 176 Minuten des D 45 keinen Vergleich mit den 14 Jahre zuvor gefahrenen 76 Minuten des FDt 571 stand. Erstaunlicherweise brachte diese Fahrzeit zwischen dem Leipziger Hauptbahnhof und Berlin Anhalter Bahnhof Anfang der 1950er Jahre trotzdem einen Vorteil im Vergleich mit den Schnellzügen, die zum Ostbahnhof im Ostteil Berlins fuhren, und zwar mit zeittypischen Konsequenzen: Leipziger Studenten an der Humboldt-Universität im »demokratischen Sektor Berlins« war es untersagt, die Züge zum Anhalter Bahnhof zu benutzen und von dort mit dem Stadtverkehr weiterzufahren. Was die Studiosi jedoch nicht daran hinderte, die schnellste Zugverbindung zu wählen; die Mauer teilte Berlin ja noch nicht.[110]

Innerhalb weniger Jahre wurde der Anhalter Bahnhof, wohl unter drängendem sowjetischen Einfluss, immer mehr vom Fernverkehr abgekoppelt. Am 17. Mai 1952 war endgültig Schluss für den berühmten hauptstädtischen Bahnhof.[111] Die klassische Relation Leipzig Hbf–Berlin Anh Bf, auf der deutsche Eisenbahngeschichte geschrieben wurde – in den 1930er Jahren mit neuen Fahrzeugen und mit spektakulären, weit über Deutschland hinaus beachteten Zuggeschwindigkeiten –, war für immer verschwunden.

Im Sommer 1954 benötigten die Schnellzüge zwischen Leipzig Hbf und Berlin Ostbahnhof planmäßig 3 Stunden und 16 Minuten (Eilzüge brauchten vier Stunden) sowie zwischen Leipzig Hbf und Berlin-Schöneweide 3 Stunden und 52 Minuten. Mehr als eine Durchschnittsgeschwindigkeit zwischen 46 und 58 Kilometern pro Stunde bedeutete das nicht.

Die überregionalen Zugläufe ab Leipzig änderten sich vor allem in Richtung Westen zusehends. Was am Anfang die alliierten Siegermächte in Bezug auf den Eisenbahnverkehr in Form der Interzonenzüge zwischen ihren Besatzungszonen vertraglich vereinbarten[112] und später die Deutsche Reichsbahn und die Deutsche Bundesbahn in Protokollen festschrieben, reduzierte den Eisenbahnverkehr zwischen West und Ost in mehreren Schritten. Seit 1950 waren die Interzonenzüge für den »Binnenverkehr« der DDR gesperrt.

Weltpolitische Einflüsse spitzten die Situation im Eisenbahnverkehr zwischen Ost- und Westdeutschland mehrfach zu. Für die sowjetische Besatzungsmacht lieferte die Währungsreform vom 18. Juni 1948 in den westlichen Besatzungszonen den Anlass, die Unterbrechung des Interzonenverkehrs in beiden Richtungen zu verfügen. Einen Tag vor dem Ende der daraus resultierenden Berlin-Blockade – am 11. Mai 1949 – wurden im so genannten Helmstedter Abkommen Einzelheiten der Wiederaufnahme des Eisenbahnverkehrs geregelt. Allerdings kam er nur schleppend wieder in Gang.[113] Den nächsten Rückschlag brachte am 26. Mai 1952 die Verordnung über Maßnahmen der Regierung der DDR an der Demarkationslinie, die daraufhin schrittweise zur »Staatsgrenze West« ausgebaut wurde. Mehr als zwei Jahre lang kam der Personenverkehr zwischen den beiden deutschen Staaten nahezu vollständig zum Erliegen.[114]

Der »Fernfahrplan der Deutschen Reichsbahn. Sommer 1954« verzeichnete im Interzonenverkehr ganze drei Relationen, nämlich Berlin–Hannover–Köln mit täglich zwei Zugpaaren sowie Berlin–Halle–Probstzella–Nürnberg–München und Berlin–Erfurt–Wartha–Frankfurt/Main mit jeweils einem Zugpaar pro Tag. Keiner dieser Interzonenzüge berührte in seinem Lauf den Leipziger Hauptbahnhof, zwei jedoch Halle. Wer von Leipzig nach Westdeutschland fahren wollte, musste je nach Reiseziel in Magdeburg, Erfurt oder Probstzella umsteigen. Unverhofft gelang jedoch am 15. Juli 1954 die Verdopplung der Zahl regelmäßig verkehrender Interzonenzüge. Der Eisenbahnverkehr machte – von einigen Rückschlägen unterbrochen – langsam Fortschritte.

Im Ergebnis des Zweiten Weltkriegs wurden zwischen Ostsee und Vogtland nahezu fünfzig Eisenbahnstrecken entlang der innerdeutschen Grenze zerschnitten,[115] teils weil in den letzten Kriegstagen von Einsatzkommandos der bedrängten deutschen Truppen, Hitlers verbrecherischem »Nero-Befehl« gehorchend, wichtige Eisenbahnbrücken gesprengt wurden, wie die Elbebrücke bei Dömitz im Zuge der Strecke Uelzen–Ludwigslust, teils weil einstige Para-

Familienausflug mit der Reichsbahn. (um 1975)

auch war die Reisegeschwindigkeit lahmer als vor dreißig Jahren, so daß die Ankunft der ausrollenden Maschinen weniger stolze Freude und Gewalt in die Hallen brachte«.[119]

Im Zuge der europäischen Entspannungspolitik zwischen Ost und West brachte der Abschluss des Verkehrsvertrags zwischen der Deutschen Demokratischen Republik und der Bundesrepublik Deutschland am 23. Mai 1972 eine deutliche Aufstockung des Zugangebots in wichtigen deutsch-deutschen Relationen, darunter wiederum vom und zum Leipziger Hauptbahnhof. In den Fahrplänen standen zum Beispiel die Zugpaare D 408/409 München–Gutenfürst–Leipzig–Rostock, D 436/437 Leipzig–Magdeburg–Schwanheide–Hamburg, D 440/441 Zwickau–Leipzig–Oebisfelde–Düsseldorf–Köln, D 450/451 Warschau–Görlitz–Leipzig–Gerstungen–Frankfurt/Main, D 452/453 Frankfurt/Oder–Leipzig–Gerstungen–Mönchengladbach und D 1402/1403 Leipzig–Gera–Probstzella–Nürnberg sowie jeweils die Gegenrichtung.

Neben diesen Schnellzügen, die sich in jedem Taschenfahrplan fanden, gab es eine Reihe von Zugläufen zwischen dem westlichen Bundesgebiet via

Berlin Zoologischer Garten im Westen nach Berlin Friedrichstraße im Osten der Hauptstadt. Über die Gleise der DDR-Reichsbahn fuhren diese Transitzüge ohne Halt, mussten laut betrieblicher Anordnung stets freie Fahrt bekommen und unterlagen einer besonderen betrieblichen Überwachung. Weil sie »von oben« mit wichtigtuerischer Attitüde so behandelt wurden, als würde von jeglicher Berührung latente Gefahr ähnlich einem elektrischen Schlag ausgehen, hatten diese Züge schnell den Spitznamen »Zitteraal« weg. Es gab seitens der Reichsbahn wohlweislich keinerlei Bestreben, sie über Leipzig Hauptbahnhof zu führen. Das hätte auch ihrem Charakter als Transitzüge widersprochen. Die »Zitteraale«, wie zum Beispiel die Zugpaare D 300/301 und D 302/303, fuhren in der Relation Berlin Friedrichstraße–Berlin Zoo–München Hbf auf dem Güterring um die halbe Stadt Leipzig herum. Wer diese Züge benutzte, sah von der Messestadt nicht viel – außer den tristen Vororten und den östlichen Stadtteilen mit intensiver industrieller Nutzung und dichtem Güterverkehr auf der Schiene.

Ein Aufbäumen in puncto Qualität des Bahnreisens war mit der Einführung der Städteexpress-Verbindungen bei der Deutschen Reichsbahn im November 1976 verbunden. Diese Züge im einheitlichen beige-orangen Farbkleid waren platzkartenpflichtig, hatten einen besonderen Fahrpreis und verkehrten nur an Wochentagen von wichtigen Wirtschaftszentren »in der Provinz« in Tagesrandlage in die Hauptstadt Berlin und zurück. Weil sie hauptsächlich von Dienstreisenden benutzt wurden, um Ministerien in Berlin aufsuchen zu können, bekamen die Städteexpress-Züge alsbald ihren Spitznamen »Bonzenschleuder«. Der Leipziger Hauptbahnhof befand sich im Zuglauf des Städteexpress Ex 100 »Elstertal« von Gera über Leipzig nach Berlin und später zusätzlich noch im Zuglauf des Städteexpress Ex 160 »Sachsenring« von Zwickau über Leipzig nach Berlin.

Ein Äquivalent zum immer dichteren Angebot von InterCity-Zügen bei der Deutschen Bundesbahn boten die Städteexpress-Züge der Reichsbahn nicht. Die Verbindungen waren sternförmig auf die Hauptstadt fixiert und in größerer Entfernung von Berlin nicht vernetzt, geschweige vertaktet. Fertig ausgearbeitete Pläne für ein InterCity-Netz der Deutschen Reichsbahn blieben an der Verkehrshochschule Dresden auf Eis liegen. Die ostdeutsche Wirtschaftskraft reichte für einen solchen Qualitätssprung des Zugangebots nicht aus.

Die letzten DDR-Jahre brachten keine wesentlichen Änderungen der Zugläufe vom und zum Leipziger Hauptbahnhof mehr. Die Reichsbahn musste wegen ihrer minderwertigen, alkaligeschädigten Betonschwellen immer mehr Langsamfahrstellen einrichten, so dass sich der Fortschritt der Streckenelektrifizierung insbesondere in Richtung Berlin (seit 1984) nicht in den erhofften höheren Geschwindigkeiten niederschagen konnte. Die Städteexpress-Züge »Elstertal« und »Sachsenring« benötigten im Winterfahrplan 1986/87 zwischen Leipzig Hauptbahnhof und Berlin-Lichtenberg mit 2 Stunden und 14 Minuten ebenso lange wie etwa der »normale« D 366.

Im *Eisenbahn-Jahrbuch* schrieb Verkehrsminister Otto Arndt, statt eine höhere Reisegeschwindigkeit zu fordern, sei es wichtiger, wenigstens den gültigen Fahrplan einzuhalten. Regelmäßige Bahnbenutzer sahen das nicht anders. Der schleichende Rückgang der Zuggeschwindigkeiten zog jedoch eine systemimmanente Reaktion nach sich: In der eisenbahngeschichtlichen Literatur der späten DDR durften keine faksimilierten historischen Fahrpläne mehr abgedruckt werden. Der Rückschritt wäre eindeutig dokumentiert worden.

Regelrecht sturzbachartige Veränderungen löste die Maueröffnung in Berlin am 9. November 1989 aus. Fast im Tagesrhythmus wurden damals neue Zugläufe zwischen Ost und West eingelegt, und das Zugangebot der Deutschen Reichsbahn zwischen Leipzig und Berlin stieg als Reaktion auf unhaltbare Angebotsengpässe in den ersten Wochen nach der Grenzöffnung an.

Der Zug zur deutschen Einheit nahm Fahrt auf. Der Eisenbahn war eine wichtige Rolle beim Herstellen zuverlässiger und leistungsfähiger Verbindungen zugedacht. Dafür standen den Planern als einzige statistische Basis die phänomenalen Fahrgastzahlen der verkehrspolitisch bevorzugten ostdeutschen Bahn zur Verfügung, und von dem lockenden Kundenpotenzial waren die Bahnverantwortlichen, die flugs marktwirtschaftlich zu denken begannen, begeistert.

Die letzte betriebsfähige Leipziger Dampflok 52 8154 ist bis heute ein oft eingesetzter Sonderzug-Star. (2000)

Im Plandienst fuhr der Schnellverkehrstriebwagen SVT 175 bis zum Jahr 1981 als »Karlex« von Berlin über Leipzig nach Karlovy Váry. Auf dem Bild begegnet er im Jahr 2002 als Sonderzug einem Triebzug ICE 2.

Seit 1981 war der Nostalgie-Orient-Express ein häufiger Sonderfahrtgast auf dem Leipziger Hauptbahnhof. (2000)

In Richtung Altenbeken verkehrte ein Sonderzug zum Kirchentag 1997 mit Doppelbespannung durch die ehemalige Reichsbahn-Baureihe V 180.

In den 1980er Jahren bestanden vom Leipziger Hauptbahnhof Schnellzugverbindungen zu allen Großstädten der DDR und zu immer mehr Zielen im Netz der Deutschen Bundesbahn. (um 1985)

Bereits im Juni 1990, also noch vor der Wirtschafts-, Währungs- und Sozialunion zwischen der DDR und der BRD, wurde eilig und symbolträchtig die erste deutsch-deutsche InterCity-Verbindung IC 155/154 von Frankfurt/Main nach Leipzig und zurück eingerichtet. Standesgemäß empfing der Thomanerchor den ersten Zug auf dem Leipziger Hauptbahnhof, und dort fand die feierliche Zugtaufe auf den Namen »Johann Sebastian Bach« durch Thomaskantor Hans-Joachim Rotzsch statt.[120]

Acht Monate nach der Deutschen Einheit trat am 1. Juni 1991 der erste gemeinsame Fahrplan von DB und DR in Kraft. Er brachte auch den östlichen Bundesländern die bereits eingeführten Zugkategorien EuroCity, InterCity und InterRegio. Der Leipziger Hauptbahnhof erklomm wieder einen Spitzenplatz innerhalb des Netzes der schnellsten Züge der deutschen Bahnen; die Einführung des Taktverkehrs zum Fahrplanwechsel 1992/93 tat ein übriges.

Schnell reiften bei der Deutschen Reichsbahn und der Deutschen Bundesbahn optimistische Pläne, die Großstädte im Osten Deutschlands und damit vor allem Berlin und Leipzig mit seinem Hauptbahnhof in ein expandierendes Eisenbahn-Hochgeschwindigkeitsnetz zu integrieren. Da zunächst jedoch auf dem vorhandenen Netz mit seinen bekannten Mängeln und mit dem gewohnten Material gefahren werden musste, verlängerten sich die planmäßigen Fahrzeiten in wichtigen Relationen bis 1991/92 gegenüber 1986/87 sogar noch, so zum Beispiel zwischen Leipzig Hbf und Berlin-Lichtenberg (D 1300) um elf Minuten sowie zwischen Leipzig Hbf und Dresden Hbf (D 871) um 15 Minuten.

Was anfangs vom Management der Bahn unterschätzt wurde, war die geradezu rauschhafte Eigendynamik bei der Erfüllung privater Automobilwünsche im Osten Deutschlands. Als die massiven Investitionen in Lückenschlüsse und in das übrige Netz der Bahn nach der Planungsphase endlich an Tempo gewannen, lief die individuelle Motorisierung längst auf höchsten Touren, und die optimistischen Fahrgastprognosen büßten ihre Plausibilität ein. Deshalb wurden der Streckenausbau und die damit erzielbaren Fahrzeit- und Komfortgewinne viel langsamer vorangetrieben, als ursprünglich angekündigt war.

Ein typisches Beispiel für die Achterbahnfahrt der Ausbaukonzepte sind die wichtigen sächsischen Strecken Leipzig–Dresden – immerhin eines der seit 1991 favorisierten siebzehn »Verkehrsprojekte Deutsche Einheit« – sowie Leipzig–Chemnitz. Die übliche Fahrzeit eines D-Zuges zwischen Leipzig und Dresden lag 1991/92 bei einer Stunde und 50 Minuten (Durchschnittsgeschwindigkeit knapp über 60 Kilometer pro Stunde). D-Züge auf dieser Strecke waren damit nur sieben Minuten schneller als 1943. Das Versprechen des auch für den Verkehr zuständigen sächsischen Wirtschaftsministers Kajo Schommer, mit den schnellsten Zügen zwischen Leipzig und Dresden eine Stunde Fahrzeit zu unterbieten, blieb lange uneingelöst. Es wurde erst mit dem Beginn des planmäßigen ICE-Einsatzes auf der ersten deutschen Fernbahn im Mai 2000 erreicht, allerdings nur bis Dresden-Neustadt. Zwischen den Hauptbahnhöfen von Leipzig und Dresden fahren die Züge fahrplanmäßig immer noch zwischen 66 und 70 Minuten. Die Durchschnittsgeschwindigkeit eines ICE auf der 120 Kilometer langen Strecke liegt damit bei reichlich 100 Kilometern pro Stunde.

Erhebliche Fahrzeitgewinne wurden seit den frühen 1990er Jahren vor allen für die vom Leipziger Hauptbahnhof ausgehenden Zugläufe nach Hamburg, Hannover, Köln, Frankfurt/Main, Stuttgart und München erreicht, wobei dieser Fortschritt – von der Neubaustrecke Frankfurt/Main–Köln abgesehen – vor allem auf Ausbaustrecken der Deutschen Bahn zustande kam.

In Richtung Berlin – ab Leipzig Hbf ebenfalls eine Ausbaustrecke und eines der »Verkehrsprojekte Deutsche Einheit« – stellt sich der Fahrzeitgewinn in Raten ein. »Rund eine Stunde Fahrzeit« und damit endlich weniger als der Spitzen-Standard der späten 1930er Jahre verspricht die Deutsche Bahn in offiziellen Verlautbarungen ab Mai 2006.

Mit Blick auf die Zugkategorien machte der Leipziger Hauptbahnhof seit 1990 jede Wandlung mit. Aus Personenzügen wurden dem Namen nach Regionalbahnen, Regionalexpress-Züge stellen etwas Ähnliches dar wie in der Vergangenheit die beschleunigten Personenzüge, Eilzüge verwandelten sich zunächst in den beliebten, weil zuschlagfreien InterRegio, der im Jahr 2002 wie überall bei der DB wieder aus den Fahrplänen verschwand. D-Züge wurden zum InterCity geadelt, und an die Spitze des Angebots rückte der ICE. Den Neigungen der Fahrgäste entsprechend, drehte sich die Richtung der Zugläufe nach Westen. Der EuroCity »Mimara« Berlin–Leipzig–München–Zagreb blieb in den 1990er Jahren ein Versuch; die Auslastung stimmte im gesamten Zuglauf nur auf dem deutschen Abschnitt zufrieden, und das war zu wenig. Selbst die EuroCity-Verbindung Paris–Saarbrücken–Frankfurt/Main–Leipzig–Dresden–Prag, die es in den späten 1990er Jahren gab, überlebte nicht, weil die erhofften Fahrgastzahlen ausblieben

Einen früher üblichen D-Zug aus Leipzig in die polnische Partnerstadt Kraków und weiter nach Rzeszow wird man heutzutage vergeblich im Fahrplan suchen, ebenso die bis Anfang der 1990er Jahre gewohnten Kurswagen Leipzig–Budapest des internationalen Schnellzuges »Saxonia«, Leipzig–Fonyod des »Favorit«, Leipzig–Bratislava des »Istropolitan«, Leipzig–Bukarest des »Balt-Orient-Express«, Leipzig–Sofia des »Pannonia-Express« oder Leipzig–Varna des »Trakia«. Das Flugzeug übernahm große Teile des Langstreckenverkehrs. Im grenzüberschreitenden Verkehr sind im neunzigsten Jahr des Leipziger Hauptbahnhofs einzig die Kurswagen der CityNightLine im Nachtzug nach Zürich HB via Basel SBB geblieben. Selbst der Nachtzug von Berlin nach Wien West fährt inzwischen über Halle; den kostspieligen Fahrtrichtungswechsel auf dem Leipziger Hauptbahnhof sparte die Deutsche Bahn seit dem Fahrplanwechsel im Dezember 2002 ein.

Der Kurswagen nach Paris stellte in den 1960er Jahren eine der seltenen Verbindungen in das »westliche Ausland« her. (um 1965)

Im deutschen Fernverkehr reagiert die Bahn auf die offenbar ewig drängende Terminnot ihrer Kunden mit einer neuen Fahrplanarchitektur im Stundentakt der IC- und ICE-Verbindungen und heizt den Zeitdruck dadurch weiter an. Auf dem Papier und in den Computerprogrammen existiert ein weithin starres Schema mit einem fein austarierten Gefüge verschiedener Zugkategorien von der Regionalbahn bis zum ICE. In das abstrakt-funktionale Angebotsgerüst werden Idealzustände implantiert, so dass jede Verspätung sofort einen Domino-Effekt auslöst.

Die Züge verkehren in festen Relationen mit einer Liniennummerierung wie bei der Straßenbahn. Als Konsequenz müssen die Fahrgäste an großen Verkehrsknoten wie in Leipzig, wo sich die beiden ICE-Linien München–Leipzig–Berlin–Hamburg und Frankfurt/Main–Leipzig–Dresden kreuzen, umsteigen. Früher wurden die Kurswagen bewegt, heute eilen die Reisenden zwischen den im Takt und in starren Relationen verkehrenden Zügen hin und her.

Wichtigste Neuerung im Nahverkehr vom und zum Leipziger Hauptbahnhof war in der zurückliegenden Dekade die Inbetriebnahme der S-Bahn zwischen Leipzig und Halle am 12. Dezember 2004. Nach mehreren Anläufen, Abbrüchen und Änderungen hinsichtlich einer separaten Trasse oder der Mitnutzung der Stammstrecke zwischen den beiden mitteldeutschen Großstädten fand das S-Bahn-Vorhaben doch noch einen akzeptablen Abschluss.

Im Leipziger Stadtgebiet verläuft die Schnellbahn auf einer eingleisigen, modernisierten Trasse, die in ihrer ursprünglichen Form vor knapp 100 Jahren im Zuge der Umgestaltung der Leipziger Bahnanlagen als Güterzugstrecke entstand und den Rangierbahnhof Leipzig-Wahren mit dem Magdeburg-Thüringer Güterbahnhof im Westteil des Hauptbahnhofs verband. Nun soll sie Leipzig und Halle einander näherbringen.

Das Kaleidoskop der vom und zum Leipziger Hauptbahnhof verkehrenden Züge rundet sich erst ab, wenn auch die Sonderverkehre Beachtung finden. In den Annalen der geschäftigen Station findet sich manch außergewöhnliche Leistung in Verbindung mit den häufigen Großveranstaltungen, die riesige Besucherscharen anzogen, wie zum Beispiel die 5. Reichsnährstandausstellung 1938 in Leipzig, zu der die Reichsbahn 742 Sonderzüge und 228 Verstärkungszüge einsetzte.[121]

Anlässlich des 6. Deutschen Evangelischen Kirchentages in Leipzig, der vom 7. bis 11. Juli 1954 erstmals in der DDR stattfand, wurden auf dem Hauptbahnhof 72 Sonderzüge abgefertigt. 65 000 ständige Teilnehmer, darunter mehr als 10 000 aus der Bundesrepublik, versammelten sich unter dem bemerkenswerten Leitgedanken »Seid fröhlich in Hoffnung«. Am Hauptbahnhof stand ein Glockenstuhl, was seither auch nicht wieder vorkam. Den nächsten Evangelischen Kirchentag gab es im Juni 1997 in Leipzig. Die Zeiten und mit ihnen die Verkehrsgewohnheiten hatten sich inzwischen gravierend geändert, doch ohne mehr als 30 Sonderzüge zum und vom Leipziger Hauptbahnhof wäre der Besucherstrom nicht zu bewältigen gewesen. Regelmäßige Bewährungsproben mit geballten Sonderverkehren bestand der Leipziger Hauptbahnhof anlässlich der seit 1954 mehr oder weniger regelmäßig veranstalteten Turn- und Sportfeste bzw. zum Deutschen Turnfest im Juni 2002.

Saisonal bedingt, schwoll in den Zeiten, als ein Auto noch als Luxus galt und die Bahn hohen Zuspruch fand, die Zahl der Feriensonderzüge an.

»»» *Die Reichsbahn hat jetzt keine leichte Aufgabe. Mit allen Mitteln sucht sie den Ferienverkehr zu bewältigen. Selbstverständlich werden in den ersten Tagen nach Schulschluß alle fahrplanmäßigen Züge voll ausgelastet und mit der Höchstzahl von Achsen versehen. Außerdem verkehrt aber in der Zeit vom 10. bis 14. Juli auf den Hauptstrecken noch eine Reihe von Entlastungszügen. So sind am Mittwoch fünf Vorzüge nach Dresden und der Sächsischen Schweiz (Anschluß nach der Lausitz), drei nach dem Vogtland, vier nach München, einer nach Württemberg (Stuttgart) […] abgelassen worden. Am Donnerstag ist außerdem noch ein Sonderzug nach Wien abgefahren, wo die Sozialistische Arbeiterjugend eine Tagung abhält. Zwei aus Hamburg kommende und ebenfalls für Wien bestimmte Sonderzüge haben Leipzig in diesen Tagen berührt. […] Außerdem sind noch einzelne Sonderzüge nach Frankfurt, Berlin, Halberstadt und Hamburg vorgesehen. Ferner läuft fast eine gleiche Zahl Entlastungszüge aus den gleichen Richtungen in Leipzig ein. […]*

Auf dem Leipziger Hauptbahnhof sind täglich fast 30 bis 50 außerfahrplanmäßige Züge abzufertigen. Dazu

2
PARIS

gehören die Feriensonderzüge, zu denen Fahrkarten mit Preisermäßigung ausgegeben werden. Wenn allerdings die Vergünstigung hier im Vergleich zu früher auch nur gering ist – sie beträgt gegenwärtig ungefähr 10 Prozent –, so erfreuen sich diese Züge doch einer großen Beliebtheit. Einmal bekommt man bestimmt einen Sitzplatz und zweitens braucht man nicht umzusteigen. Außerdem fahren die Feriensonderzüge ein Tempo, das denen der D-Züge nicht viel nachsteht. [...]

Rund 40 Feriensonderzüge zu verbilligtem Fahrpreis werden in diesem Jahre vom Leipziger Hauptbahnhof ihren Ausgang nehmen. [...] 16 Züge verkehren allein nach den verschiedenen Bädern der Ost- und Nordsee, 11 nach München und Berchtesgaden, zwölf nach Köln und der Schweiz, zwei nach Ostpreußen und dem Schwarzwald.

Neue Leipziger Zeitung (1929)[122]

In der DDR galt einem geordneten und bequemen Ferienverkehr für die Kollektive der Werktätigen aus innenpolitischen Gründen höchste Aufmerksamkeit. 1953 legte die Deutsche Reichsbahn gar ein Ferienzugprogramm auf. Zu den darin vorgesehenen Verbesserungen für die Urlauber gehörte vor allem die Aufwertung der Reisezugwagen durch Flachpolsterung anstelle der bis dahin üblichen Lattenbänke.

Zahlreiche Sonderzüge wurden im Rahmen des Kinderferienverkehrs zu den Erholungsorten mit Ferienlagern eingelegt. Im Juli 1966 fuhren zum Beispiel 231 Sonderzüge vom und zum Leipziger Hauptbahnhof.[123] Daneben bewältigte die Reichsbahn 2202 Kindertransporte in 1918 planmäßigen Zügen. Innerhalb eines Ferienmonats wurden damals 160 000 Kinder von und nach Leipzig befördert – immerhin fast zwei zusätzliche »normale« Tagesleistungen des Hauptbahnhofs.

Eine erlesene Kategorie von Sonderzügen berührte den Leipziger Hauptbahnhof seit den frühen 1980er Jahren: Die lange währende planmäßige Einsatzdauer von Dampflokomotiven bei der Deutschen Reichsbahn machte es möglich, dass vom schweizerischen Reisebüro Intraflug eine Reihe von Sonderfahrten veranstaltet werden konnte, bei denen der Nostalgie Orient Express bzw. der historische Rheingold-Zug hinter einer Dampflok in Leipzig in die beeindruckende Halle des Hauptbahnhofs einliefen. Die DDR-Reichsbahn war froh, mit relativ bescheidenem Einsatz ihrer ohnehin vorhandenen Ressourcen zur geforderten Aufbesserung der ewig klammen Devisenkasse das Staates beitragen zu können. Zwar führten die planmäßigen Zugläufe weder den Orient-Express, den »König unter den *Grands Express Europeens*« von 1888 bis 1912,[124] noch den Rheingold-Zug in seiner Blütezeit in den 1920er und 1930er Jahren je über Leipzig, doch ihr erstmaliges Eintreffen mit Dampfkraft am Ende dieser Eisenbahnepoche wurde von den Eisenbahnfreunden als würdiger Abschluss begrüßt – und als willkommener Anlass, luxuriöse Züge in natura erleben zu können, die sich in jeder Beziehung von den gewohnten Fahrzeugen des Eisenbahnalltags in der DDR abhoben. Offiziell verlautete nie ein Sterbenswörtchen über diese Züge, doch alle Fans nostalgischer Bahnen wussten dank verlässlicher Mund-zu-Mund-Propaganda Bescheid, wann die Luxuszüge nach Leipzig kamen.

Die Sehnsucht nach der nostalgischen Eisenbahnreise wird im 21. Jahrhundert spürbar. Verschiedene Reisebüros reagieren prompt und veranstalten regelmäßig Fahrten mit mehr oder weniger authentischen Nostalgie-Express-Zügen. Wird eine Dampflok vorgespannt, steigen Genuss und Fahrpreis spürbar. Meist ist die Fahrt das Ziel, und der Leipziger Hauptbahnhof bildet eine würdige Kulisse.

Bahnhöfe waren die ersten Zentren des Ankommens und Abfahrens in der vom Massentransport bewegten Gesellschaft. Busbahnhöfe – allein die Bezeichnung spricht Bände – und Flughäfen eroberten das Terrain viel später; Passagierterminals in den großen Seehäfen erfüllten eine überschaubare Funktion – und außerdem für andere Personengruppen.

Bahnhöfe verkörperten im klassischen Industriezeitalter des Lebens Lauf. Ankommen, abfahren, umsteigen, in die Ferne reisen, in die Nähe pendeln – auf den Bahnhöfen gerät die Zivilisation in Zirkulation. Abschied für längere Zeit oder für immer, Ankunft nach einer verstrichenen Frist oder nach kurzer Trennung; Bahnhöfe und innerhalb dieser komplexen Gebilde wiederum die Bahnsteige bilden den öffentlichen Raum für hemmungslos gezeigte persönliche Gefühle.

Uffn Haubdbahnhof

Nee so ä imbosandes Gewärche!
Das grübbld wie in ä Ameisenbärche.
De een gomm an un de andrn endschwähm,
Wohär se bloß alle 's Reesegäld nähm?
Un Goffr loofn da manchesma ein,
Da ging ne zwelfgebbche Familiche nein!
De Fremdn ham ofd eggsohdsche Fissahsche
Un golossal schigge Reesegleedahsche.
Hier duhn sich ooch viele Dragehdchen abschbieln.
Un wärde da gann mid'n Leidn so fiehln
Bein Abschiede un bein ledzdn Dridd,
Där grinsd vor Riehrunk allemal mid.

Lene Voigt (1924)[125]

Als die Schnellzüge noch aus Lok und Wagen bestanden, fand die Bahnsteigkommunikation der Menschen, die sich nahe waren, am geöffneten Abteilfenster oder an der Wagentür statt. Wünsche wie »Melde Dich, wenn Du angekommen bist«, »Schreib mal«, »Lass es Dir gut gehen«, gehörten zum vielfältig variierten Repertoire der Standardfloskeln ebenso wie »Hast Du Dich gut erholt?« oder »Schön, dass Du gekommen bist« am Ende einer Eisenbahnreise. Hände wurden gedrückt und Worte gewechselt, als sich der Zug bereits vorsichtig in Bewegung setzte. Undeutlich fielen die Bemerkungen aus, wenn ein D-Zug vom Leipziger Hauptbahnhof »in den Westen« abfuhr und die am Bahnsteig Zurückbleibenden schon vorher wussten, dass der Verwandte von der genehmigten »Reise in dringenden Familienangelegenheiten« nicht in die DDR zurückkehren würde. Allgegenwärtig war der Versuch, bereits einen Blick zu erhaschen, wenn der Zug bedächtig, mit schwindender Energie in die Leipziger Bahnsteighalle einfuhr. Die strenge Bahnsteigaufsicht nahm per Ermahnung, nicht zu nahe an die Bahnsteigkante zu treten, ihre Dienstpflichten wahr.

Züge aus Lok und Wagen werden inzwischen immer seltener. Triebwagen im ICE-Weiß mit rotem Streifen oder Regio-»Verkehrsrot« mit weißem Streifen dominieren alle Zuggattungen. Mit der Klimatisierung der Fernzüge verschwand die Möglichkeit, ein letztes oder erstes Gespräch am geöffneten Abteilfenster zu führen. Druckbelüftete Fahrgasträume lassen es nicht mehr zu, dass Fenster geöffnet werden können. Die blau-weißen InterRegios der Deutschen Bahn, die es nur ein rundes Jahrzehnt zum Beispiel nach Aachen, Bremen oder Wilhelmshaven gab, waren im Jahre 2002 die letzten Fernzüge, bei denen sich Fenster öffnen ließen. Den ohne Zuschlag – in heutiger Lesart »ohne besonderen Fahrpreis« – benutzbaren »menschlichen Zug«, wie die Deutsche Bahn ihren InterRegio vieldeutig-offenherzig bewarb, gibt es nicht mehr. Sein Erbe haben auch in Leipzig teurere, nicht unbedingt schnellere Züge angetreten.

In der Epoche des ICE, die bei den Deutschen Bahnen 1991 und auf dem Leipziger Hauptbahnhof im Jahr 2000 begann, hat sich die Kultur des Abschiednehmens vor einer langen Eisenbahnreise noch einmal gravierend gewandelt. Nun kommt zur Druckbelüftung der Triebzüge, die nur dank hermetisch abgedichteter Fenster funktioniert, und zu den selbsttätig schließenden Türen auch noch die kräftige Tönung der Scheiben hinzu. Das Abschiednehmen wird auf den Bahnsteig vor dem Zug verdrängt, weil sowohl die mit fünf Minuten knapp berechneten Zughalte für den Fahrtrichtungswechsel auf dem Leipziger Hauptbahnhof als auch die engen Mittelgänge der ICEs eine Begleitung der abreisenden Person bis an ihren Sitzplatz so gut wie ausschließen. Und die stummen Grüße am Fenster geraten zu einem reinen Minenspiel mit kaum zu erkennender Resonanz, denn dazwischen liegt – von außen betrachtet – schalldämmendes, blickdicht eingefärbtes Sicherheitsglas. Hände treffen sich allenfalls zu beiden Seiten des kühlen Materials. Zwischen die direkte Berührung – Fingerkuppe an Fingerkuppe – schiebt sich ein Stück Hochtechnologie.

Selbst das früher besonders bei Kindern weit verbreitete kurze Mitlaufen neben dem schneller werdenden Zug geriete heute zu reiner Symbolik. Wer im ICE sitzt, ist vom Bahnsteig aus sowieso nur schemenhaft erkennbar. Längst hat sich die Romantik des Abschiednehmens am Zug in die Option eines Mobiltelefondialogs im letzten Moment vor der Abfahrt verwandelt.

Nicht anders bei einer lange herbeigesehnten Ankunft. Weil im Inneren eines ICE, des »Paradezugs der Deutschen Bahn«, aus der Bahnsteigperspektive

Abschiedsstimmung. (um 1965)

niemand zu erkennen ist, warten einander unbekannte Abholer lieber am Ende des Bahnsteigs in der straffen Ordnung eines virtuellen Begrüßungskomitees. Diese Phalanx muss jeder Ankömmling passieren, und hier findet zwischen den füreinander Bestimmten die – eigentlich nachgeholte – Begrüßung statt. Keine Spur mehr vom ersten Händeschütteln und den ersten Worten am geöffneten Wagenfenster, von den hereingereichten Blumen oder den herausgereichten Koffern. Ankunft und Abschied laufen heutzutage formaler ab. Die Emotionen bleiben auf den Bahnhöfen, doch sie gehen auf Distanz zu den Zügen. Die Rückkehr aus Frankfurt am Main nach Leipzig, nachdem die Ankömmlinge vielleicht schon aus Honolulu oder Shanghai in die Mainmetropole geflogen sind, ist inzwischen selbstverständlicher geworden als noch vor kurzem die Rückreise aus den Ferien in Obergruna-Biberstein in Sachsen oder die Ankunft der Erbtante aus Amerika an der Bahnstrecke Großbothen–Glauchau im reizvollen Muldental.

Vor wenigen Jahren waren die Wagen in den Regionalzügen der Bahn die letzten, bei denen sich Fenster öffnen ließen. Nur sind die Zugverbindungen in die nähere Umgebung in aller Regel nicht die »Klassiker« für einen gefühlvollen Abschied vor der anstehenden Eisenbahnreise, und auch bei der Schienenspritztour in die Region haben inzwischen Triebwagen mit fest verschlossenen Fenstern das Terrain erobert.

Eisenbahnreisen entpuppt sich als soziale Art der Fortbewegung. Indes wäre jede Darstellung des Zugverkehrs vom und zum Leipziger Hauptbahnhof unvollständig, fiele der Blick nicht auf einige markante Persönlichkeiten, die mehr oder weniger selbstverständlich den Zug benutzten. Angesichts der Bedeutung, die Leipzig – in erster Linie mit seiner Messe – vor dem Zweiten Weltkrieg auf der europäischen Bühne hatte, konnte es nicht ausbleiben, dass berühmte Zeitgenossen auf dem Hauptbahnhof ankamen oder von dort abreisten.

Adlige Prominenz erwies dem Hauptbahnhof schon die Ehre, als die Station noch gar nicht komplett fertiggestellt war. Die Weihe des Völkerschlachtdenkmals am 100. Jahrestag des Ereignisses ließ sich der deutsche Kaiser Wilhelm II. nicht entgehen. Am Sonnabend, dem 18. Oktober 1913, traf er auf dem Hauptbahnhof ein und wurde dort von König Friedrich August III. von Sachsen empfangen. Die offizielle Begegnung fand im preußischen Wartesaal statt; einen sächsischen gab es zu diesem Zeitpunkt noch nicht. Beide Majestäten fuhren anschließend durch die Goethestraße, über den Augustusplatz, den Roßplatz, weiter durch die Straßen südöstlich des Stadtzentrums, die Reitzenhainer Straße (heute: Prager Straße), die Friedhofsallee und die Straße des 18. Oktober, wo sie von den Ehrengästen bereits erwartet wurden. Nach dem ereignisreichen Tag verließen sowohl Wilhelm II. als auch der österreichische Thronfolger Erzherzog Franz Ferdinand den Leipziger Hauptbahnhof gegen 20 Uhr mit ihren Sonderzügen – Ende einer äußerlich friedlichen, in Inneren aber angespannten Epoche. Neuneinhalb Monate später begann der Erste Weltkrieg.

In der Weimarer Republik reiste Reichspräsident Paul von Hindenburg im März 1926 zum Besuch der Messe mit dem Zug in Leipzig an. Reichsverkehrsminister Dorpmüller und sein Staatssekretär Kleinmann setzten in den 1930er Jahren ebenfalls auf die Bahn, doch das taten sie sicher berufsbedingt.

Jahrzehnte später hatte die Station nochmals königlichen Besuch. Die britische Queen Elizabeth II. benutzte 1992 anlässlich ihres Staatsbesuchs in Deutschland den ICE ab Dresden zu einer Fahrt nach Leipzig; es war zugleich das erste Eintreffen des höchstklassigen Zuges der damals noch getrennten deutschen Bahnen auf dem Leipziger Hauptbahnhof.

Im 21. Jahrhundert darf die Benutzung eines Eisenbahnzuges durch Spitzenpolitiker oder gekrönte Häupter getrost zu den raren Ereignissen gerechnet werden. Jemandem aus diesem Personenkreis auf dem Leipziger Hauptbahnhof zu begegnen, ist wenig wahrscheinlich. Eher trifft man den Schriftsteller und Dramatiker Rolf Hochhuth nach einer Lesung auf der Leipziger Buchmesse im Nachtschnellzug nach Basel.

Riquet
Pralinen

HANDELN UND WANDELN

Was die Eisenbahn zu den Leipziger Messen leistete

Zweimal im Jahr, anlässlich der Leipziger Messen, war der Hauptbahnhof bis an die Kapazitätsgrenze beansprucht. In der Verkehrsstatistik der 1930er Jahre erscheinen bis zu 300 000 Reisende täglich. (um 1930)

Wie auch immer die großzügig bemessene Kapazität des Leipziger Hauptbahnhofs bewertet wird, dessen Planungen vor einhundert Jahren vom Aufstieg zur Millionenstadt ausgingen – zweimal im Jahr wurde das Potenzial dieser Station bis an die Grenze ausgeschöpft, nämlich zu den beiden Leipziger Messen im Frühjahr und Herbst, die in diesem Rhythmus bis 1992 stattfanden.

Die überragende Rolle der Leipziger Messe trat äußerlich bereits dadurch zutage, dass in den 1920er Jahren Werbung für dieses Welthandelsereignis auf der Titelseite und dem Einbandrücken aller deutschen Reichskursbücher erschien. Wer zum Kursbuch griff, hielt – egal, wo er hinfahren wollte – stets zugleich ein Stück Leipzig in der Hand.

»»» *Mustert man [...] Deutschlands Städte, so wird man – ohne allzu ausführliche Zweifel – zu dem Ergebnis gelangen, daß außer der Metropole Berlin eine weitere Großstadt – seit 1914 zum wenigsten – nicht existiert.*

Aber zweimal im Jahre erfährt dieser Tatbestand eine für acht Tage geltende Korrektur, Ende Februar und Ende August vollzieht sich dieser eine Woche währende Wandel; vollzieht sich Jahr für Jahr, in unerbittlicher Periodizität; vollzieht sich in Leipzig und hat die Messen zum Anlaß. [...]

Schnellzug auf Schnellzug braust in die grandiose Halle des Hauptbahnhofs. Ein Chaos von Koffern und Menschen wirbelt und wälzt sich den Ausgängen zu. Eine Orgie von Schreien und Pfiffen rüttelt an den gläsernen eisenverschnürten Kuppeln. Tage, Nächte hindurch währt diese Ankunft der königlichen oder doch fürstlichen Kaufleute, der imposanten Großindustriellen, der hastigen Händler mit oder ohne Ware, der kriminalistisch klugen Agenten, der redelüsternen Reisenden, der gewissenhaft existierenden Angestellten. Und zwischen ihnen drängt sich schmiegsam und zielsicher das Heer mehr und minder schöner Frauen, nicht weniger international und hoffnungsfreudig als die männliche Armee.

Man muß den Import des ewig weiblichen Meßgutes erlebt haben; man muß einmal zugeschaut haben, wenn die Damen des Karnevals anmarschieren: die Verachtung spielende Abenteuerin und das kleine Mädchen ohne Retourbillett, das erfahrungsarme und bargeldlose halbwüchsige Ding und das reifere Fräulein, dessen Augen vergangene Naturschönheit durch Kultur erworbener Talente zu ersetzen versprechen.

Erich Kästner (1925)[126]

Seit den 1920er Jahren lud »die in der Messebedienung überragend wichtige Deutsche Reichsbahn«[127] zusammen mit dem Leipziger Messeamt alljährlich zu zwei Messekonferenzen ein, die der Abstimmung aller eng miteinander verwobenen Aktivitäten dienten. Daran waren Vertreter sämtlicher Reichsbahndirektionen beteiligt, weil Sonderzüge mit Messebesuchern aus dem gesamten Reichsgebiet nach Leipzig fuhren. Jeweils im November fand die Messekonferenz zur Vorbereitung der besonders wichtigen, neun Tage dauernden Frühjahrsmesse statt. Anschließend folgten Absprachen zwischen der Mitropa und den Reichsbahndirektionen, um den Umlauf der zahlreichen Schlaf- und Speisewagen zu klären.

In die Planungen und die Diensteinteilung vor Ort teilten sich bis 1934 die RBD Dresden und die RBD Halle, deren Direktionsbezirke auf dem Leipziger

ANFANG MA

Die imposante Halle des Querbahnsteigs zur Leipziger Messe. (1927)

Hauptbahnhof aneinanderstießen. Erst mit der organisatorischen Neuordnung der Eisenbahnverwaltung in und um Leipzig ab dem 1. Oktober 1934 gelangte die Gesamtverantwortung für den Leipziger Messeverkehr allein zur RBD Halle. Dort waren ganze Fachabteilungen mit der Planung der außergewöhnlichen Verkehrsspitze befasst.

Nahte die Messe, verhängte die Reichsbahn in Leipzig eine generelle Urlaubssperre. Auf dem Hauptbahnhof kamen zusätzlich hunderte stationäre Kräfte an den Fahrkartenschaltern, im Reisegepäckdienst und in den Auskunftsbüros zum Einsatz. Sie wurden monatelang in ihre Aufgaben eingewiesen, und dafür gab es spezielle Dienstordnungen.

Während der Messen trug der Hauptbahnhof die Hauptlast des Verkehrs, auch wenn einzelne Sonderzüge zum und vom Bayerischen Bahnhof fuhren und der Eilenburger Bahnhof in den 1930er Jahren das aus abgestellten Schlafwagen formierte »Messehotel« aufnahm. Für die Deutsche Reichsbahn brachte das Großereignis jedes Mal eine besondere Bewährungsprobe.

»»» Am gestrigen Sonntag, dem Eröffnungstag der Leipziger Frühjahrsmesse, war der Verkehr auf dem Hauptbahnhofe außergewöhnlich stark. Nach den Erfahrungen im Vorjahre hatte die Reichsbahnverwaltung durchgreifende Maßnahmen zur Bewältigung des ungewöhnlich lebhaften Verkehrs getroffen, so daß sich dieser, trotz dichter Zugfolge, reibungslos abwickelte. Stockungen traten nicht ein. Die Züge trafen fast alle pünktlich hier ein.

In den Früh- und Vormittagsstunden liefen nicht weniger als 18 Sonderzüge aus der Richtung Gera, Magdeburg, Dessau, Erfurt und Berlin ein. Der Zustrom aus Berlin war so stark, daß der Anhalter Bahnhof außer den vorgesehenen Sonderzügen noch zwei Entlastungszüge in Verkehr setzen mußte, um alle Reisenden abbefördern zu können. Einschließlich der fahrplanmäßigen Züge, Eilzug 9 und D 22, trafen in einer Zeit von knapp zwei Stunden acht vollbesetzte Züge von Berlin hier ein. Nicht minder lebhaft gestaltete sich der Verkehr auf der Ostseite des Hauptbahnhofes, wo aus der Richtung Hof, Riesa, Döbeln und Chemnitz 13 Sonderzüge in den Vormittagsstunden eintrafen, die stark ausgelastet und voll besetzt waren. Wie stark der Besuch aus Dresden war, geht daraus hervor, daß der planmäßige Schnellzug D 144 in vier Teilen abgefertigt werden mußte. Auch Chemnitz mit seinem industriereichen Hinterlande stellte einen großen Teil der Meßbesucher, die in vier Sonderzügen hier ankamen.

Erfahrungsgemäß reist ein Teil der Meßbesucher vom Sonntage mit den Abendzügen wieder in die Heimat zurück. Denn es befinden sich viele »Sehleute« darunter, die sich gern darüber orientieren, welche Neuheiten die diesjährige Messe bringt. Die Reichsbahnverwaltung hatte mithin nicht nur für die Einreise der zahlreichen Meßbesucher umfassende Vorbereitungen zu treffen, sondern auch solche für deren Abreise. Diese setzte in stärkerem Maße in der 6. Abendstunde ein. Auf der Ostseite waren hierfür 10 Entlastungszüge vorgesehen, die jedoch für den gewaltigen Andrang nicht ausreichend waren. Das Einlegen von zwei weiteren Zügen machte sich daher notwendig. Zwölf Sonderzüge waren auch auf der Westseite zum Abtransport der Meßbesucher erforderlich. Berücksichtigt man, wieviel Besucher die planmäßigen Züge, die fast alle stark ausgelastet waren, benutzten, so kann man sich einen Begriff von dem gewaltigen Verkehr machen, den die Reichsbahn an einem einzigen Meßtag zu bewältigen hat.

Neue Leipziger Zeitung (1927)[128]

Meist fand der Rückverkehr von den Messen mit planmäßigen Züge statt, zu denen die Reichsbahn – teilweise mit kurzen Bereitstellungszeiten, wenn sich die Überlastung einer bestimmten Verbindung abzeichnete – spezielle Vor- und Nachzüge einsetzte.

Die herausragende Rolle der Deutschen Reichsbahn für den Besucherverkehr und die Anziehungskraft der Leipziger Messen zeigte sich auch darin, dass sie seit 1927 Fahrpreisermäßigungen für Messesonderzüge aus dem Ausland gewährte. In der Folgezeit wurde dieses kundenfreundliche Modell häufig in europäischen Nachbarstaaten kopiert.

Als Besteller der Messesonderzüge fungierte das Leipziger Messeamt. Es hatte den vollständigsten Überblick über die Anzahl und die Herkunft der Aussteller. Auf Grund der angespannten deutschen Wirtschaftslage in den 1920er und den frühen 1930er Jahren schwankte die Zahl der Messebesucher und damit auch die Zahl der gefahrenen Messesonderzüge erheblich. Höhepunkt in den Jahren von 1926 bis 1937 war 1931 mit 44 Messesonderzügen, die durchschnittlich mit über 400 Besuchern besetzt waren.[129] Im »Dritten Reich« stiegen die Leistungen der Deutschen Reichsbahn für die Leipziger Messe und damit die Anforderungen an den Leipziger Hauptbahnhof nochmals deutlich an. Nachdem Nazi-Propagandaminister Joseph Goebbels zur Frühjahrsmesse 1934 verkündet hatte, die »Leipziger Messe wird von der nationalsozialistischen Regierung als einzige allgemeine internationale Messe im Deutschen Reich ausdrücklich anerkannt«, erhielt »das Barometer der deutschen Volkswirtschaft« zusätzliche propagandistische Bedeutung über die rein handelspolitische Funktion hinaus.

Neben den dienstlich »LM-Züge« genannten Messesonderzügen aus dem Rheinland und Westfalen, aus den deutschen Seehafenstädten, aus Schlesien und Oberschlesien sowie aus Süd- und Südwestdeutschland und zahlreichen eintägigen, in regionaler Verantwortung liegenden Verwaltungssonderzügen aus Berlin und Mitteldeutschland fuhren zusätzlich noch weitere Züge der Nazi-Organisation »Kraft durch Freude« nach Leipzig. Zur Frühjahrsmesse 1937 beförderte die Reichsbahnn über 50 000 Messebesucher im Rahmen ihres »Kraft durch Freude«-Verkehrs sowie 34 000 Besucher (dreimal mehr als 1933) in den zahlreichen Verwaltungssonderzügen.[130]

Die Reichsbahn gewährte in Absprache mit dem Messeamt für alle Teile des breit gefächerten Zugangebots zu den Leipziger Messen unterschiedliche Fahrpreisermäßigungen von 33 ⅓, 40 und 50 Prozent, gestaffelt nach Entfernung und Zugkategorie. Auch die im Verkehr mit ausländischen Bahnverwaltungen eingesetzten so genannten MS-Züge für Besucher aus England, den Niederlanden, Belgien, Frankreich, Österreich, der Schweiz, Ungarn, der Tschechoslowakei, Dänemark, Schweden und Norwegen waren mit im Ausland gelösten Schnellzug- Rückfahrkarten und 60-prozentiger Ausländerermäßigung oder mit Messefahrkarten, die in den deutschen Grenzbahnhöfen gelöst werden mussten, und einer Fahrpreisermäßigung von 33 ⅓ Prozent benutzbar. Um bequeme Verbindungen zu bieten, wurden zahlreiche Messe-Sonderzüge gleich von den Grenzbahnhöfen gefahren.

Anlässlich der Frühjahrsmesse 1937 verkehrten erstmals ganze Schlafwagenreisezüge von und nach dem Rheinland und Holland. Die starken Schwankungen der An- und Abreisezahlen an den ersten

Großstädtischer Eisenbahnverkehr zur Leipziger Frühjahrsmesse 1926.

bzw. letzten Messetagen veranlassten die Mitropa und die Deutsche Reichsbahn, teilweise komplette Schlafwagenleerzüge zusammenzustellen und tagsüber zurück an ihren Ausgangsort zu fahren, damit sie am nächsten Abend wieder für den Messeverkehr nach Leipzig zur Verfügung standen.

Verbesserungen des Zugangebots betrafen auch Nordeuropa. 1937 gab es zum ersten Mal seit 1929 wieder durchgehende Züge in Richtung Leipzig von Dänemark sowie von Schweden über die Fährverbindung Trelleborg–Saßnitz und weiter über den neu errichteten Rügendamm.

In Leipzig musste zu Messezeiten »alles aufgeboten werden, um die Aufnahmefähigkeit des Bahnhofs bis zum äußersten zu steigern«.[131] Die Auslegung des Hauptbahnhofs als Kopfbahnhof brachte es mit sich, dass jeder Zug einschließlich der Rangierfahrten viermal behandelt werden musste. In der Verkehrsstatistik der Reichsbahn standen zur Frühjahrsmesse 1937 insgesamt 522 Sonderzüge, einschließlich der Leerzüge. Hauptverkehrstage waren demnach der Sonnabend mit 88 Zügen des Fernverkehrs sowie der letzte Sonntag mit 95 Zügen des aus propagandistischen Gründen forcierten »Kraft durch Freude«-Verkehrs.

»»» *Der Querbahnsteig, die beiden Empfangshallen, der riesige Vorplatz von einer unübersehbaren Menschenmenge überflutet, die Minute um Minute den zahllosen Sonderzügen entströmen und nun alle den nahen Meßpalästen zueilen, dem großen »Schaufenster der Welt« […] Die weite Halle des Querbahnsteigs ist dann stundenweise von dem dumpfen Brausen der dicht gedrängt ihren Zügen zustrebenden Menschenmassen erfüllt und vermag den Strom kaum zu fassen«.*

Zetsche/Schumann (1937)[132]

Anlässlich der Messen zeigte der Hauptbahnhof internationalen Flaggenschmuck. Eintreffen eines Messesonderzuges mit Lok 03 239 (Bw Leipzig West). (um 1968)

»Der Messekunde erwartet eine schnelle und weltstädtische Abfertigung«, stellte die Reichsbahn 1937 klar. Um den 32 000 ausländischen Besuchern zur Frühjahrsmesse jenes Jahres schnell die gewünschte Unterstützung geben zu können, hatten DR und Messeamt gemeinsam Dolmetscher bestellt.

Voll gefordert war ebenfalls die Reichsbahn-Auskunftsstelle für den Personen- und Güterverkehr – die größte ihrer Art im Reichsbahnbereich. Die großen Auskunftsräume auf dem Querbahnsteig hatten in den 1930er Jahren während der Messe von 6 bis 24 Uhr geöffnet, die in der Westhalle von 8 bis 22 Uhr. Es wurde »in jenen Tagen von jedem einzelnen Beamten in wirklich aufreibendem Dienst das Äußerste geleistet«, bescheinigten führende Reichsbahner.[133] 2600 Auskünfte waren der Schnitt an einem normalen Tag, 7000 wurden während der Messe gegeben. Ein ständiger Verkehrskiosk sicherte die Präsenz des Messeamtes auf dem Hauptbahnhof. Acht über den gesamten Bahnhof verteilte Abfertigungsstellen mit zwölf bis 14 Arbeitsplätzen waren für die Abstempelung von Sonntagsrückfahrkarten, um deren ordnungsgemäßen Gebrauch für den Besuch der Messe zu bestätigen, und für den Verkauf von Messetageskarten zuständig. Das Messeamt richtete außerdem einen großen Wohnungsnachweis ein, der zu jeder Frühjahrsmesse etwa 40 000 Privatquartiere vermittelte. Leipzig zählte in den 1930er Jahren 3300 Hotelbetten; heutzutage sind es über 8000.

Die späten 1930er Jahre brachten vom Umfang her den Höhepunkt des Messe-Sonderverkehrs mit der Eisenbahn. Mit der Entfesselung des Zweiten Weltkriegs verlor der Messeverkehr seine einzigartige Rolle, weil im Inland fortan andere Prioritäten galten und weil sich der Messebesuch aus dem Ausland weitgehend erübrigte. Im Herbst 1941 – nach dem Überfall auf die Sowjetunion stand die Wehrmacht zu dieser Zeit vor Moskau – fand die letzte Messe im damals noch unzerstörten Leipzig statt; erstmals in ihrer Geschichte wurden die Leipziger Messen offiziell für geschlossen erklärt.

Kurz nach dem Zweiten Weltkrieg bemühte sich die Sowjetische Militäradministration um einen Neuanfang für die Leipziger Messe, weil sie deren Bedeutung für einen funktionierenden Wirtschaftskreislauf in ihrer Besatzungszone erkannt hatte und ausnutzen wollte. Bereits im Oktober 1945 fand die »Musterschau Leipziger Erzeugnisse« auf dem teilweise zerstörten Messegelände statt. Bemerkenswert ist, daß bereits wieder Sonderzüge eingesetzt wurden, obwohl Schäden an Bahnanlagen und Fahrzeugen sowie Kohlemangel noch nicht einmal einen geordneten planmäßigen Betrieb bei der Deutschen Reichsbahn in der SBZ zuließen.

»»» *Der Berliner reist sechs Monate nach dem totalen Zusammenbruch wieder auf die Leipziger Messe! Die Leipziger Musterschau vom 18. bis 21. Oktober ist zwar gar keine Messe, daß man sie dennoch entgegen der offiziellen Benennung als solche ansieht, beweist, daß die Tradition der Leipziger Messen überall in Deutschland beim ersten behutsamen Anstoß tausendfach widerhallt.*

Der Messebetrieb beginnt – heute wie früher – nicht am Eingang der Ausstellungshalle, sondern beim Kartenverkauf der Reisebüros in Berlin oder Dresden, in Weimar oder Halle. Siebzehn Sonderzüge hat die Eisenbahn auch diesmal zur Musterschau Leipziger Erzeugnisse dem Messeamt zur Verfügung gestellt. Sie boten ein beglückendes, ermutigendes Bild; als lebendige Brücken rollten sie kreuz und quer durch einen neuen, sich erfolgreich konsolidierenden Wirtschaftsraum. Sie führten Tausende von aufgeschlossenen Männern und Frauen aus Wirtschaft und Handel auf einen oder zwei Tage zusammen. […]

Vor dem Hauptbahnhof der Messestadt flitzen seit Tagen in längst vergessener Dichte die Straßenbahnsonderwagen mit dem Richtungsschild »Ausstellungsgelände« heran. Alle Minuten ergießt sich in die roten Wagen die Flut der »Messeonkels«, wie der Leipziger seine aktentaschenbewehrten Gäste mit den Ausstellungskarten in der Hand auch jetzt wieder benennt. Das Bild von einst – dem nur die Taxi zu fehlen scheinen. Zu scheinen – denn drüben an der schwarzen Wellblechmauer der zerborstenen Westhalle warten Pferdedroschken, die ersten, die ich nach dem Kriege sehe. Sie muten wie eine Sensation an, bemerkenswerter als mancher »letzte Schlager« draußen auf den Ständen – selbst wenn diese »Neuheit« jahrhundertealt ist! *Leipziger Volkszeitung (1945)*[134]

Schon im Frühjahr 1947 kam es zu einer bescheidenen Wiederbelebung des Messeverkehrs mit der Schwedischen Eisenbahn SJ. Beim Einsatz des Kurswagens nach und von Leipzig Hauptbahnhof muss die sowjetische Besatzungsmacht jedoch hin- und hergerissen gewesen sein zwischen handelspolitisch gefälligen Ambitionen beim Geschäft mit dem neutralen Land und dem unstillbaren Wunsch, ohne rechtes Maß harte Devisen zu verdienen, und zwar in einem Umfang, dass den Schweden offensichtlich schon nach kurzer Zeit die Lust verging, diesen Sonderverkehr nach und von Leipzig aufrecht zu erhalten.[135]

Innerhalb Deutschlands hinterließ der Kalte Krieg seine Spuren. Die Sowjetische Militäradministration befahl bereits am 3. April 1946, bei Messebesuchern aus den westlichen Besatzungszonen auf den förmlichen Interzonen-Pass zu verzichten und den Leipziger Messeausweis zu akzeptieren. Die Amerikaner dachten gar nicht daran und verlangten von jedem Reisewilligen, einen sechsseitigen Fragebogen zur Erlangung des Interzonen-Passes auszufüllen. Etwa jeder zweite Antragsteller blieb im engmaschigen Netz der Überprüfung hängen. Trotzdem kamen mehr als 32 000 westdeutsche Besucher in die sächsische Messestadt. Hielten sie ihr Reisedokument in Händen, mussten sie sich angesichts der desolaten Verkehrslage mit nur wenigen Umsteigemöglichkeiten auf abenteuerliche 48 Stunden Eisenbahnfahrt von Köln nach Leipzig gefasst machen, einschließlich dreieinhalb Stunden Kontrolle an der Zonengrenze.[136] Kaum zu glauben, dass die Frühjahrsmesse 1947 unter diesen Umständen die erfolgreichste der 1940er Jahre werden sollte.

In der DDR nahm spätestens seit den 1950er Jahren der Messeverkehr mit der Bahn wieder deutlich zu, allerdings mit der Restriktion, dass er fast ausschließlich auf inländische Verbindungen beschränkt blieb. Sonderzüge – benutzbar mit der bekannten Fahrpreisermäßigung in Höhe von 33⅓ Prozent – fuhren aus allen Richtungen zum Leipziger Hauptbahnhof, darunter aus Berlin Ostbahnhof, Erfurt, Saalfeld, Karl-Marx-Stadt, Dresden, Cottbus und Halberstadt. Sie füllten ganze Sonderaushänge, die den Aushängen der regulären Züge in ihrem Umfang kaum nachstanden.

Anfang der 1960er Jahre wurden an Spitzenmessetagen 80 Sonderzüge auf dem Leipziger Hauptbahnhof gezählt. Eine Ausnahmeerscheinung in jeglicher Beziehung blieb die Jubiläumsmesse 1965. Die zehn Tage der Frühjahrsmesse im März mit rund 1000 Sonderzügen verlangten die äußerste Anspannung aller Kräfte. Doch selbst in ganz »normalen« Jahren war der Messeverkehr immer etwas Besonderes. Am ersten Wochenende zur Frühjahrsmesse 1971 setzte die Reichsbahn insgesamt 91 Sonderzüge ein.[137]

Einen farbigen Tupfer ins normale Betriebsgeschehen brachten in den 80er Jahren geschlossene Schlafwagenzüge der tschechoslowakischen CSD, der polnischen PKP und der ungarischen MAV, die während

Im Frühjahr 1968 gab es einen Vorlaufbetrieb zum damaligen Haltepunkt Technische Messe in Vorbereitung auf den S-Bahn-Verkehr, der im Sommer 1969 startete. (Herbstmesse 1971)

Der Querbahnsteig zur Leipziger Herbstmesse 1988.

ihres Aufenthalts zu den Messetagen im Frühjahr als Messehotel genutzt wurden, allerdings auf dem Bayerischen Bahnhof, denn die Gleiskapazität auf dem Hauptbahnhof hätte dafür nicht ausgereicht.

Dass eine Messe bevorsteht, konnte jedermann sehen, der den Hauptbahnhof betrat. Über dem Querbahnsteig waren in filigrane Rahmen aus Stahlprofilen Banner mit Werbung für Produkte aus den wichtigsten DDR-Kombinaten gespannt. Außerhalb der Messezeit gab es derlei Verkaufsförderung für Fotoapparate, Kleinbildfilme oder Lackfarben nicht.

Mangelerscheinungen im Triebfahrzeugpark und beim Wagenmaterial führten dazu, dass bis in die frühen 1980er Jahre ein beträchtlicher Teil der Messesonderzüge mit Dampflokomotiven gefahren wurde bzw. aus historischen Triebwagen gebildet war. Zu hohem Bekanntheitsgrad brachten es die Messe-Sonderzugeinsätze der ursprünglich für den internationalen Verkehr der DR beschafften Schnellverkehrs-Triebwagen SVT 175 der Bauart Görlitz zwischen Berlin Ostbahnhof und Leipzig Hauptbahnhof.

Spätestens mit dem Siegeszug des Automobils in den östlichen Bundesländern sowie seit dem kompletten Übergang der Leipziger Messe zum Fachmessekonzept im Jahr 1993 gehören Messe-Sonderzüge der Vergangenheit an. Die Deutsche Bahn wirbt allenfalls für die Benutzung ihrer Nahverkehrszüge zum Haltepunkt Messegelände bzw. gewährt seit dem Jahr 2002 eine Ermäßigung bei der Anreise mit dem Zug aus dem Kerngebiet des Mitteldeutschen Verkehrsverbundes (MDV). Sonderzüge vom Leipziger Hauptbahnhof fahren dagegen jedes Jahr im März zur Computermesse CeBIT in die Partnerstadt Hannover.

Le[...]g, Hauptbahnhof.

REISEN UND SPEISEN

Wie der kleine und der große Hunger gestillt wurden

Kulinarische Genüsse gehören zum Reisegenuss. Eine herausragende Verkehrsstation wie der Leipziger Hauptbahnhof muss auch in dieser Hinsicht etwas bieten.

Und so begann die offizielle Eröffnung mit gutem Essen. Kaum jemand erinnert sich an die Honoratioren, die den pompösen Akt vollzogen, doch die Speisekarte zur »Schlußsteinweihe im Hauptbahnhofe zu Leipzig, Sonnabend, den 4. Dezember 1915« blieb erhalten. Sie nennt als Speisenfolge: Kraftbrühe in Tassen mit Rindermark, anschließend Muschelfleisch, dann gespickten Kalbsbraten mit Gemüse und zum Schluss Dunstobst-Salat sowie Butter und Käse.

Eine großzügig dimensionierte Restauration gehörte zum Kanon der Einrichtungen, die auf dem Hauptbahnhof von Beginn an vorgesehen und in den Entwürfen der Architekten zu berücksichtigen waren. Streng getrennt nach Klassen, die der Einteilung in den Zügen entsprachen, gab es bewirtschaftete Wartesäle für das fahrende Volk und feine Restaurants für die Besserverdienenden. Wartesäle auf der Ebene des Querbahnsteigs und Restaurants auf der Empore stellten auf verschiedenen Ebenen schon äußerlich Unterscheidungsmerkmale heraus. Dass getreu dem generellen Dualismus sowohl ein sächsischer als auch ein preußischer Wartesaal seiner Kundschaft harrte, verstand sich auf dem Leipziger Hauptbahnhof nahezu von selbst – mit tannengrün ausgemalten Kassettendecken der eine, in edlem Karmesinrot der andere.

Das Geschäft mit dem kleinen und dem großen Hunger war lukrativ, und um die Konzession für die Leipziger Bahnhofsrestauration entbrannte ein leidenschaftliches Bieterverfahren. Schließlich ging es um die größte deutsche Bahnhofswirtschaft, deren Räumlichkeiten von der Bahnverwaltung verpachtet wurden.

Ihre besten Zeiten erlebte die Gaststätte auf dem Hauptbahnhof stets anlässlich der Leipziger Messen. Die Liste der verarbeiteten Zutaten und der vertilgten Speisen liest sich, als wäre der Vorrat eines respektablen Lagerhauses in hungrige Mägen gewandert. In den 1920er Jahren brutzelten während einer Messwoche in den Pfannen des Küchentraktes 82 Ochsen-Hinterviertel zu je zweieinhalb Zentnern und außerdem das Fleisch von 65 Hammeln. 15 Zentner Welschkohl rundeten die Portionen ab. 60 000 Paar Würstchen wurden geordert, 8000 Liter Fleischbrühe und 300 000 Liter Bier.[138]

Es gehörte zu den baulichen Besonderheiten des Leipziger Hauptbahnhofs, dass im relativ schmalen Empfangsgebäude die ausladende Hauptküche nicht auf der Ebene der Restauration Platz fand. Sie war zusammen mit einer Reihe von Wirtschaftsräumen im fünften Stock, unter dem Dach des Mitteltraktes untergebracht. Erwünschter Nebeneffekt war der schnelle Abzug von Küchengerüchen, weit entfernt von den Gästen.

»Der Eigenart des Riesenbetriebes, wie er sich an einer derartigen Zentral-Verkehrsstelle zu entwickeln und in der Hauptsache auf ganz kurze Zeiträume zusammen zu drängen pflegt, muß die Kücheneinrichtung in wohlüberlegter und methodischer Weise bis ins kleinste Rechnung tragen, um eine auf die Minute pünktliche und wie das Räderwerk einer Uhr ineinandergreifende Abwicklung aller Küchen-

Jahrzehntelang stand das Restaurant im Mittelteil der Empore für den gehobenen Stil der Leipziger Bahnhofsgastronomie. In den ovalen Öffnungen über den Türen fanden die hier noch fehlenden Gemälde mit Szenen aus der Entwicklung des Verkehrswesens Platz, die von Otto Lange im Auftrag der Sächsischen Staatsbahn geschaffen wurden. (um 1915)

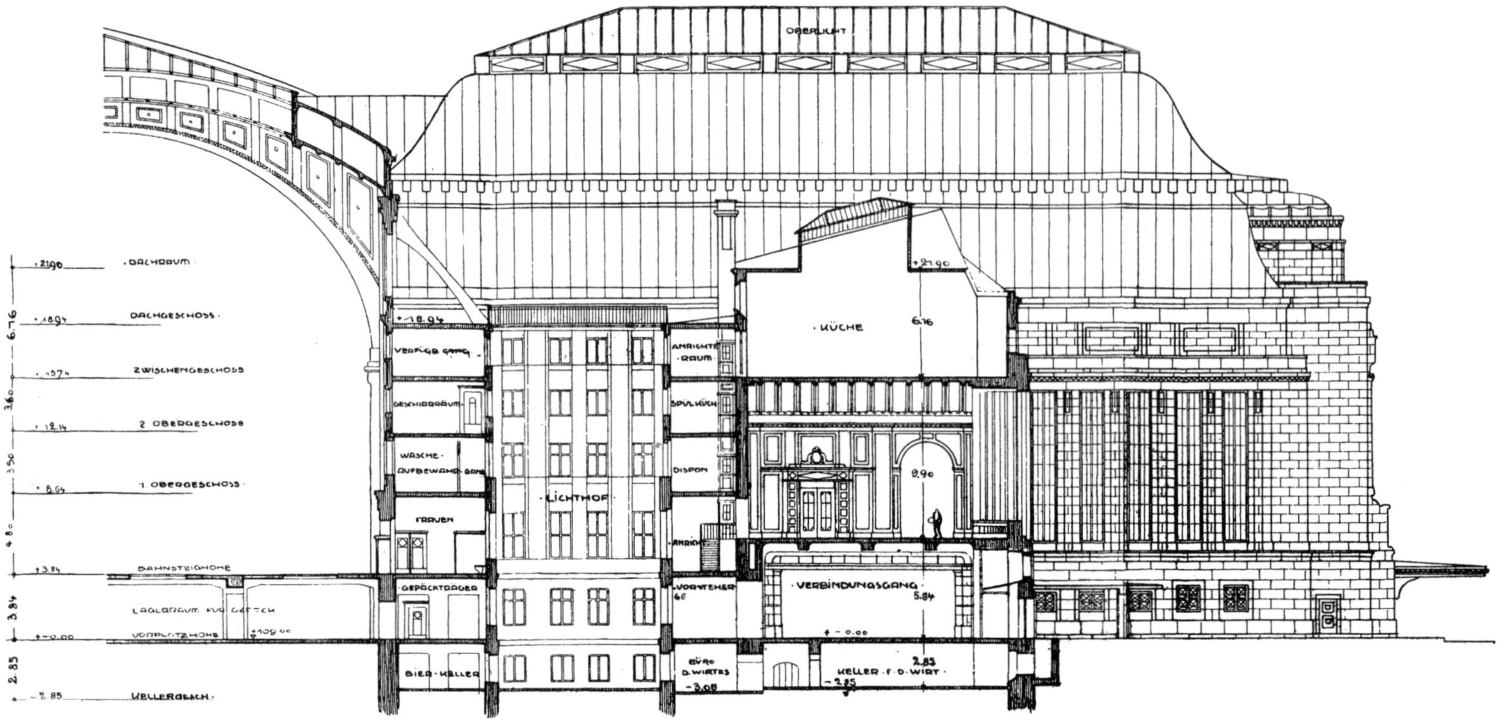

Der Querschnitt durch den Mittelbau vermittelt einen Eindruck von der funktional durchdachten Anordnung der gesamten Bahnhofsgastronomie. Die Küche befindet sich im Obergeschoss über den Speisesälen, beide Bereiche sind durch Speiseaufzüge miteinander verbunden. (1912)

und Serviervorgänge zu gewährleiten«, forderten die Planer der Küchenanlagen.[139]

Die beiden eisernen Kochherde von jeweils sechs Metern Länge und 1,3 Metern Breite – vielsagend Panzerherde genannt –, worin sich bequem vier Bratröhren von 67 Zentimeter Tiefe unterbringen ließen, wogen derart viel, dass sie zusätzlich mit Eisenketten an der Dachkonstruktion befestigt werden mussten, um die Tragfähigkeit der Decken nicht über Gebühr zu strapazieren. In zwei Wasserbad-Kochkesseln von je 200 Liter Inhalt köchelte Bouillon. Von dort waren es nur wenige Schritte bis zum Anrichteraum. Per Küchenaufzug gelangten die zubereiteten Speisen nach unten auf zwei verschiedene Ebenen der Speisesäle.

Damit nicht genug, kümmerten sich auf der Geschossebene der Restaurationen zusätzliche Küchen um die schnell zubereiteten Gerichte »für den kleinen Appetit«. Sie fungierten zugleich als »Zwischenküchen« mit Anrichtefunktion auf dem langen Weg der Speisen in die Wartesäle.[140]

Sämtliche Einrichtungen waren weiträumig ausgelegt. Wartesäle und Restaurants fassten 2200 Gäste gleichzeitig. Während der Messezeit wurden in den späten 1930er Jahren täglich 25 000 bis 30 000 Mahlzeiten verkauft. Wegen des enormen Gästeandrangs musste die überfüllte Gaststätte auf dem Hauptbahnhof damals stundenweise gesperrt werden. Vier Verkaufsstände auf dem Querbahnsteig versuchten, mit einem Imbiss-Sortiment einen Teil der enormen Nachfrage abzufangen.[141]

Einen weiteren Part im Einklang von Reisen und Speisen gaben die Speisewagen. In der Belle Epoque prägten sie um das Jahr 1890 zunächst das Erscheinungsbild der mondänen Luxuszüge.[142] Dank ihrer hohen Akzeptanz bei den Reisenden weitete sich der Einsatz der Speisewagen im beginnenden 20. Jahrhundert rasch auf ein ganzes Netz von Schnellzügen aus, von denen viele Leipzig berührten und hier auch den Proviantvorrat ergänzten. Auf dem Hauptbahnhof gab es dafür weiträumige Lager.

Seit den 1920er Jahren waren die Speisewagen in Deutschland eine Domäne der Mitropa, der Mitteleuropäischen Schlafwagen- und Speisewagen-AG. Bis in die frühen 1940er Jahre stiegen deren Leistungen kontinuierlich an. Mit der Fortdauer des Zweiten Weltkriegs musste die Mitropa jedoch ihren Speisewagenbetrieb mit Wirkung vom 1. Juni 1942 einstellen. Nach dem Kriegsende unterstand die in Berlin ansässige Mitropa von Anfang an der Deutschen Reichsbahn, arbeitete jedoch eigenwirtschaftlich. Die Beziehungen zwischen der DR und der Mitropa basierten nach 1945 auf einem Vertrag über die Führung von Wirtschaftsbetrieben sowie auf einer vertraglichen Vereinbarung von 1954 über das zu entrichtende Entgelt. In den ersten Nachkriegsjahren änderten sich die Prioritäten gravierend. Angesichts der desolaten Lage des Eisenbahnbetriebs im Osten Deutschlands und wegen zerstörter oder beschädigter Speisewagen gewann der ursprünglich nachrangige stationäre Betrieb gegenüber dem Fahrbetrieb für die Mitropa eine größere Bedeutung als in der Zeit vor dem Zweiten Weltkrieg.

Am 1. Dezember 1946 übernahm die Mitropa die Leipziger Bahnhofswirtschaft auf dem Hauptbahnhof.[143] An den früheren Besitzer wurden für Vorräte und Wirtschaftsgegenstände 96 512,60 RM gezahlt. Pachtzahlungen kassierte die Deutsche Reichsbahn. Im ersten Halbjahr 1947 erzielte die Mitropa in der Bahnhofsgaststätte des Leipziger Hauptbahnhofs bereits Einnahmen in Höhe von 1 077 356 RM. Exakt ein Viertel sämtlicher Einnahmen der Mitropa stammte im Jahre 1947 aus den Betrieben des Unternehmens auf dem Leipziger Hauptbahnhof. Ein Jahr später waren es bereits 28 Prozent![144] 1946 – in jenem Jahr mussten auf Befehl zwei Speisewagen an die Transportabteilung der SMAD abgegeben werden – wurde durch die Mitropa auf vier von Leipzig ausgehenden Kursen eine bescheidene Bewirtschaftung von Schnell- und Eilzügen aus Abteilen heraus aufgenommen.[145] Es gab keine Alternative zum Provisorium. Der erste Speisewagen nach dem Krieg verkehrte im Netz der Deutschen Reichsbahn erst ab dem 10. September 1949 wieder.

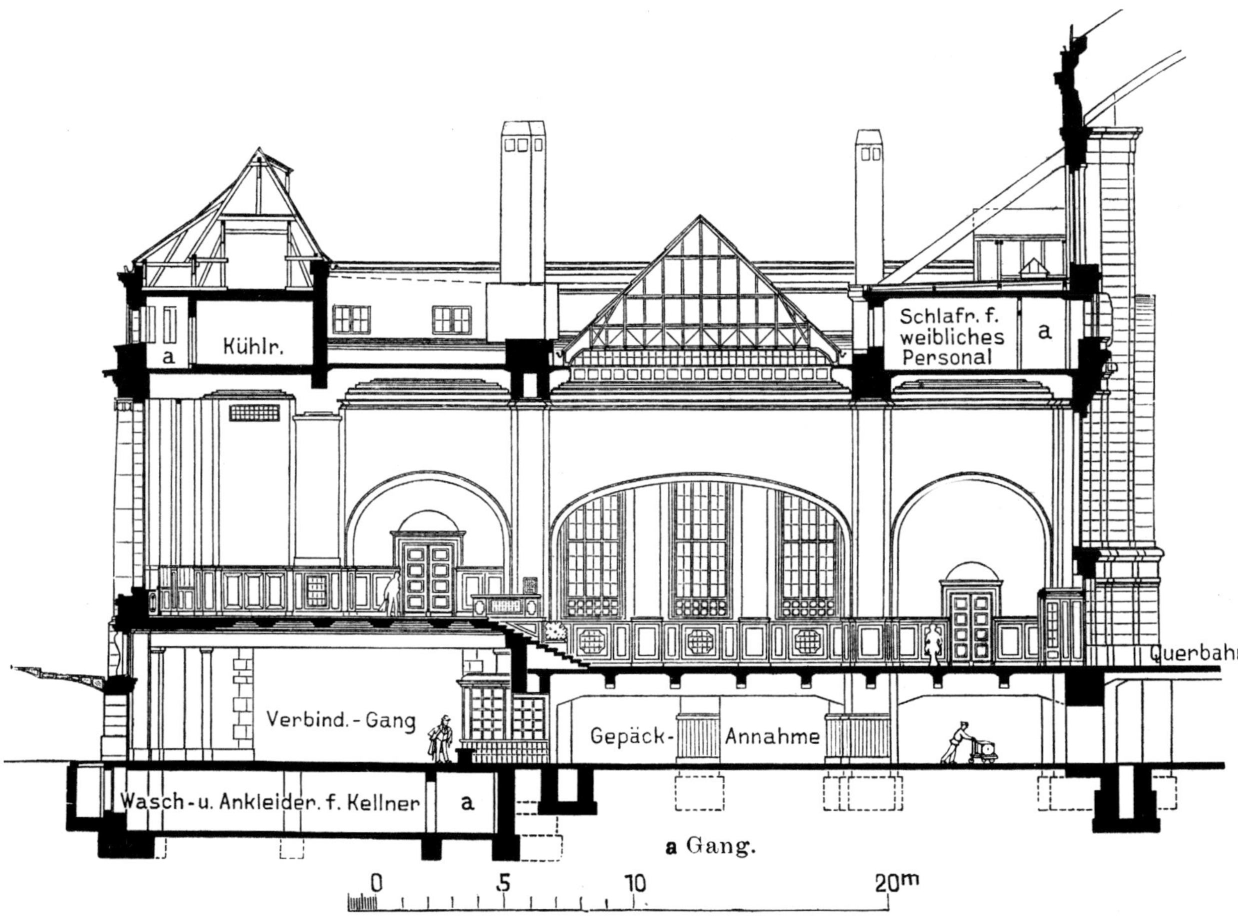

Der Schnitt durch den Wartesaal der 3. und 4. Klasse (bis heute: Preußischer Wartesaal) verdeutlicht das durchdachte Konzept von öffentlichen Bereichen und den zahlreichen Versorgungseinrichtungen hinter den Kulissen des Hauptbahnhofs. (Zeichnung, 1912)

Speisesaal

»»» Die MITROPA arbeitete, aber wie! Die Wirtschaftsbetriebe waren primitiv eingerichtet. Es fehlte am Nötigsten. Die Kellner drängten bei Tag und bei Nacht durch überfüllte Wagen. Nachts trugen sie im finsteren Zug die Karbidlampe um den Hals und das volle Tablett auf dem Arm: »Würzbrühe! Malzkaffee! Bier! Limonade! Noch eine Würzbrühe, der Herr?« Das war das Verkaufsgespräch. Speise- und Getränkekarten? Damals unnötig! Trotz allem hatten wir damals sehr hohe Umsätze. Die Fahrt war lang, der Durst war groß – und es gab endlich wieder etwas zu kaufen. Schick sahen wir damals aus, vor allem, als es noch keine Uniformen gab. Eine Skimütze wies uns als MITROPA aus. Wer Glück hatte, trug MITROPA-Hemden, geschneidert aus Reisekissenbezügen. Das Personal trocknete das Geschirr mit Tüchern aus dem gleichen Material. Der Diebstahl dieser Hemden und ihr anderweitiger Gebrauch waren ausgeschlossen. Auf jedem Hemd stand wenigstens 25mal »Eigentum der MITROPA«. Ich habe damals diese Hemden mit Humor getragen und ertragen, fühlte ich mich doch als lebendes Inventar der MITROPA. *Alfred Neumann (1948)*[146]

Ein Speisesaal auf dem Leipziger Hauptbahnhof mit Leinendecken auf den Tischen, holzvertäfelten Einbauten in den Mauernischen und dekorativen Lüstern neben dem gläsernen Oberlicht. (1916)

Bis weit in die 1950er Jahre hinein gab die Mitropa Speisen nur gegen Lebensmittelkarten ab. Das führte zu der Überlegung, auf dem Leipziger Hauptbahnhof einen Wartesaal durch die Mitropa bewirtschaften zu lassen und einen weiteren durch die aufstrebende Handelsorganisation HO, die ihre Waren ohne Marken, aber gegen deutlich höhere Preise verkaufte. Erst 1954 kam es wieder zu einer einheitlichen Bewirtschaftung durch die Mitropa.[147] Sie war der Monopolist der Bahnhofsgastronomie und gab sich oft auch so.

Die Speisekarte litt allerdings noch unter Eintönigkeit. In den beiden rund um die Uhr geöffneten Hauptsälen auf dem Leipziger Hauptbahnhof verkaufte die Mitropa im Jahre 1957 – damals galten in der DDR die Lebensmittelkarten noch – jeden Tag bis zu 28 000 Bockwürste (zu 85 Pfennig das Stück, wofür man auch zehn Kilometer weit in der 2. Klasse der Bahn hätte fahren können).

Mit fortschreitendem Wiederaufbau des Hauptbahnhofs verbesserte sich zugleich die Basis für die Bahnhofsgastronomie. 1957 wurde das »Neue Restaurant« auf der Westseite (dort befindet sich heute

Im Wein- und Spirituosenkeller wurden die oberen Positionen der umfangreichen Getränkekarte der Bahnhofsgastronomie gelagert. (1924)

Scharen von Köchen kümmerten sich an den beiden Panzerherden der Hauptküche um die Zubereitung der verschiedenen Braten. (1924)

die Lounge der DB für die Reisenden der 1. Klasse) mit Mokkastube und Bar eröffnet. Die verordnete Preisstufe S im System staatlich administrierter Preise wies darauf hin, dass der Gast etwas Besonderes erwarten konnte, allerdings am oberen Rand der Preisskala speiste und trank. Wenige Jahre später öffnete das »Kleine Restaurant« auf der Ostseite.

Die Mitropa auf dem Hauptbahnhof war zum größten gastronomischen Betrieb der Messestadt aufgestiegen. Anfang der 1960er Jahre kümmerten sich in ihren Gaststätten einschließlich aller angeschlossenen Betriebsteile rund 1200 Beschäftigte mehr oder weniger engagiert um das Wohl der Gäste. Zu dieser Zeit verfügten die Gaststätten der Mitropa auf dem Hauptbahnhof über 1500 Plätze.

Im Obergeschoss des Empfangsgebäudes gehörten zur Mitropa eine eigene Fleischerei, eine Konditorei, die nach Meinung vieler Leipziger den besten Kuchen der Stadt buk, eine Eiskonditorei, eine Wäscherei für Tischwäsche und Geschirrtücher sowie eine Druckerei, die rund 1000 verschiedene Speise- und Weinkarten für die Bahnhofsrestaurants, für Messegaststätten und fast 80 Restaurants in der Leipziger Innenstadt produzierte. »Schatzkammer« der Mitropa waren die ausgedehnten Vorratsräume für Getränke und Konserven. Zu den nützlichen Kuriosa zählten Becken für lebende Speisefische.

Nördlich vom Gleis 1 und außerhalb, gegenüber der Westseite des Hauptbahnhofs, war der Bezirks- und Fahrbetrieb der Mitropa untergebracht. Er steuerte den Personaleinsatz für die zahlreichen Schlaf- und Speisewagenkurse und sorgte für einen nie versiegenden Getränkestrom und kontinuierlichen Warennachschub in der rollenden Gastronomie. 1415 Mitropa-Mitarbeiter, darunter 1100 im stationären Betrieb, wurden 1965 in Leipzig gezählt.[148]

Wie ganz Leipzig, so profitierte auch die Mitropa im Jahr 1965 vom Stadtjubiläum »800 Jahre Leipziger Messe«. Endlich konnte sie wieder einmal sämtliche Register ihres Könnens ziehen. Für das Großereignis wurde vorübergehend alles aufgeboten, was in den Augen der ausländischen Besucher und des inländischen Publikums irgendwie auf Prosperität und Wohlstand hinzudeuten schien. Die Mitropa bemühte sich um den diskreten Hinweis, dass wegen des besonderen Service zur Messe die Preise um 20 Prozent höher lägen als sonst üblich. Dafür wurden Speisekreationen angeboten, die dem eintönigen Alltag in Töpfen und Pfannen meilenweit entrückt waren. Auf der Tageskarte des Kleinen Restaurants vom 6. März 1965 stand als teuerstes Gericht »1 ganzer frischer Hummer, Mayonnaise, Toast« zu 18,35 Mark – damals der Tagesverdienst eines Facharbeiters. Es folg-

Eilige Reisende konnten ihren Imbissbedarf für die Zugfahrt an den zahlreichen Wagen auf den Bahnsteigen decken. (1924)

te »Fasan mit gebr. Speck in Sahnetunke, Weinkraut, Salzkartoffeln« zu 10,70 Mark. Das bewährte panierte Schweineschnitzel mit Erbsen, Karotten und Salzkartoffeln gab es dagegen schon für 3,60 Mark. Halbfett gedruckt und gar nicht verschämt lautete die unterste Zeile der Speisekarte: »Sie können Ihren Verzehr in DM-DBB bezahlen«. Die Abkürzung stand für Deutsche Mark der Deutschen Bundesbank und galt im täglichen Sprachgebrauch gemeinhin als die begehrte »Westmark«.

Zur Jubiläumsmesse 1965 wurden auf dem Hauptbahnhof 65 000 kalte und 45 000 warme Speisen verkauft. 132 000 Prager Schnitten (eine Kochschinken-Käse-Delikatesse), belegte Brötchen und Imbissbeutel stillten den Hunger zwischendurch. In durstige Kehlen flossen 177 000 Tassen Kaffee, 50 000 Flaschen Mineralwasser und Erfrischungsgetränke, 9200 Flaschen Weißwein und Sekt und 135 000 Glas Bier.

Doch auch in ruhigeren Zeiten war die Bahnhofsgastronomie gefordert. Innerhalb von zwölf Monaten wanderte vor vier Jahrzehnten die stattliche Herde von 1500 Rindern durch die Töpfe und Pfannen der Mitropa-Gaststätte.[149] Für die eilige Kundschaft wurden dagegen seit den 1960er Jahren auf den Bahnsteigen Automatenreihen für Getränke und ein schmales Imbiss- und Süßigkeiten-Angebot aufgestellt.

Als Juwel der Mitropa galt damals der zentral gelegene Speisesaal mit 180 Plätzen zwischen den beiden Restaurants auf der Ost- und der Westseite des Hauptbahnhofs. Über den schweren Holztüren war er mit Gemälden des Dresdner Künstlers Otto Lange (1879–1944) ausgeschmückt. Die in ovale Rahmen gefassten Arbeiten entstanden in der Bauphase des Hauptbahnhofs im Auftrag der Sächsischen Staatsbahn und zeigen Szenen aus der Entwicklungsgeschichte des Verkehrswesens, darunter historisches Leipziger Markttreiben, eine Hamburger Hafenansicht und Bahnhofsszenen.

In diesem Restaurant in Hörweite des Trubels rund um die ankommenden und abfahrenden Züge ging es gut bürgerlich und ungleich vornehmer als in der Selbstbedienungsgaststätte zu. Mit seiner gehobenen Preisstufe lockte es eher ein Leipziger Stammpublikum denn eilige Bahnbenutzer auf der Durchreise. Täglich zwischen 16.30 und 23.30 Uhr bot die »Hauskapelle« Wallwitz gediegene Unterhaltungsmusik. Big-Band-Klänge bewährten sich als »Ohrwürmer«.

Ähnliche Öffnungszeiten wie der Speisesaal hatte das Kleine Restaurant auf der Ostseite des Hauptbahnhofs. Die *Leipziger Volkszeitung* machte die Probe aufs Exempel und lobte in ihrer Ausgabe vom 22. Oktober 1977 zehn Pfannengerichte und 20 kalte

VERSTARKT DEN KAMPF UM EINHEIT UND FRIEDEN
WOFATOX
Grenzquell
Ausgang
Westha
7
Ausgang
6

GESCHEHEN UND GESTALTEN

Wie der Hauptbahnhof Ort der Geschichte wurde

Die Eisenbahn und die großen sozialen Bewegungen betraten im 19. Jahrhundert zur selben Zeit die Weltbühne, und darin offenbart sich alles andere als ein Zufall der Geschichte. Mit der Eisenbahn dehnte sich das erste Massentransportmittel aus. Es gab den anschwellenden Strömen von Menschen und Gütern Richtung und Ziel, verflocht rasend schnell Randgebiete und Zentren, die einander zuvor kaum zur Kenntnis genommen hatten, und erleichterte die Kommunikation. Schlüsselworte für das Zusammenspiel von Eisenbahn und Geschichtsprozess sind Beschleunigung und Entgrenzung. Metaphern werden gern der Sphäre des historischen Wegbegleiters entlehnt: »Revolutionen sind die Lokomotiven der Geschichte« (Karl Marx). »König Dampf« übernahm das Zepter des Weltverkehrs.

Im Rampenlicht des historischen Auftritts der Eisenbahnen standen stets die Bahnhöfe. Für die größte europäische Station, den Leipziger Hauptbahnhof, galt das im besonderen. Hier wurden Fäden einer größeren Entwicklung gesponnen oder aufgenommen, an diesem Ort der Geschichte entstand im Industriezeitalter das Gewebe, das die stolze Bürgerstadt Leipzig mit dem Weltgeschehen vernetzte.

Der Bahnhof war noch nicht fertig, da richteten sich bereits alle Augen auf die mit allgemeinem Interesse überhäufte Baustelle. 1911 streikten die Bauarbeiter monatelang für höhere Löhne und setzten ihre Forderungen durch. Von offizieller Seite diente der eingetretene Zeitverlust zusammen mit den Mobilisierungen für den Ersten Weltkrieg als willkommene Begründung, dass das Riesenwerk nicht 1914, sondern erst im Jahr darauf vollendet wurde.

Vom Streik von 1911 sollte nicht der einzige Bezug des Hauptbahnhofs zur Leipziger Sozialgeschichte ausgehen. Am 8. November 1918 schlossen sich revolutionäre Matrosen, Soldaten und Arbeiter zu einer Demonstration gegen die Fortsetzung des Ersten Weltkriegs zusammen. Der Marsch führte vom Hauptbahnhof quer durch das Stadtgebiet zum Volkshaus in der Südstraße, der heutigen Karl-Liebknecht-Straße. Die Demonstranten – darunter durchreisende Soldaten, die sich spontan entschlossen, nicht zu ihren Einheiten an der bröckelnden Front zurückzukehren – traten für das Ende der Monarchie und für eine demokratische Republik ein. Damit griff die Novemberrevolution auch auf Leipzig über.

Vier Jahre zuvor hatte sich auf dem Hauptbahnhof noch ein anderes Bild geboten: Als das deutsche Kaiserreich 1914 in den Ersten Weltkrieg taumelte, fuhren vom Hauptbahnhof begeistert verabschiedete Züge an die Westfront. »Nach Paris« stand mit Kreide an den preußischen Personenwagen und »Leipzig – Paris« (s. Seite 98), als wäre das ein Zuglaufschild.[152] Bis zu der Weltstadt vorzustoßen, gelang deutschen Truppen im Feldzug damals nicht. Sie verbluteten auch deshalb an der Marne, weil ein neues Transportmittel auf französischer Seite Verstärkungen heranbrachte: Mit requirierten Pariser Taxen wurden zusätzliche Kontingente an die Front geworfen.

In den aufwühlenden Jahren unmittelbar nach dem Ersten Weltkrieg war Deutschland, das diesen Krieg entfacht und verloren hatte, ein Paria der internationalen Politik – ebenso wie der junge Sowjetstaat, der aus der russischen Oktoberrevolution von 1917 hervorgegangen war, wegen seines kategorischen

Der Evangelische Kirchentag im Juli 1954 brachte dem immer noch zerstörten Leipziger Hauptbahnhof eine ungewöhnliche Verkehrsspitze mit zahlreichen Sonderzügen. 65 000 Teilnehmer, darunter etwa 10 000 aus der Bundesrepublik, folgten dem Motto »Seid fröhlich in Hoffnung«. (7. Juli 1954)

von den Füßen Reiselustiger und Neugieriger entweiht werden, bis mal wieder in ferner Zeit ein Eisenbahnverkehr in Aussicht genommen wird. Hatte der Hauptbahnhof gestern sein östliches Auge bereits müde geschlossen, während das westliche, das preußische, noch in gewohnter Helle blitzte, so dürften am heutigen Abend beide Lider gesenkt sein und dunkle Nacht lastend die Riesenhalle decken. *Neue Leipziger Zeitung (1922)*[155]

In der Zeit des Nationalsozialismus trug der Leipziger Hauptbahnhof nach außen Normalität zur Schau – von den vier riesigen Hakenkreuzen an der vorderen und rückwärtigen Fensterfront beider Eingangshallen einmal abgesehen. Zum Ort der Geschichte schaffte es der Hauptbahnhof zwischen 1933 und 1945 gerade wegen der trügerischen Planmäßigkeit von alltäglichem, massenhaften, in den Anfangsjahren wohl auch entspannenden Reiseverkehr, während im Halbdunkel unter den Bahnsteigen oder an deren Rand die Nazi-Diktatur ihrer ganzen Brutalität freien Lauf ließ.

1943 wurde der Sozialdemokat und Antifaschist Richard Lange aus Lützschena von der Gestapo verhaftet und nach tagelangen Verhören per Bahn in ein Konzentrationslager gebracht:

»»» *Vom Gefängnis in der Beethovenstraße wurden noch weitere acht oder zehn Mann mitgenommen. Erst jetzt ging die Fahrt zum Hauptbahnhof. Dort mussten wir den Wagen verlassen. Wir befanden uns an der rechten (Ostseite) des Hauptbahnhofes. Dort waren bereits zu unserem Empfang weitere 30 bis 40 SS-Leute postiert. Sie bildeten mit Gewehr bei Fuß Spalier. In einem Kellerraum des Hauptbahnhofs wurden wir zunächst eingesperrt. Dort waren bereits schätzungsweise 50 bis 60 Personen, darunter auch viele weibliche, versammelt. Eine Unterhaltung, wie überhaupt alles Reden, war uns verboten. Gegen ½ 7 Uhr wurden wir, je zwei und zwei gehend, nach dem Bahnsteig gebracht. Gleich hinter dem Gepäckwagen des 6.50 Uhr fahrplanmäßig nach Dresden abgehenden Zuges befand sich der Sonderwagen, nicht etwa ein Sonderwagen des Führers, sondern ein Sonderwagen für*

Im »Dritten Reich« prangten über beiden Eingangshallen überdimensionale Hakenkreuze. Riesige Hakenkreuze waren auch auf den Innenseiten der Eingangshallen sowie auf dem Querbahnsteig angebracht. (um 1936)

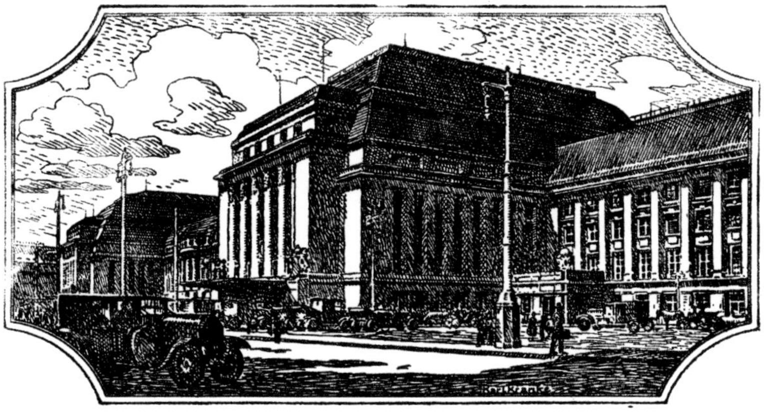

„Unser Hauptbahnhof“
Feldpostbrief der Betriebsgemeinschaft Bahnhof Leipzig Hbf.

Jahrgang 1942 Nr. 4

Bahnhof Leipzig Hauptbahnhof | Leipzig, den 15. Juni 1942

Liebe Berufskameradinnen und Berufskameraden !

Nun liegt schon bald der Frühling hinter uns und wir gehen dem Sommer entgegen. Aus Euren uns vom Süden, Norden, Osten und Westen, sogar aus Afrika zugegangenen lieben Feldpostbriefen – insgesamt 73 Briefe – haben wir mit Freude gelesen, daß Ihr alle gesund, froh und voller Zùversicht seid. Wir können Euch allen die erfreuliche Mitteilung machen, daß wir von unseren Kameraden der Wehrmacht und von den abgeordneten Kameraden nur erfreuliche und zuversichtliche Mitteilungen erhalten haben. Keiner ist von uns gegangen, nur vier lagen darnieder und von diesen sind zwei wieder gesund und zwei sehen der Genesung entgegen. Beste Wünsche! Alle Achtun Ihr habt tapfer den Winter durchgehalten.

Heute können wir Euch eine frohe Mitteilung machen:

Am 22. September 1941 ging uns der Erlaß des RVM zu, daß alle Dienststellen des äußeren Dienstes nunmehr zum Leistungskampf der öffentlichen Betriebe zugelassen und Anträge auf Zulassung sofort bis zum 1.10.194 vorzulegen sind. Es galt nun rasch zu handeln. Unser Betrieb war schon immer auf der Höhe und bestrebt, sein Bestes zu geben. Jetzt galt es aber den Betrieb innerlich und äußerlich zu durchleuchten. Wie ist die national-sozialistische Ausrichtung, die betriebliche Menschenführung und Betreuung, die Leistung, die Weltanschauung u.s.w.? Über 90 Fragen mußten beantwortet werden. In inniger Zusammenarbeit mit Betriebsobmann, RDB Zellenwalter und Vertrauenerat prüften wir uns selbst und den Betrieb eingehend und meldeten uns zum Leistungskampf.

Es begann nun harte Arbeit. Unser Betrieb wurde durch RBD, Arbeitsfront, Gauwaltung Sachsen, der unser Hauptbahnhof angehört, wiederholt eingehend durchleuchtet und Diensträume, Stellwerke, sanitäre Anlagen u.s.w. eingehend besichtigt. Aber auch Betriebsobmann, sämtliche Vertrauensratmitglieder, der RDB Zellenwalter wurden befragt und ein umfangreicher Sozialbericht mußte noch eingereicht werden. Um auch das Äußerliche nach den Richtlinien für Schönheit der Arbeit trotz der durch die Kriegsverhältnisse bedingten Einschränkungen nach Möglichkeit zu fördern haben wir fast sämtliche Räume und Stellwerke zum Teil mit eigenen Kräften so hergerichtet und ausgeschmückt, daß sie einer Kritik standhalten konnten. Wir müssen unseren Kameradinnen und Kameraden Dank zollen, die sich Tag und Nacht in diesem Leistungskampf einsetzten.

Und wir haben gesiegt !

Am Geburtstage unseres Führers wurde uns durch den Gauleiter und Reichsstatthalter Mutschmann das

GAUDIPLOM FÜR HERVORRAGENDE LEISTUNGEN

verliehen.

Um den emotionalen Zusammenhalt zwischen den Eisenbahnern des Hauptbahnhofs und ihren Kollegen, die zum Kriegsdienste einberufen waren, aufrechtzuerhalten, erschien 1942 die Betriebszeitung »Unser Hauptbahnhof«. Von dem Mitteilungsblatt sind insgesamt nur vier Nummern überliefert.

Am 27. Februar 1945 wurde der Hauptbahnhof bei einem Bombenangriff vernichtend getroffen. Das Bild zeigt Aufräumungsarbeiten an zerstörten Wagen in Höhe des Magdeburg-Thüringer Güterbahnhofs.

uns Gefangene. Diese Gefangenen-Transportwagen sind lange Eisenbahnwagen, nur mit ganz kleinen in einer Höhe von 2 m angebrachten und mit starken Eisengittern versehenen Fensterchen. Mitten durch diesen Wagen geht ein schmaler Gang. An beiden Enden befinden sich Aufenthaltsräume für die Begleitmannschaften. Rechts und links vom Gang sind kleine Zellen eingebaut, jede Zelle ist nur sechzig Zentimeter breit und 80 Zentimeter tief und mit einem hölzernen Sitz versehen. In jede solche Zelle wurden zunächst zwei Gefangene eingeschlossen, in einzelne kamen sogar drei. Eng aneinander gepreßt, nicht fähig sich zu drehen, geschweige nur einige Zentimeter den Fuß zu bewegen, begann die Fahrt. Nur der konnte einen Blick nach außen tun, dem es gelang, auf den Holzsitz zu steigen. *Richard Lange (1948)*[156]

In das schändlichste Kapitel der deutschen Eisenbahngeschichte, die perfide, nach dem gefühllosen maschinellen Schema von Sonderzügen geplante Deportation der Juden und die Eisenbahntransporte in die Vernichtungslager der Nazis, war der Leipziger Hauptbahnhof eine Zeitlang direkt einbezogen. Ende Oktober 1938 hatte der Reichsführer SS, Heinrich Himmler, angeordnet, alle in Deutschland lebenden polnischen Juden müssten an die östliche Reichsgrenze abgeschoben werden. Die Gestapo verhaftete daraufhin in den frühen Morgenstunden des 28. Oktober 1938 schlagartig alle in Leipzig wohnenden polnischen Juden, derer sie habhaft werden konnte. Die erste Station des Leidensweges dieser Menschen waren Sammellager im Stadtgebiet; von dort wurden sie zum Hauptbahnhof gebracht. Noch am gleichen Tag mussten mehr als 1600 Männer, Frauen und Kinder mit vier Sonderzügen Leipzig in Richtung Beuthen (heute: Bytom) in Oberschlesien verlassen.[157]

Am 11. Oktober 1943 nahm die Gestapo die wenigen in Leipzig verbliebenen Juden ungarischer und rumänischer Staatsangehörigkeit in Haft. Die vier Männer aus der kleinen Personengruppe wurden noch am Abend jenes Tages zum Hauptbahnhof geführt, in den Zug nach Weimar gesetzt und anschließend in das KZ Buchenwald gebracht.[158] Nur zwei von ihnen überlebten.

Die Züge für die insgesamt neun, methodisch ausgeführten Deportationen jüdischer Menschen aus Leipzig zwischen Januar 1942 und Februar 1945 fuhren außerhalb des Hauptbahnhofs ab. Es ist zu vermuten, dass mitten in der Stadt, unter den Augen der Öffentlichkeit, niemand die Todeszüge zusammenstellen wollte. Immerhin waren es fast 600 Personen, die am 20. Januar 1942 in die ungeheizten Personenwagen des ersten Deportationszuges getrieben wurden, der einen Leipziger Vorortbahnhof – die spärlichen Informationen geben keine Auskunft, ob es Schönefeld oder Engelsdorf war – in Richtung Riga verließ. Wenige Kilometer vom Hauptbahnhof entfernt begann das Grauen, das namenlos bleiben sollte und erst in den letzten Jahren aus wenigen erhaltenen Dokumenten mühsam rekonstruiert werden konnte.

Jüdische Bürger der Messestadt, denen die Flucht nicht rechtzeitig gelang oder die aus Altersgründen geblieben waren, wurden ab Mai 1942 zu weiteren acht Transporten nach Belzyce, Auschwitz und Theresienstadt zusammengetrieben, in bereitstehende Güterwagen der Deutschen Reichsbahn gepfercht und in die Vernichtungslager transportiert, darunter nachweislich am 19. September 1942 vom Rangierbahnhof Engelsdorf nach Theresienstadt und im Februar 1943 von Delitzsch aus nach Auschwitz.[159]

Aus dienstlichen Unterlagen der Reichsbahn geht außerdem hervor, dass Todeszüge auf ihrer Fahrt von Frankreich nach dem Osten planmäßig über den Leipziger Güterring geleitet wurden. Unter der Zugnummer DA-901 (gültig ab 1. November 1943) fuhr zum Beispiel regelmäßig ein Zug von Le Bourget bei Paris über Saarbrücken, Frankfurt/Main Süd, Erfurt und Weißenfels nach Auschwitz. Laut Fahrplan hielt dieser Zug abends von 18.21 bis 19.05 Uhr eine Dreiviertelstunde auf dem Rangierbahnhof Engelsdorf östlich von Leipzig, bevor die Fahrt so ungerührt

Amerikanische Soldaten suchen am 19. April 1945 nach versteckten Scharfschützen in Eisenbahnwagen, die an den Bahnsteigen abgestellt sind.

Der Krieg ist aus. Vor dem Hauptbahnhof, der noch 24 Stunden zuvor Schauplatz schwerer Kämpfe gewesen ist, stehen amerikanische Militärfahrzeuge neben beschädigten Leipziger Straßenbahnen. (20. April 1945)

weiterging, als würde es sich nicht um eine Reise in den Tod handeln.

Einen bislang unbekannten Bericht über die Deportationen jüdischer Bürger verdanken wir Istvan Wöller, geboren 1928 in Veszprem (Ungarn), der 1945 zu den jungen Ungarn gehörte, die nach der Machtergreifung des Nazi-Führers Ferenc Szalasi gemäß einer Zusage an Hitler eine militärische Ausbildung bekommen und anschließend auf deutscher Seite an der Front eingesetzt werden sollten. 35 Jahre später, im Juni 1980, verfasste Wöller einen Erinnerungsbericht in deutscher Sprache, in dem er seine Erlebnisse auf einem Leipziger Bahnhof am 27. Februar 1945 schilderte, jenem Tag, an dem einer der letzten schweren Tagesangriffe der US Air Force auf Leipzig stattfand, bei dem auch die Bahnanlagen schwer getroffen wurden. Aus mehreren Textstellen und einer beigefügten Lageskizze des nicht näher bezeichneten »Leipziger Güterbahnhofs« geht hervor, dass es sich mit an Sicherheit grenzender Wahrscheinlichkeit um den Bahnhof Leipzig-Schönefeld, einen Teil der ausgedehnten »Centralbahnhofsanlage«, handelte:

»»» *Wie der Zug uns immer tiefer und tiefer in Deutschland lieferte, um so grösser und grösser in uns die Furcht wurde, schauend die zerstörten Eisenbahn-Stationen und die gebrannten Züge.*

Unser Zug ist am 27. Febr[uar] 1945 vormittags um 10 Uhr am Leipziger Güterbahnhof angekommen. Es scheinte uns auf dem Bahnhof allein zu sein. Inzwischen ist die Lokomotive, möglichst für Rangieren oder andere Zwecke, abgegangen. [...]

Es war ungefähr 11 Uhr, als die Sirenen heulten auf. Wir hofften, eine Lokomotive zu bekommen, welche uns aus der Station ausgeliefert hätte. Ein SS-Stabsoffizier und ein ungarischer Dolmetscher, die den Zug überwachten, haben uns verboten, die Waggons zu verlassen. Inzwischen haben wir darüber gesprochen, dass wir auf die Felder laufen, um dort in der Furche liegend das Ende des Alarms zu bewarten.

Endlich haben wir eine Dampflokomotive bekommen, welche uns ungefähr 2 km weit von der Stadt ausgelieferte. Dort die Lokomotive wurde abgeschaltet und fuhr vorwärts, und wir sind im Zug geblieben. Zu Fuss und mit Fahrrädern rannten viele Leute aus der Stadt in die Freie. Zur Zeit war das Dröhnen der Flugzeuge zu hören und später erschienen die bombardierenden Kampfverbände und begannen die Bomben zu streuen.

Ungefähr um 12 Uhr signalisierte die Lokomotive, dass wir uns sammeln und in [den] Zug einsteigen müssen, um uns in die Station einliefern zu können. Der Alarm wurde gestoppt, die Flugzeuge sind abgeflogen, aber haben ihre Bombenfracht auf die Stadt gestreut.

Die Lokomotive schob unseren Zug in die Station ein. Zu dieser Zeit standen zwei Züge schon im Güterbahnhof. Einer der Züge war voll mit ungarischen Soldaten und in dem anderen waren Jüdinnen. Zwischen diesen zwei Waggons wurde unser Zug eingeschoben. Die Leute von diesen zwei Zügen waren im Zug auch während des Bombardierens gelassen. Später fuhr der Militärzug weg, aber wir und der Zug von Jüdinnen blieben in [der] Station. Später wurde bekannt, dass die Jüdinnen sind von Kosice, Ushgorod und Nove Zamky gestammt. Sie waren 20–35 Jahre alt. Sie waren schon mehr[ere] Tage im offenen Waggon, froren sich und hungrig waren. Sie sagten, dass der Krieg schon nicht lange dauert und haben die Hoffnung des Überlebens. 60 Personen ist in einem Waggon zusammengedrängt. Überall neben dem Zug wimmelten die deutsche SS-Soldaten mit Jagdhunden. Mehr[ere] von uns warfen Brot und Zigaretten den Jüdinnen. Sehend es die deutschen Soldaten, schlossen die Waggons auf diese Seite und verboten das Gespräch mit den Jüdinnen. [...]

Gegen 4 Uhr Nachmittag ist der Zug von Jüdinnen weitergefahren. Gegen Abend ist sich auch unser Zug nach Innere von Deutschland weiterbewegt. Unser Ziel war Insel Sylt. Istvan Wöller (1980)[160]

Als die Amerikaner am 18. April 1945 in Leipzig einmarschierten, fuhr schon tagelang kein Zug mehr. Am 10. April hatte die britische Luftwaffe die verbliebene stählerne Lebenader im Osten von Leipzig zwischen Paunsdorf und Engelsdorf zerstört.[161] In der Nacht auf den 17. April war die Großstadt im Osten umfasst worden, und aus Richtung Westen wurde die Front immer mehr eingedrückt. Von zwei Seiten begann der amerikanische Zangenangriff auf das Stadtzentrum.[162]

Auf deutscher Seite konnte von Fügung in das Unvermeidliche und einem Ende des sinnlosen Widerstands nicht überall die Rede sein. An drei Stellen im Stadtgebiet stießen die amerikanischen Verbän-

VIM putzt alles !
leis 1

Ankunft eines aus Wagen der 3. Klasse gebildeten Zuges mit Heimkehrern aus der Kriegsgefangenschaft am Bahnsteig 15. Auf der Pufferbohle der Lokomotive 52 092 (Bw Leipzig Süd) stehen die Revisionsdaten RAW Zwickau, 30. Mai 1946.

de auf hartnäckige Widerstandsnester, und eines befand sich auf dem weitläufigen Areal des Hauptbahnhofs.

Das 272. amerikanische Infanterieregiment drang am 18. April von Paunsdorf in Richtung Innenstadt vor. Die Truppe kamen nur langsam voran, weil deutsche Heckenschützen an verschiedenen Stellen fanatischen Widerstand leisteten und weil immer wieder Straßensperren zur Seite geräumt werden mussten. Um 20.05 Uhr erreichte eine aus dem 2. Bataillon gebildete Vorhut vom Dresdner Güterbahnhof her den Hauptbahnhof, allerdings bereits in totaler Dunkelheit, wodurch das weitere Vordringen erschwert wurde.

Die amerikanische Regimentschronik beschreibt ein wahres Husarenstück: Ein Panzer soll – als »Hölle auf Rädern« wild um sich feuernd – in den Hauptbahnhof eingedrungen sein, um die dort verschanzten Heckenschützen auf die Straße und in die Hände der vorgerückten Infanteristen zu treiben.[163] Obwohl der Ort des Vorfalls nicht näher beschrieben ist, kann es sich auf Grund der baulichen Gegebenheiten nur um die zerstörte Westhalle, die deshalb einen frontalen Zugang bot, und um den Quergang zwischen West- und Osthalle gehandelt haben.

Zwei Stunden wurde am Abend des 18. April um den Hauptbahnhof gekämpft. In völliger Dunkelheit und angesichts der massiven Bauweise des Empfangsgebäudes war es nicht ratsam, das Artilleriefeuer zu eröffnen. Längst mussten die Amerikaner mit ansehen, dass ihre Panzerwaffen von dem »festungsgleichen Mauerwerk« des Hauptbahnhofs abprallten. Wenigstens bauten sie in den Anlagen auf dem Vorplatz eine Verteidigungsstellung aus.

Bei Tagesanbruch des 19. April wollte sich das 272. Infanterieregiment wieder auf den tags zuvor angetroffenen Widerstand am eingekreisten Hauptbahnhof konzentrieren, doch inzwischen hatten auch die letzten hartnäckigen Heckenschützen die Sinnlosigkeit ihrer Aktionen erkannt. Am Hauptbahnhof machten die Amerikaner mehr als 150 Gefangene und erbeuteten eine große Zahl von Waffen. Vorsichtshalber durchkämmten amerikanische Trupps den Hauptbahnhof und abgestellte Züge auf der Suche nach Scharfschützen. Sobald der Widerstand gebrochen war, konzentrierten sie sich darauf, gegebenenfalls mit Gewalt das Plündern der Kühlhäuser längs der Brandenburger Straße auf der Ostseite des Hauptbahnhofs zu verhindern.

Ganze 75 Tage blieben die Amerikaner, dann rückte am 2. Juli 1945 – gemäß den vertraglichen Vereinbarungen zwischen den Alliierten in Jalta – die Rote Armee in Leipzig ein.

Besatzungszeit, DDR-Gründung, mehrere Anläufe zur Wiederherstellung von Wirtschaft und Verkehr, weil eine Reihe von Reparationswellen das verbliebene ostdeutsche Wirtschaftspotenzial wiederholt auslaugte, und die permanente Berieselung mit Planwirtschafts-Ideologie spitzten die Situation im ostdeutschen Staat zu. Die Unzufriedenheit in der Bevölkerung wuchs.

Zu einem besonderen Ort der Geschichte wurde der Leipziger Hauptbahnhof am 17. Juni 1953, dem Tag des Volksaufstands in der DDR gegen die SED-Diktatur. Am Vormittag verlief alles friedlich. Die Polizei schaute zu, ohne irgendwie einzuschreiten. Mehrere Demonstrationszüge von Arbeitern Leipziger Betriebe passierten seit 11.00 Uhr den Vorplatz des Bahnhofs, an dessen Mittelbau hoch oben riesige Buchstaben verkündeten: »Es lebe das Weltfriedenslager unter der Führung der mächtigen Sowjetunion«. Das eilig angefertigte Plakat der Demonstranten unten auf der Straße »Solidaritätserklärung mit Berlin«, wo die Bauarbeiter der Stalinallee streikten, brachte es hingegen zur größten Bekanntheit. Aus mehreren Industrie- und Bergbauzentren der Leipziger Umgebung trafen auf dem Hauptbahnhof Züge mit streikenden Arbeitern ein, die sich den Demonstrationen in der Messestadt anschließen wollten, so aus Böhlen, Engelsdorf, Espenhain und Wolfen.

Der Zufall wollte es, dass zwei prominente Leipziger Zeitgenossen, beide später Ehrenbürger dieser Stadt, just an jenem Tag dienstlich mit der Eisenbahn nach Berlin unterwegs waren. Deshalb liegen zwei authentische Erlebnisberichte vom konfusen Eisenbahnverkehr zwischen den beiden größten Städten der DDR an diesem historischen 17. Juni 1953 vor.

Erich Loest machte sich, weil er eine Einladung zum einer vormittäglichen Routineberatung in der Hauptstadt bekommen hatte, zeitig auf den Weg. Auf dem Hauptbahnhof fiel ihm, gemessen an den damaligen Normen für den Umgang mit der Staatsmacht,

Noch viele Jahre nach 1945 trafen ehemalige deutsche Soldaten aus der Kriegsgefangenschaft auf dem Leipziger Hauptbahnhof ein. Die Bahnsteigüberdachung fehlte um 1950 noch, doch Bahnsteigsperren und Automaten für Bahnsteigkarten gab es längst schon wieder. (um 1950)

Verblüffendes auf. »Am Morgen auf dem Hauptbahnhof: Drei Männer offenbar Arbeiter, stritten sich mit Transportpolizisten. Die drei schienen angetrunken und legten Heftigkeit an den Tag, mit der Polizisten zu begegnen nicht üblich war.«[164] Loest kam rechtzeitig zu der Besprechung im Schriftstellerverband nach Berlin, erfuhr dort allerdings, dass an den eingespielten Verlauf von derlei Sitzungern nicht zu denken war.

Anders Hans Mayer (1907–2001). Dem hoch angesehenen Leipziger Literatur-Professor gelang es zwar noch, unter unsicheren äußeren Umständen seine seit langem terminierte Dienstreise mit der Eisenbahn nach Berlin anzutreten, die Hauptstadt erreichte er an diesem Tag indes nicht. Wenige Stunden nach der geglückten Bahnfahrt Erich Loests nach Berlin hatte sich die innenpolitische Lage und damit auch der Rahmen für den Eisenbahnverkehr innerhalb der DDR einschneidend gewandelt.

»»» *Den 17. Juni 1953 hätte ich fast verschlafen. Daß ich am 16. Juni in Chemnitz zu tun gehabt hatte, blieb im Gedächtnis. [...] Am folgenden Tag, dem 17. Juni, mußte ich nach Berlin, um an einer Sitzung des wissenschaftlichen Beirats für das Hochschulwesen teilzunehmen. [...] Die Tagung hat nicht stattgefunden: aus begreiflichen Gründen. [...] Am frühen Mittag sollte ich den Zug nach Berlin nehmen. [...]*

Was ich jetzt sah, bei der Fahrt in die Stadt, dann vor dem stark zerstörten, doch immer noch eindrucksvollen Hauptgebäude der Universitas Litterarum Lipsiensis, war kaum aufregend. [...] Vom Fenster aus sah man Ansammlungen von Menschen, die diskutierten. Auf dem Karl-Marx-Platz wie auf den Straßen, die zum Markt führten oder zur Thomaskirche. [...]

Sonderbarerweise galt meine augenblicklich größte Sorge der Reise nach Berlin: zu jener amtlichen Sitzung. Da war man skeptisch. Züge fuhren nicht vom Leipziger Hauptbahnhof. Und Berlin sei vorerst abgesperrt. Das hatte der Rundfunk verkündet. Im Hauptbahnhof ließ man uns jedoch mitteilen, im Laufe des Nachmittags würden Züge abgefertigt, vermutlich auch in Richtung Berlin. Das beruhigte mich. Ich erledigte die laufende Arbeit, die Mitarbeiter waren besonders zutraulich. [...]

Ich saß in einem Zug nach Berlin, der abfahren sollte, vielleicht doch nicht, vielleicht auch bloß bis Dessau, oder

Am späten Vormittag des 17. Juni 1953 passieren die ersten Demonstrationszüge den Leipziger Hauptbahnhof.

doch wieder zum Berliner Ostbahnhof? Schließlich fuhr er los in Richtung Berlin. Er hielt unentwegt: auf der Strecke oder auf den kleinen Stationen. So gelangte man in der Abendfrühe bis Jüterbog. Dann ging's nicht weiter. Berlin blieb abgeriegelt. Wir wurden in Autobusse verladen und in den Ort gebracht. Da nahm uns ein Gasthof auf, der hatte bloß diesen Namen, sonst nichts davon. [...] Auf zwei Stühlen habe ich dann ein bißchen schlafen können. [...]

Glücklicherweise hatte ich in Leipzig eine Rückfahrkarte gelöst, denn Fahrkarten wurden hier nicht ausgegeben. Man kündigte die Ankunft eines Schnellzugs an. Uns hatte man mit den Omnibussen zum Bahnhof zurückgebracht, wo wir ziellos warteten. Der Schnellzug kam, hielt aber nicht offiziell. Wir durften also nicht einsteigen. Ich stieg trotzdem ein. Der Mut dazu war mir geblieben vom Exil und von der Notwendigkeit, irgendwelche Verbotsregeln nicht ernst nehmen zu müssen. [...] Kein Schaffner protestierte. Es gab einen Speisewagen, und es war sogar einer. Bald fuhr der Schnellzug weiter, in Richtung Leipzig. Es gab ein Frühstück mit Rührei, und es gab auch Schinken.

Hans Mayer (1984)[165]

Die Situation in Leipzig spitzte sich am Nachmittag des 17. Juni 1953 dramatisch zu. Um die Mittagsstunde wurde die Transportpolizei auf dem Hauptbahnhof in höchste Alarmbereitschaft versetzt. Demonstranten drangen etwa um 14.30 Uhr in die Wache gegenüber Bahnsteig 1 ein, als die Waffen gerade in den Waffenschrank eingeschlossen werden sollten, und erbeuteten sie.[166] Später fand man die Waffen unbenutzt wieder. Aus Sicht der Staatsmacht war Unerhörtes passiert. Wenig später wurde der Transportarbeiter Herbert Kaiser, der als ehemaliger Transportpolizist die Gegebenheiten auf dem Hauptbahnhof genau kannte und die Demonstranten angeführt hatte, wegen führender Beteiligung an der Entwaffnung der Trapo verhaftet, am 19. Juni an die sowjetische Besatzungsmacht übergeben und am 15. Dezember 1953 in Moskau hingerichtet.[167]

Eine Dreiviertelstunde nach der ersten Kulmination der Ereignisse am 17. Juni verlagerte sich der Schwerpunkt der Konfrontation zwischen Demonstranten und Staatsmacht vor das Untersuchungs-

linke Seite:
Im Frühjahr 1953 trieb die Propaganda Blüten: Gegenüber vom Hauptbahnhof entstand in Vorbereitung des IV. Parlaments der FDJ eine heroische Figurengruppe aus Gips.

ERFAHREN UND ERTRAGEN

Was sich rund um den Eisenbahnbetrieb tat

Der Hauptbahnhof als komplexes Gebilde aus Bauten und Einrichtungen, regulären Abläufen und ungewöhnlichen Ereignissen übt seit dem Beginn des 20. Jahrhunderts auf den urbanen Leipziger Organismus in ziemlich jeder Hinsicht Einfluss aus – im Guten wie im Schlechten. Der Bahnhof prägte die Erfahrungswelt von Generationen.

Wer unter Zeitdruck seinen Zug erreichen will, achtet bestimmt weniger auf das Fluidum der riesigen Station, und doch ist es die einmalige Leipziger Eisenbahnatmosphäre, die mehrfach in Schulbüchern beschrieben wurde, Scharen von staunenden Besuchern anlockte und manch lebenslange Verbundenheit mit der Bahn begründete. Der Leipziger Hauptbahnhof zog Auswärtige an und festigte bei manchem Leipziger den Stolz auf seine Stadt. Ungeachtet verschlungener Zeitläufte blieb der Hauptbahnhof für viele ein Ausflugsziel schlechthin.

»»» *Anfang der vierziger Jahre, als der Hauptbahnhof durch Kriegseinwirkungen noch nicht beschädigt oder zerstört war, bin ich als kleiner Junge mit meinem Vater oft dort gewesen. Mit einem Aufwand von zehn Pfennigen pro Person für eine Bahnsteigkarte ließ sich ein wunderschöner Sonntagsausflug organisieren. Am interessantesten waren die Lokwechsel vor den Fernzügen bzw. die Rangierfahrten mit den ankommenden und abfahrenden Wagenzügen, wofür ja ebenfalls an jedem Zugende eine Lokomotive gebraucht wurde.*

Daneben hatten die sonntäglichen Ausflüge auf den Hauptbahnhof eine ganz praktische Seite: Eilige Briefe konnte man in den Schlitz des Postwagens werfen, und ein Postwagen gehörte damals ja einfach zu jedem D-Zug. Natürlich musste der Zuglauf mit der Adresse des Briefes oder der Postkarte zusammenpassen, sonst hätte man diese Sendungen ja gleich in einen normalen Briefkasten einwerfen können. Durch die direkte Nutzung der Postwagen erreichten eilige Sendungen ihren Adressaten jedoch garantiert in der gewünschten Schnelligkeit.

Das Zusammenspiel von Bahn und Post bot jedem an Lokomotiven interessierten Jungen außerdem die Möglichkeit, zusätzliche Zugfahrten auf dem Hauptbahnhof zu beobachten, denn für Leipzig bestimmte oder von hier abgehende Postwagen mussten mit Rangier-Dampflokomotiven zwischen dem jeweiligen Bahnsteig und dem Postbahnhof an der Rohrteichstraße bewegt werden.

Helmut Sander (2005)[171]

Innerhalb von neunzig Jahren erlebte der Leipziger Hauptbahnhof Glanz und Elend, Aufschwungphasen und Abgründe gleichermaßen. Vor allem im Zweiten Weltkrieg wurde er in den Strudel der Ereignisse gerissen und konnte seiner eigentlichen Bestimmung wegen der fortschreitenden Zerstörung und aufgrund desolater Verkehrsverhältnisse immer weniger nachkommen.

Hannelore Pröhl (Jahrgang 1928) war während des Zweiten Weltkriegs Hauswirtschaftsschülerin und arbeitete nach der Zerstörung der Carolaschule am Johannisplatz beim ersten schweren Bombenangriff auf Leipzig am 4. Dezember 1943 als Hilfsschwester beim Roten Kreuz auf dem Hauptbahnhof:

»»» *Gegenüber vom Hauptbahnhof, der bereits beträchtlich zerstört war, befand sich unsere Holzbaracke. Sie war auf die Grünfläche in Richtung Schwanenteich*

Umfangreiche Fahrgastströme passieren den Hauptbahnhof in den Zeiten des morgendlichen und nachmittäglichen Berufsverkehrs. (um 1975)

Warten auf den Anschlusszug. Für Generationen verbindet sich mit dem Hauptbahnhof das Reiseerlebnis schlechthin. (um 1970)

gesetzt worden. An den großen Eingangs- und Aufenthaltsraum schloss sich eine Schälküche und die eigentliche Küche an; dahinter lagen Schlafräume. Für Soldaten auf der Fahrt in den Heimaturlaub oder auf dem Weg zur Front war das ein wichtiger Anlaufpunkt. Die Einrichtung war einfach. Bei Bombenangriffen mussten wir zu den Luftschutzkellern in nahen Häusern rennen.

In der Schälküche arbeiteten junge Mädchen aus der Ukraine. Wir haben uns gut mit ihnen verstanden, wenn auch nur per Zeichensprache.

Das in großen Mengen zubereitete warme Essen – Suppe mit ein bisschen Fleisch drin, soviel es eben gab – wurde in Thermoskübeln auf den Hauptbahnhof und auf andere Leipziger Bahnhöfe gebracht, um den immer mehr Flüchtlingen aus dem Osten wenigstens eine warme Mahlzeit anbieten zu können. Als Fahrer für die Lastwagen mit dem Essen waren Zwangsarbeiter aus Holland eingesetzt. Zusammen mit ihnen bin ich zu den Ausgabepunkten auf den Bahnsteigen gefahren.

Völlig hilflos war ich eines Tages, als eine Frau aus einem Zug auf mich zustürzte und rief: »Schnell, schnell, Schwester! Helfen Sie! In dem Zug kommt eine Frau nieder!« Ich trug zwar die Rot-Kreuz-Uniform, hatte aber nur eine medizinische Grundausbildung. Für Geburtshilfe reichte das nicht aus. Also bin ich in meiner lieben Not zu unserer Oberschwester gerannt und habe Hilfe geholt. In dem Eisenbahnwagen hat die Frau auf dem Fußboden zwischen den Sitzbänken ihr Kind zur Welt gebracht.

Hannelore Pröhl (2005)[172]

Durch alle Zeiten hindurch bewährte sich der Leipziger Hauptbahnhof bei der Erfüllung umfangreicher betrieblicher Aufgaben. Assoziationen mit der Bahnhofswelt stammen nicht zuletzt aus dem Erfahrungsschatz mehrerer Generationen von Leipziger Kindern, die ihren Vätern im Essgeschirr ein deftiges Mittagsmahl an den Arbeitsplatz im Rundschuppen des Bahnbetriebswerks oder in einer Ruhepause auf die Lokomotive brachten. Die meisten Erinnerungen beziehen sich jedoch vor allem auf frühe Reiseerlebnisse, als es noch die Eisenbahn war, die aufregende Welten erschloss. Hans Köhler (1926–1992), der später als Lokschlosser, dann als Lokomotivführer bei der Deutschen Reichsbahn arbeitete, beschrieb in seinen Erinnerungen eine Reise aus Schleiz zu Verwandten in Leipzig in den 1930er Jahren:

Stahl und Dampf. Eine preußische P 8 wartet in der Bahnsteighalle auf neue Aufgaben. (um 1965)

»»» *Wir merkten langsam, daß wir uns einer großen Stadt näherten: Leipzig. Mehrere Gleise führten neben uns her. Dabei überholten wir einen Güterzug, den eine Achtundfünfziger zog. Eine ganze Weile sahen wir die Lokomotive neben uns, doch es standen neben uns noch andere Leute und verdeckten die Gangfenster. Wir konnten die Lok nur teilweise sehen. [...]*

Nun begannen die ersten Weichen. Die Gleise zu beiden Seiten vermehrten sich. »Leipzig Ost« stand da an einem Schild und gleich dahinter zu beiden Seiten Bahnbetriebswerke. Abgestellte Wagen versperrten wieder einmal die Sicht. Dann sah ich eine kleine Lokomotive mit einem Postwagen, der um etliches länger als die Lok mit der Nummer 80 015 war.

Jetzt knarrte es im Gebälk des Wagens, die Stehenden hielten sich am Gepäcknetz fest. Es ging mit langsamer Fahrt durch eine Weichenstraße, bis uns mit einmal das Dunkel der Bahnsteighallen erfaßte. Ganz langsam rollte der Zug in die Halle und – stand.

Die Türen wurden aufgeschlagen. »Wir warten noch, wir haben Zeit«, beruhigte Vater. Als beinahe alle draußen waren, holte er den Koffer vom Gepäcknetz und begab sich zur Tür. Der Bahnsteig war so hoch, daß Vater und wir nur einen Schritt zu machen brauchten, um darauf zu stehen. Stimmengewirr schallte wider. Eine gedämpfte Ansage kam aus dem Lautsprecher eines anderen Bahnsteigs, zwischendurch gellte ein Pfiff von einer Lokomotive. Dampfschläge hallten durch den Bahnhof. Menschen rannten, suchten. – Wir nicht, wir hatten keine Eile. »Na, wo sind wir?«, fragte Vater scherzhaft und antwortete selbst im nachgemachten Sächsisch: »Na, in Leipzsch«; das war zugleich Freude, denn auch er und meine Mutter wollten Großstadtluft schnuppern. Die bot Leipzig zur Genüge.

Über den Bahnsteiglautsprecher wurden Anschlußzüge bekanntgegeben. Wo das überall hinging: »Magdeburg, Berlin Anhalter Bahnhof«, hörten wir. »Eilenburg, Dresden«. Ha, das war ja die ganze Welt!

Mittlerweile hatten wir die Lokomotive erreicht. Beide, der Lokheizer und der Lokführer, schauten auf ihre mitgekommenen Fahrgäste. Sie hatten es geschafft, pünktlich ihren Zug in die Halle gesetzt zu haben. Drei Meter Platz waren noch bis zum Prellbock. Es roch nach warmem Öl bei den Zylindern. Hin und wieder stöhnte es da und dort, aus dem Schornstein stieg durchsichtig wie Glas zitternde Wärme und nahm erst weit oben in der Hallenwölbung etwas mattblaue Farbe an. »Bahnsteig 16« stand da. »Mann, wieviel Bahnsteige hat denn Leipzig überhaupt?«, fragte ich, ohne jemand dabei besonders anzugucken. Prompt kam von einem Mädchen, das mit seiner Mutter an uns vorbeiging und sich nach uns »Provinzlern« umgedreht hatte die Antwort: »Na, fünfundzwanzig!« Das ging alles so schnell, daß ich noch nicht einmal »Danke!« sagen konnte. Das Mädchen mit einem hellgrünen Kleid verschwand auch bald im Stau der Bahnsteigsperre.

Hans Köhler (1994)[173]

Soziologen dürfte der Leipziger Hauptbahnhof unabhängig von den Zeitumständen stets ein unerschöpfliches Reservoir für aussagekräftige Feldforschungen geboten haben. Hier traf sich – aus unterschiedlicher Motivation heraus – ein repräsentativer Querschnitt der Gesellschaft. In seinem 1980 veröffentlichten Gedicht »Leipzig Hauptbahnhof« aus dem gleichnamigen Gedichtband – übrigens dem einzigen belletristischen Werk überhaupt, das diesen Titel führt! – verarbeitete der Lyriker Reinhard Bernhof (Jg. 1940) seine Begegnungen mit vielfältigen Typen auf der großen Durchreise des Lebens:

Sitz oft in der Mitropa herum
seh viele Gesichter, das lehmgelbe
eines sächselnden Taxischofförs
Er salbadert über alles, was er macht
und machen wird, auf kleiner Flamme alles
auf Sparflamme
Wieso?
Oder ein kontemplativer Typ, lange Haare
wie Trauerweiden, tarnfarbne Dreivierteljacke
in Military-Look, erzählt von Hillbilly-
Country-, Skiffle-Musik
Wenn er könnte, würde er seinen Arsch
ganz gern mal übern ganzen Kontinent wedeln
Wer nicht!
Ein Kanadier, schachbrettgemusterter Anzug
eben erst angekommen von Berlin-Schönefeld
in seine alte Heimatstadt
nach über vierzig Jahren
drängt mir, da er schon am Stock geht
einen Dollar auf fürs Rübertragen
seiner geriemten Taschen
ins Park-Hotel
Okay!
[...]
Pferdetotospieler aus Halle
ins Scheibenholz unterwegs
hornbrillige Respektpersonen
wie aus bürgerlichen Banken
trinken Cognac, rauchen Zigarren
studieren den Rennkurier
der Spannung verspricht
Ein Hitchcock!
Dörfler, Mittelgebirgler
nach Pilz- und Waldwind riechend
wissen nicht, wo sich hinsetzten
Goldfüchse der Deutschen Reichsbahn
rühren ihren Zichorienkaffee
Arbeitstiere vom Schwellenbau
trinken einen Harten auf ihren
Gleisarbeiterschutzengel mit dem Messinghorn
Tüüüt-tüüüt!
[...]
Manche kommen gerade vom Westen
(wenige Vorkriegshaare auf dem Kopf)
mit deodorierten Achseln, geschwängerten Koffern
Im Westen nichts Neues, sagen sie
hochbetagte Reisekader, die den
Rhein sahen, den alten Vater
[...]

Reinhard Bernhof (1986)[174]

Bahnhofsmilieu – der Begriff ruft widersprüchliche Assoziationen hervor, und meistens sind es nicht die besten. Folglich bestand eines der Ziele beim Umbau des Leipziger Hauptbahnhofs Mitte der 1990er Jahre darin, dem wegen seiner lässigen Monumentalität allseits geschätzten Bauwerk in sein problembeladenes Inneres neue Qualitäten zu implantieren. Ein naserümpfend ertragenes, sozial stigmatisiertes Bahnhofsviertel – wie in manch anderer europäischen Metropole – wollte die stolze Bürgerstadt Leipzig partout nicht ertragen. Mitte der 1990er Jahre reichte die zaghafte öffentliche Fühlungnahme, ob ein Rotlichtbezirk östlich vom Leipziger Hauptbahnhof akzeptiert würde, aus, um das Vorhaben eilig wieder von der Tagesordnung der Lokalpolitik zu verbannen.

Bahnhofsgeschichte als Teil der allgemeinen Eisenbahngeschichte enthält nicht nur angenehme Seiten. Mit wonnigem Schauder registrierten Peter Hiess und Christian Lunzer, zwei Spezialisten für die kriminellen Schattenseiten des Eisenbahnalltags, dass Bahnhöfe immer als Kontaktstelle und Nachrichtenbörse fungieren, wegen des unablässig wogenden Stroms der Reisenden schwer zu überwachen sind und zwielichtige Personen geradezu anziehen.[175] Auch auf dem Leipziger Hauptbahnhof spielte sich pralles Leben einschließlich aller düsteren Schattierungen ab.

Zu trauriger Berühmtheit brachte es Anfang der 1920er Jahre eine Bande von Taschendieben, die es auf den dichten Strom der Reisenden zur Messezeit abgesehen hatte und den Hauptbahnhof unsicher machte. Die Täter mussten lange Zeit keine Festnahme fürchten, weil sie die Bestechlichkeit einiger Leipziger Polizisten ausnutzten. Maßlos geworden, trieben die Diebe ihre Dreistigkeit auf die Spitze, indem sie sich entschlossen, eine Spende für die Weihnachtsfeier der Polizisten lockerzumachen. Das krumme Geschäft flog erst auf, als einer der Ganoven in Hamburg dingfest gemacht wurde und in völliger Verkennung der Situation der dortigen Polizei dasselbe Angebot unterbreitete wie den »Ordnungshütern« auf dem Leipziger Hauptbahnhof.

Die unruhige Station war nie nur ein Ort des Eisenbahnverkehrs. Allein die vielen dienstbaren Einrichtungen lockten bei weitem nicht nur das reisende Publikum an. Und zu dem offiziellen Angebot gesellte sich manch inoffizielles, zum genehmigten manch unzulässiges. Einer Reportage von Hans Stapf verdanken wir das aufschlussreiche Sittengemälde eines Großstadtbahnhofs in den »Goldenen Zwanzigern«:

»»» *Es ist Freitagmorgen in der fünften Stunde. Der Querbahnsteig des Leipziger Hauptbahnhofes zeigt nur spärliches Leben. Ein ankommender Zug bringt in der Hauptsache Arbeiter. Auch die unter Dampf stehenden Züge nehmen fast ausschließlich Arbeitsleute auf, deren Fabriken in Halle oder um Leipzig liegen. Der Wartesaal vierter Klasse zeigt das in dieser frühen Zeit übliche Bild. Beinahe alle Tische sind besetzt. Burschen sitzen schläfrig oder schlafend auf den Stühlen. Die Köpfe hängen auf der offenen Brust. Wirr quillt das Haar unter der Ballonmütze hervor. [...] Die Eingangstüren öffnen und schließen sich nur in langen Zwischenräumen. Wer sollte auch jetzt kommen. Abgesehen von Reisenden, die der Zug ausgespieen hat.*

In den nächsten zehn Minuten läuft dem Fahrplan nach kein Zug in die Halle, verläßt kein Zug Leipzig. Trotzdem macht sich plötzlich ein starker Andrang bei den Glastüren des Wartesaales bemerkbar. Ungefähr zehn Herren betreten gleichzeitig durch den Ein- und Ausgang den Raum. Es sind Kriminalbeamte. Razzia! Die Beamten zerstreuen sich nach allen Seiten. Treten an die Tische. Rütteln die Schläfer wach. [...] Der Großstadtwartesaal verliert gegen 11 Uhr abends seinen eigentlichen Charakter. Verliert ihn, um sich in einen Schlafsaal zu verwandeln. Billiger ist ein Nachtlager nicht zu haben. Der größte Teil der Insassen dachte so.

»Ihren Ausweis«. Zu denjenigen wird es gesagt, die kein Billet haben. Und denen, die eine Fahrkarte – nach einem Vorort vorzeigen. Hier liegt der Hase im Pfeffer. Die Obdachlosen, die Eingeweihten opfern das Geld für eine Karte nach der nächsten Station. Sie erhalten damit das Recht zum Aufenthalt im Saale. Den Kontrolleur – es wird jede Nacht revidiert – düpieren sie mit der Karte. Heute, morgen, übermorgen und so weiter. Immer mit ein und derselben Karte. Mitunter wechselt dieser Ausweis auch seinen Besitzer. Wenn der frühere Inhaber nachts ein »Geschäft« plant oder im Asyl übernachtet. Oder vorzieht, seine Glieder in den Anlagen von lauer Frühlingsluft umkosen zu lassen. Ein großer Prozentsatz der Angesprochenen muß den Gang nach der Wache antreten. In wenigen Minuten ist ein Fähnlein verdächtiger Brüder herausgegriffen.

Auch verschiedene Mädchen warten auf den Abtransport. Es sind die »Bräute« jener Herren. Gleichgültig, stumpf und schläfrig nehmen sie die Fatalität hin. Sie sind keine Kinder mehr in diesen Dingen. [...]

Im Wartesaal erster und zweiter Klasse ist das Bild um einige Nuancen farbiger. Hier sind die unternehmungslustigen Lu's, Lo's und Li's versammelt. Teils mit Kavalier, teils ohne. Fesch und keß sitzt die Kokottengesellschaft herum. In rassigem Sommermantel und einem 40-Mark-Frühlingshütchen. In seidenen Strümpfen und Shimmy-Schuhen. In Schlitzrock und exotischem Jumper. Üppige und Ausgezehrte, im Gesicht den Niederschlag ihres Gewerbes. Das Verhalten übereinstimmend: frech. Mit einem Schuß Berechnung. Die Herren ohne Begleitung sind in ihrer Mehrzahl einwandfrei. Überhaupt sind in beiden Wartesälen natürlich auch ehrbare Reisende. Das »Aufliegen« – so heißt fachmännisch das Übernachten im Wartesaal – ist hier weniger Mode. [...]

Den Damen erweist selbst die Polizei die größte Höflichkeit. Ein Auto fährt vor. Zwar kein Luxuswagen, aber »die grüne Minna«. Eine große Menge Neugieriger bildet Spalier. Eilig hüpfen die Dämchen auf das Trittbrett und plazieren sich. [...]

In der Sittenabteilung findet ein gründliches Verhör statt. Bei 90 Prozent der Aufgegriffenen liegt gewerbliche Unzucht vor. *Hans Stapf (1924)*[176]

Das Umfeld quirliger Verkehrszentren zieht zweifelhafte Gestalten magisch an, besonders während allgemeiner Notlagen. In den ersten Monaten nach dem Kriegsende 1945 erstreckte sich in der zerklüfteten Ruinenlandschaft rund um den Leipziger Hauptbahnhof etwa bis zum Hallischen Tor der wahrscheinlich größte deutsche Schwarzmarkt. So empfanden es zumindest alle Vorübergehenden oder die gezielt dorthin Strebenden, wiewohl es kaum möglich sein dürfte, den zweifelhaften Ruf eines Spitzenplatzes der Schieberei und des schamlosen Ausnutzens von Notlagen empirisch zu begründen. Einen lebendigen Eindruck vom Leipziger »Schwarzen Markt« hat Walter Golde in seinen im August 1945 verfassten Aufzeichnungen festgehalten:

»»» *Der »Schwarze Markt« spielt sich in der Hauptsache am Promenadenring, gegenüber dem Hauptbahnhof in den dortigen Anlagen und in der Richard-Wagner-Straße ab. Während der amerikanischen Besatzung wurde er mehr im Geheimen betrieben. Durch Plakate wurde das Herumstehen verboten, auch trieben Polizeibeamte zu Pferd und zu Fuss die Menschenmengen immer wieder auseinander, die sich aber trotzdem immer wieder ansammelten. Seit der russischen Besatzung jedoch werden die Geschäfte ganz offen ausgeübt. Die »Verkäufer« haben regelrechte Verkaufsstände auf den Brüstungen des ehemaligen Luftschutzbunkers aufgebaut und bieten ihre Waren zum Teil in hochtönenden Reden an. Hunderte von »Verkäufern« und ebenso viele »Käufer«, darunter auch nur »Gucker« finden sich schon frühzeitig an den angegebenen Stellen ein. Das Wogen der Menge dauert den ganzen Tag bis spät abends an. Teilweise werden phantastische Preise gefordert und auch bezahlt, zum Beispiel:*

Brot: In der ersten Zeit Mk. 120.– bis Mk. 180.– für ein 3-Pfund-Brot. In der letzten Zeit ist der Preis, wahrscheinlich infolge des enormen Angebots, auf Mk. 80.– bis Mk. 100.–, dann sogar auf Mk. 60.– gefallen.

Butter: Mk. 300.– bis Mk. 400.– für 1 Pfund. Das Angebot ist natürlich gering.

Bohnenkaffee: Mk. 300.– bis Mk. 500.– für 1 Pfund. Auch in diesem Artikel hat das Angebot sehr nachgelassen.

Zucker: Mk. 50.– bis Mk. 70.– für 1 Pfund.

Mehl: Mk. 50.– bis Mk. 60.– für 1 Pfund.

Zigaretten: Mk. 5.– bis Mk. 8.– für 1 Stück.

Zigarren: Mk. 6.– bis Mk. 10.– für 1 Stück, je nach Qualität und Größe. *Walter Golde (1945)*[177]

In der jüngeren Vergangenheit dürfte der Leipziger Hauptbahnhof für einen anderen Typ geheimnisumwitterter Halbwelt einen idealen Hintergrund abgegeben haben – die nachrichtendienstlichen Aktivitäten in den Jahren der deutschen Teilung. Die einschlägige Literatur beschreibt, dass die Leipziger Messen zweimal jährlich eine intensiv genutzte Gelegenheit für Treffs mit Spionen waren.[178] Auch wenn kaum anzunehmen ist, dass sich die erstklassigen Quellen mit ihrem Gegenüber auf dem Hauptbahnhof getroffen haben dürften, ist für für viele andere, nicht minder bedeutsame Händler mit vertraulichen Informationen eben davon auszugehen. Regelmäßig wiederkehrend im Frühjahr und im Herbst schwoll der Strom der Gäste »aus dem Westen« exorbitant an, um nach einer abenteuerlichen Woche im realen Sozialismus ebenso abrupt wieder abzuebben.

Abschied auf dem Hauptbahnhof. Viele der Begleiter wären gern mit dem Zug mitgefahren. (um 1965)

Dazwischen boten sich unzählige Gelegenheiten zu Treffs gerade an den Brennpunkten mit amorphen Menschenmassen, wo – wie auf dem Hauptbahnhof – das Risiko aufzufallen überschaubar blieb.

Ohne den Hauptbahnhof wäre der Fundus an wahren Begebenheiten mit Lokalkolorit viel spärlicher gefüllt. Einige sind legendär: Großereignisse in Leipzig wurden für gewöhnlich großartig begangen. Zur Hundertjahrfeier der Völkerschlacht im Oktober 1913 gastierte der Zirkus Barum auf den Frankfurter Wiesen, die sich viele Jahre später in die Festwiese vor dem Sportforum verwandelten. Nachdem die Feier vorbei und das Zelt wieder abgebrochen war, wollte das fahrende Volk Leipzig mit der Bahn verlassen. Auf dem Freiladebahnhof des halb fertigen Hauptbahnhofs sollte der Zirkus mit all seinem lebenden und toten Inventar auf Eisenbahnwagen verladen werden. Dabei kam es im Umfeld der Station zur legendären »Löwenjagd von Leipzig«, die der Polizei den Vorwurf eintrug, schießwütig zu sein und überzogen reagiert zu haben.

»»» *Als der Löwenkäfig des Zirkus Barum [...] in der Nacht zum heutigen Montag zum Verladen nach dem Hauptbahnhof gebracht werden sollte, stieß an der Berliner Straße der Menageriewagen mit einem Straßenbahnwagen zusammen. Dabei ging der Käfig in Trümmer und den aufgeschreckten Tieren gelang es, aus dem Wagen auf die Straße auszubrechen. Die Bestien rasten die Straße entlang. Die Angestellten und die Passanten machten sofort auf die Tiere Jagd. Bald war das ganze Stadtviertel in größter Aufregung und durch die Zurufe und das Schreien der Menschen dröhnte das Gebrüll der planlos umherirrenden Löwen. Schnell wurde die Feuerwehr alarmiert, die mit Hilfe von requirierten Polizeimannschaften und den Angestellten des Zirkus eine regelrechte Jagd auf die wilden Tiere veranstaltete. In kurzer Zeit gelang es, vier von den sieben ausgebrochenen Tieren zu stellen und sie niederzuschießen. Die anderen Löwen flüchteten sich schließlich durch die Schaufenster eines Hotels in ein Hotelgebäude. [...] Gellende Schreie verletzter Tiere lenkten plötzlich die Aufmerksamkeit der Leute wieder auf die Straße. Mit Entsetzen bemerkte man, dass einer der Löwen aufs Neue auf der Straße umherirrte. Er fiel ein Geschirr der Möbeltransportfirma von Hötzsch und Sohn aus Leipzig-Plagwitz an und brachte mehreren Pferden gefährliche Bisse bei. Eifrig machte man auf das rasende Tier Jagd, währenddessen Feuerwehr und Polizei planmäßig in das von den Löwen besetzte Hotel eindrangen.*

Leipziger Neueste Nachrichten (1913)[179]

Da manchem Leipziger Zweifel kamen, ob die Mittel und Methoden der »Löwenjäger« angemessen waren, und weil ein gestelltes Foto mit den zur Jagdstrecke aufgereihten toten Löwen und ihren stolz dahinter posierenden Jägern eher verstörte denn beruhigte, sahen sich die *Leipziger Neuesten Nachrichten* genötigt, am 21. Oktober 1913 die Darstellung des Geschehens durch die Polizei abzudrucken.

»»» *Die Schutzleute erschossen fünf Löwen mit dem Dienstrevolver in der Berliner Straße. Ein Löwe war in ein Schaufenster in der Blücherstraße*[180] *und von dort in das Hotel Blücher geflüchtet, wo er durch eine runde Scheibe hindurchsprang und schließlich an einer Tür kratzte. Ein Hotelgast öffnete die Tür, schloß sie aber schleunigst wieder, als er ein Tier vor sich sah, das er in der Dämmerung für ein Kalb hielt und das er in sein Schlafzimmer einzulassen kein Bedürfnis fühlte. […]*

Einer der entsprungenen Löwen hatte mittlerweile seinen Weg nach dem Hauptbahnhofe zu genommen. Die aufgebotene Schutzmannschaft, die im dichtesten Nebel 165 Schüsse auf ihn abfeuerte, machte ihm auf den Bahn-

Auf der westlichen Seite des Hauptbahnhofs (im Bildvordergrund) soll der City-Tunnel in die bestehende Bahnhofsanlage eingefädelt werden. Nach Fertigstellung des Tunnels wird sich der Hauptbahnhof teilweise in einen Durchgangsbahnhof verwandeln. (2004)

gleisen früh in der 5. Stunde den Garaus. Die toten Tiere wurden später nach der 8. Polizeiwache gebracht und dort photographiert. Menschen sind glücklicherweise bei der aufregenden Jagd nicht zu Schaden gekommen.

Leipziger Neueste Nachrichten (1913)[181]

Zu den eher kleineren Katastrophen auf dem Hauptbahnhof zählen mehrere Brände in Kellerräumen, Verbindungsgängen und auf den Dächern. Die *Neue Leipziger Zeitung* vom 24. Dezember 1925 wusste über ein Feuer im Hauptbahnhof zu berichten, das – wie die Polizei ermittelte – durch unsachgemäße Erwärmung von Klebstoff für Dachpappe entstanden war:

»»» *Gegen ½ 10 Uhr rasten kurz hintereinander zwei Löschzüge der Feuerwehr heran, deren einer vor der Osthalle Aufstellung nahm und Scharen Neugieriger anlockte. Geschäftig hoben die Feuerwehrmänner die großen Schlauchrollen vom Wagen, schleiften die Schläuche durch die Osthalle, die breite Treppe hinauf zum Querbahnsteig, dort in einen Treppenflur gegenüber den Bahnsteigen. Bald kroch die endlose Schlange außen über das Bahnhofsdach. [...]*

Vor den Bahnsteigen 15 und 16 hat man den Querbahnsteig gesperrt und einige Meter davon geht ein Funkenregen nieder, lenkt die Blicke nach oben. Dort, in der Holzverschalung des hochgewölbten Hallendaches, knistert und prasselt das Feuer, in dreißig Meter Entfernung kaum noch vernehmlich. Glühende, halbverkohlte Bretter werden von kleinen und großen grellroten Zungen beleckt. Hin und wieder geht es wie ein Wetterleuchten durch die brennende Halle. Die gierigen Flammen fallen über ihr Opfer her, um es vollends zu zerstören. [...] Es brennen bereits viele Quadratmeter der Bretterverschalung, als der erste Wasserstrahl über das Glasdach der Halle hinstreicht. Bald läßt das gespenstige Flammenspiel am hellen Tage nach. Wie Schattenrisse huschen die Löschmänner über das Glasdach. [...]

Da der Gaschwitzer Zug in einigen Minuten eintrifft, werden die gefährdeten Teile des Bahnsteiges 15 (Bahnsteig 16, auf dem der Zug eigentlich einläuft, ist nicht zu benutzen) durch Holzböcke abgegrenzt. Der Zug wird bereits an der Halleneinfahrt gestoppt und die Reisenden müssen den langen Weg bis zur Sperre zu Fuß zurücklegen. Erfreulicherweise ist dies die einzige Störung, die der Brand veranlaßt, da weitere Züge auf den gefährdeten Gleisen weder erwartet werden noch abfahren.

Neue Leipziger Zeitung (1925)[182]

Ein Dreivierteljahr später meldete die *Neue Leipziger Zeitung* vom 17. August 1926, ölige Putzwolle hätte sich selbst entzündet und einen rasch um sich greifenden Kellerbrand ausgelöst.

»»» *In einem in der Osthalle gelegenen großen Kellerraum, der zum Wirtschaftsbetrieb gehört, waren die dort lagernden Küchenabfälle, Holzwolle, Verpackungen u.a.m. in Brand geraten. Das Feuer nahm einen derartigen Umfang an, daß der lange Kellerraum von dichten Rauchwolken angefüllt war. Auf den sofortigen Anruf durch das zwischen dem Hauptbahnhof und der Hauptfeuerwache bestehende direkte Telephon erschienen sowohl die Hauptwache als auch die Ostwache, die unter Leitung des Oberbrand-Ingenieurs Fritzsch die Löschung des Brandes vornahmen. Nach etwa dreiviertelstündiger Tätigkeit war das Feuer gelöscht und die Wehr, die mit einer Schlauchleitung vorgegangen war, konnte wieder abrücken.*

Neue Leipziger Zeitung (1926)[183]

Am 14. Oktober 1971 brach in den Abendstunden ein Großbrand in der Mitropa-Hauptküche im Obergeschoss aus. Die Flammen griffen rasch auf den Dachstuhl im Mittelbau über. Wartesäle und der Querbahnsteig mussten unverzüglich geräumt werden. Fünf Löschgruppen bekämpften den Brand mit Hilfe von zwei Tanklöschfahrzeugen und vier Drehleitern, bevor die Flammen nach zwei Stunden unter Kontrolle waren. An den Löscharbeiten beteiligten sich die Freiwillige Feuerwehr der Deutschen Reichsbahn und die Berufsfeuerwehr des Chemiekombinats Böhlen.[184] Die Brandschäden waren beträchtlich. Damals verlosch die irreparabel beschädigte Leuchtwerbung mit dem weithin sichtbaren »DR« auf dem Dach des Mittelbaus für immer.

CIG
14
15
Ankunft

BRILLIEREN UND IMAGINIEREN

Wofür der Hauptbahnhof die geeignete Arena und Kulisse abgab

Der Leipziger Hauptbahnhof gibt seit Jahrzehnten die Glanzrolle eines stillen Medienstars. In zweierlei Hinsicht tritt er in Erscheinung: als Gegenstand der Berichterstattung – gewissermaßen als Darsteller seiner selbst – und als Kulisse für Filme, die auf weltstädtischen Stationen des frühen 20. Jahrhunderts spielen.

Die Filmstelle der Deutschen Reichsbahn-Gesellschaft drehte 1937 einen Dokumentarfilm über ihre Zusammenarbeit mit dem »Leipziger Meßamt«, und der Hauptbahnhof kommt darin ausgiebig als wichtigste Drehscheibe des Reiseverkehrs anlässlich des großen Handelsereignisses vor.

Zahlreich sind die Spielfilme, für die der Leipziger Hauptbahnhof den geeigneten Drehort abgab. Es war das Flair dieser Station, das Szenenbildner immer wieder lockte. Weder Dresden Hbf, noch Berlin Ostbahnhof oder gar der Bahnhof Friedrichstraße in der Hauptstadt (aus Sicht der einst Verantwortlichen eine Trennstelle von Welten, weil viel zu nahe an der Grenze zu Westberlin gelegen) hätten in die Drehbücher gelangen können. In Leipzig profitierten die Filmleute nicht zuletzt von der Dimension des Hauptbahnhofs, die es zuließ, zeitweilig bis zu drei Gleise für Filmaufnahmen zu blockieren, ohne dass es zu chaotischen Folgen für den dichten, planmäßigen Eisenbahnverkehr gekommen wäre.

Seit den 1980er Jahren griffen Produzenten gern auf diese Station zurück, weil sie ohne größere Einbauten den passenden, weil authentischen Hintergrund für Bahnhofsszenen aus dem ersten Eisenbahnjahrhundert abgab. Im April und Mai 1985 drehte das DDR-Fernsehen hier Einstellungen für einen Spielfilm über den KPD-Führer Ernst Thälmann mit Helmut Schellhardt in der Titelrolle. Weil das Drehbuch vorsah, dass der Reichstagsabgeordnete Thälmann mit dem Zug ankommt, verwandelte sich Gleis 1 des Leipziger Hauptbahnhofs in den Film-Bahnsteig des Anhalter Bahnhofs in Berlin, und neben zahlreichen Komparsen in Sommerkleidern, gut bürgerlicher Reisegarderobe oder gelegentlich sogar SA-Uniformen hatte die Traditions-Dampflok 01 137 vor der bekannten Zwickauer Eilzugwagen-Garnitur der 1930er Jahre ihren großen Auftritt. Gedreht wurde nachts, um peinlich berührten Normalreisenden tagsüber den Anblick politisch inkorrekter Versatzstücke aus einem finsteren Abschnitt deutscher Geschichte zu ersparen.

1987 entstanden auf der Ostseite des Hauptbahnhofs einige Szenen für den Film »Bebel und Liebknecht« des DDR-Fernsehens. Sie zeigten im Umfeld des politischen Wirkens zweier führender deutscher Sozialdemokraten des späten 19. Jahrhunderts den Einsatz der Eisenbahn im deutsch-französischen Krieg 1870/71. Original-Eisenbahnfahrzeuge aus jener Periode zu finden, war Ende der 1980er Jahre nicht mehr möglich, und so sprangen als Kompromiss die preußisch-grün gehaltene, erst 1920 gebaute Lokomotive 89 1004 ein. Sie zog einen Flachwagen mit der Attrappe einer Kanone als Ladung und einen historischen Nebenbahn-Personenwagen mit der Parole »Auf nach Paris« in altdeutscher Schrift am Wagenkasten aus Holz. Eisenbahnpuristen rümpften ob der Modernität des Film-Zuges die Nase – schossen aber trotzdem genügend Fotos von dieser außergewöhnlichen Komposition in der Halle des Hauptbahnhofs.

Seit Jahrzehnten verwandelt sich der Hauptbahnhof im Dezember in eine weihnachtliche Landschaft. (1926)

Viermal zierte der Hauptbahnhof bzw. sein wichtigster Vorgänger Briefmarken: 1942 (links) und 1958 (unten) als Dienstleister für die Messe, 1985 (Mitte) und 1989 mit Bezug auf den Dresdner Bahnhof (rechts) als Begleiter großer Eisenbahn-Jubiläen.

einen weiten Auslegungsspielraum. Eigentlich hätte danach keine Eisenbahnaufnahme vom Leipziger Hauptbahnhof mehr gemacht werden dürfen, denn es wäre wohl niemandem gelungen, auf dieser vitalen Station ein einigermaßen aussagekräftiges Motiv zu finden, ohne irgendwo zugleich Signal- und Sicherungstechnik abzubilden.

Kulanz war seitens der damaligen Autoritäten gefragt und wurde meist gezeigt. Allerdings tat jeder Eisenbahnfreund mit fotografischen Ambitionen gut daran, eine Kopie der Vereinbarung zwischen Modellbahn-Verband und Transportpolizei oder die kleine Broschüre *Fotorecht* aus dem Leipziger Fotokinoverlag, die ebenfalls auf dieses Problem einging, auf seinen Bahnerkundungstouren mit sich zu führen. Endlich wurde der Hauptbahnhof auch offiziell und nicht bloß für diejenigen Mutigen, die Fotos »aus der Hüfte« schossen, zum Gegenstand individueller fotografischer Sichten. Die Zahl der Fotografen, die sich im Laufe von Jahrzehnten am Leipziger Hauptbahnhof abarbeiteten und von seiner Imagination gefangen nehmen ließen, ist Legion.

Auf einer der beiden DDR-Briefmarken zum Eisenbahnjubiläumsjahr 1985 prangte eine Zeichnung des Leipziger Hauptbahnhofs von schräg oben. Die deutschen Eisenbahnen wurden damals 150 Jahre alt, doch weil die erste Strecke zwischen Nürnberg und Fürth mittlerweile politisch verzwickt in der BRD verlief, wurde als Anlass für die Feierlichkeiten im zweiten deutschen Staat ein wenig beachtetes Ereignis hervorgekramt, nämlich dass die sowjetische Besatzungsmacht 40 Jahre zuvor, am 11. August 1945, den Betrieb der Deutschen Reichsbahn »in die Hände der deutschen Eisenbahner« gelegt hatte.

Im Frühjahr 1989 lagen die Dinge klarer: Leipzig–Dresden bereitete als erste deutsche Fernbahn und als »Denkmal der Produktions- und Verkehrsgeschichte« keine politischen Bauchschmerzen. Die fällige Jubiläumsbriefmarke zu 20 Pfennig der DDR bildete den ersten Dresdner Bahnhof in Leipzig aus dem Jahre 1839 ab.

Der vom Verkehrsfachverlag Transpress edierte offizielle Jubiläumsband von 1985 zeigt auf dem Schutzumschlag ein Foto der ausgedehnten Gleisanlagen im nördlichen Vorfeld des Leipziger Hauptbahnhofs – pikanterweise seitenverkehrt. Das Buch heißt – durchaus ungewöhnlich für die damaligen, auf Souveränität der DDR bedachten sprachlichen

Gepflogenheiten – *Deutsche Eisenbahnen 1835–1985*, doch das Standardwerk sollte ja devisenbringend auch »im Westen« verkauft werden.

Mehrere Buchgestalter griffen im Laufe der Jahre auf das Motiv des Hauptbahnhofs in unterschiedlichen Sichtweisen zurück. Beim Fachbuchverlag, der in Leipzig ansässig war, lag es nahe, dass für die Broschüre *Die verkehrlichen Aufgaben des Reisezugschaffners* aus dem Jahre 1956 ein Titelfoto vom Leipziger Hauptbahnhof genommen wurde. Betrachter hätten sich bestimmt gewünscht, dass alle Reisezugschaffner im harten Bahnalltag so zuvorkommend Auskunft geben und so besorgt um einen gefahrlosen Einstieg mitreisender Kinder sind, wie es auf dem gestellten Foto zu sehen ist.

Ein zeittypisches Schwarzweiß-Foto aus den 1980er Jahren mit damals alltäglichen Personenzug-Garnituren unter der Kuppel der lichtdurchfluteten Bahnsteighalle findet sich auf dem Schutzumschlag eines Lyrikbandes von Reinhard Bernhof. Der Aufbau-Verlag gab der Publikation den Titel *Leipzig, Hauptbahnhof* nach dem längsten darin abgedruckten Gedicht.

Jeder Leipziger Stadtgeschichte ohne »den Bahnhof« würde etwas fehlen. Eine hübsche Vignette mit einer Ansicht des Hauptbahnhofs vom Promenadenring her ziert das 1995 erschienene Bändchen *Leipzig. Stadtführer durch Vergangenheit und Gegenwart*.

Zur Reflexion des Leipziger Hauptbahnhofs in künstlerischen Werken für eine anspruchsvolle Öffentlichkeit gehört auch, wer von dieser Station Inspiration bezog bzw. wer dieses Verkehrszentrum der ersten Moderne modellierte, um seinen Sehnsüchten eine maßstäbliche Entsprechung zu geben.

Eisenbahnmalerei ist Genremalerei. In Deutschland begannen Künstler erst in den 1890er Jahren, die »neue, nun bildwürdig gewordene Realität« zu erfassen. Insofern fällt die Frühzeit in der Auseinandersetzung mit dieser »malerischen Erscheinung der Industriewelt«[186] exakt zusammen mit der entscheidenden Phase der Verhandlungen zwischen Sachsen und Preußen über den Bau der »Centralbahnhofsanlage« in Leipzig und deren Inangriffnahme ab 1902.

Die beiden Protagonisten der frühen deutschen Eisenbahnmalerei entwickelten Sichten, wie sie unterschiedlicher kaum sein konnten: Hermann Pleuer, auf Stuttgart fixiert, war Impressionist und empfing starke Impulse von Kraft und Geschwindigkeit, Hans Baluschek, von Berlin inspiriert, ein Vertreter der rea-

Für die Eigenwerbung der DR, der DB und der DB AG wurde die Fassade des Hauptbahnhofs häufig herangezogen. Ende 1990 gab sie die Kulisse für die damals neue Zugkategorie InterRegio ab, die sich 2002 auch aus Leipzig wieder verabschiedete. Anzeige in der »Süddeutschen Zeitung« vom 5. Dezember 1990.

O
W

BEWEGEN UND BEFAHREN

Wie der Bahnbetrieb auf dem Hauptbahnhof abläuft

Der Leipziger Hauptbahnhof wirkt auf neugierige Betrachter wie eine gigantische Demonstrationsfläche des Fortschritts auf Schienen und der technischen Einrichtungen für einen sicheren und reibungslosen Eisenbahnverkehr. Allein schon die Einfahrt in den Hauptbahnhof aus Richtung Berlin oder Halle – zwischen den beiden Halbrundschuppen mit Vertreterinnen mancher Lokomotivbaureihe hindurch – war für jeden Eisenbahnfreund ein Erlebnis.

Sinnbild des rastlosen Kommens und Gehens ist der Lokomotiveinsatz. »König Dampf« führte am Beginn des 20. Jahrhunderts unangefochten das Zepter. Preußische und sächsische Baureihen teilten sich in die Bespannung der Personen- und Schnellzüge auf den sieben am Leipziger Hauptbahnhof beginnenden und endenden Hauptstrecken nach Erfurt/Frankfurt am Main, Eilenburg/Cottbus, Halle/Magdeburg, Berlin, Dresden, Chemnitz und Altenburg/Hof.

Die Bildung der Deutschen Reichsbahn-Gesellschaft am 1. April 1920 änderte am Maschinenwesen grundsätzlich noch nichts, außer vielleicht dass die einstigen »Heizhäuser« einen Namenswechsel zu Bahnbetriebswerken vollzogen. Die beiden preußischen Halbrundschuppen an der Berliner und der Rackwitzer Straße bildeten fortan den Kern des Bw Leipzig Hbf West, und aus den sächsischen Heizhäusern wurden das Bw Leipzig Hbf Nord (an der Rohrteichstraße) und Bw Leipzig Hbf Süd (an der Kirchstraße; ab 1945: Hermann-Liebmann-Straße). Jedes von ihnen zählte mehrere hundert Beschäftigte.

Ein Großteil der Leipziger Bespannungsleistungen entfiel auf die unverwüstliche preußische P8 (Baureihe 38.10-40), die hier in großer Zahl stationiert war. Als die Reichsbahn in den 1920er Jahren begann, anstelle eines unübersichtlichen, zersplitterten und für das Werkstättenwesen schwer zu koordinierenden Lokomotivparks ihrer sieben Vorgänger-Länderbahnen moderne Dampflokomotiven in Einheitsbauart zu beschaffen, gingen größere Erstzuteilungen zum Bw Leipzig Hbf West. Mit Schnellzug-Dampflokomotiven der Baureihen 01 und 03 wurde seit den frühen 1930er Jahren die wichtigsten Leipziger Leistungen im hochwertigen Reisezugdienst gefahren. Für eine ganz andere Gattung der Einheitslokomotiven standen die kleinen Tender-Maschinen der Baureihe 80, die im umfangreichen Rangierverkehr auf dem Leipziger Hauptbahnhof eingesetzt waren. Das Bw Leipzig Hbf Süd blieb traditionell die Heimat für Personenzug-Dampflokomotiven. Daneben steuerten auch fremde Schnellzug-Maschinen (zum Beispiel der »Sachsenstolz«, die Baureihe 19, aus dem Bw Reichenbach) dieses Betriebswerk zum Wenden an.

In den 1930er Jahren eroberten elektrische Lokomotiven größere Teile des Verkehrs auf dem elektrifizierten mitteldeutschen Netz, das den Leipziger Hauptbahnhof einschloss und bis Halle und Magdeburg reichte. Neue E-Loks der Baureihen E 04 und E 05 kamen zum Bw Leipzig Hbf West. 1941 schloss dessen Bestand elektrischer Lokomotiven die Baureihen E 04, E 05, E 06, E 15, E 16 und E 18 ein. Außerdem standen neunzehn Exemplare der damals neuen und viele Jahrzehnte unverwüstlichen Universallok E 44 in den Bestandslisten.[189]

Der Zweite Weltkrieg und das mühevolle Ingangkommen des Eisenbahnverkehrs ab Mai 1945 brachten den Lokomotivpark in Bewegung. Gattungsreine

Die Einfahrt in die preußischen Gleise des Hauptbahnhofs wurde vom Stellwerk W-O aus gesteuert. Wegen seiner charakteristischen Brückenform und seiner bedrohlichen Anmutung hieß dieses Stellwerk im Volksmund »Zerberus von Leipzig«. (um 1920)

Beheimatungen wichen »Bocksprüngen« im Bestand und dem Einsatz unterschiedlichster Baureihen, die alle dem Diktum gehorchen mussten, den Verkehr irgendwie aufrecht zu erhalten.

Wählerisch durfte in Zeiten des arg dezimierten Lokomotivparks kein Lokleiter sein. Oft genug sprangen bis weit in die 1950er Jahre hinein Güterzuglokomotiven, darunter die einfachen und robusten Maschinen der Kriegslok, Baureihe 52, vor Reisezügen ein. Die eingeschränkten Geschwindigkeiten und damit die verlängerten Fahrzeiten schafften sie spielend. Dass sich gelegentlich eine Schnellzuglokomotive der Baureihe 03.10 (inzwischen ohne Stromlinienverkleidung) für die Schnellzüge nach Berlin fand, war ein Glücksfall.

»»» *Ein Besuch der Leipziger Bahnanlagen gehört zu den schönsten Erlebnissen jener Jahre [Ende der 1940er Jahre]. Dreist und frech mit wichtiger Eisenbahnermiene marschierte der Verfasser eines Sonntagmorgens über die Gleise in der Annahme, daß man einem Betriebsfremden während der Zeit übersteigerter Wachsamkeit so viel Unverschämtheit gar nicht zutraute. Es hat sich ausgezahlt. Selbst der Fotoapparat war mit dabei. Leider riß der eingelegte Film der Marke Fortschritt schon bei der zweiten Aufnahme.*

Wer also solchermaßen siegessicher durch den Schuppen des Bahnbetriebswerks Leipzig Hbf West spaziert und sich in Ruhe die säuselnden Dampfrösser anschaut, dabei keinen Menschen antrifft, der wird kühn und kühner, marschiert quer über sämtliche Gleise zum Bw Leipzig Ost,[190] wo soeben Lok 19 010 des Bw Reichenbach einfährt, steht unten vor den zwei Meter hohen Treibrädern und nickt den Reichenbachern gönnerhaft zu.

Von dort führt der Weg weiter zum Bw Süd. Dort gab es die große Überraschung, vier Gleise voll abgestellter Dampflokomotiven aller Bauarten, aller Länder. Ungestört und ungesehen ließ es sich zwischen den rostenden stillen Maschinen gewesenen Ruhms einherspazieren, auf den Führerstand klettern, die Beschriftung des Führerhauses inspizieren. Von der preußischen G 7 über tschechische, polnische, österreichische, selbst litauische Loktypen fand sich dort ein Querschnitt durch die europäische Lokomotivgeschichte. Da standen österreichische 360er, CSD 333.1, PKP Ok 1, BBÖ 429er und viele andere. Auch eine litauische Ts 62 war vertreten.

Wie ist es dem Eisenbahnfreund zumute, wenn er sich plötzlich zwischen all diesen eisernen Schönheiten befindet! Es war früh am Morgen, irgendwo in Sellerhausen oder Volkmarsdorf läuteten Kirchenglocken, Begleitmusik für die Weihestimmung des einsamen Wanderers.

Karl-Ernst Maedel (1997)[191]

Als hätten die Kriegszerstörungen nicht schon genug Unheil gebracht, führte die Einstellung des elektrischen Zugbetriebs auf Befehl der Sowjetischen Militäradministration ab März/April 1946 in Ostdeutschland zu weiteren Erschwernissen. Sämtliche elektrischen Lokomotiven wurden als Reparationsleistung in die Sowjetunion abgefahren, und den gleichen Weg gingen alle stationären Einrichtungen der Streckenelektrifizierung. Erst 1952 und 1953 gab die Sowjetunion den größten Teil dieser Eisenbahntechnik an die DDR zurück. Nach erforderlichen Reparaturarbeiten an den Lokomotiven im Raw Dessau und der Re-Elektrifizierung des mitteldeutschen Zentralknotens der Deutschen Reichsbahn begann 1958 wieder der elektrische Zugbetrieb ab Leipzig Hauptbahnhof. Im Eröffnungskalender stehen 1958 die Strecken Leipzig–Bitterfeld–Dessau sowie Leipzig–Halle/Saale, 1962 Leipzig–Altenburg, 1964 Leipzig–Großkorbetha, 1970 Leipzig–Dresden (damit zugleich Elektrifizierung des gesamten »Sachsendreiecks« Leipzig–Dresden–Reichenbach/V.–Leipzig), 1984 Leipzig–Berlin und 1989 Leipzig–Cottbus. Die siebte von Leipzig Hauptbahnhof ausgehende Hauptstrecke – sie führt nach Chemnitz – ist bislang kein Elektrifizierungskandidat.

Waren es in den ersten Jahren der erneuten Streckenelektrifizierung in Mitteldeutschland noch ausschließlich Vorkriegs-E-Loks, die eingesetzt werden konnten, so änderte sich der Bestand seit den frühen 1960er Jahren durch größere Erstzuteilungen der neuen elektrischen Schnellzug-Lokomotive E 11 (ab 1970 Baureihe 211) und der Güterzug-Lokomotive E 42 (ab 1970 Baureihe 242) nachhaltig. Bei der Deutschen Reichsbahn schritt der Traktionswechsel voran, auch wenn sein Abschluss letztlich fast anderthalb Jahrzehnte länger in Anspruch nahm als das ursprünglich ins Auge gefasste Jahr 1975.

Im Kreis der Leipziger Bahnbetriebswerke wurde das Bw Leipzig Hbf West eine Hochburg der E 11, und

Das Gelände des Hauptbahnhofs um 1930 aus der Vogelschau. Am unteren Bildrand sind die beiden Rundschuppen des Bw West zu erkennen. Links vom Empfangsgebäude und Gleisvorfeld befinden sich die Anlagen des Dresdner Güterbahnhofs. Auf der rechten Bahnhofsseite sind die langgestreckten Schuppen des Magdeburg-Thüringer Güterbahnhofs zu sehen.

das Bw Leipzig Hbf Süd – wo der Fahrdraht nicht hinreichte – war Diesellok-Heimat-Bw für die neuen Baureihen V 100 und V 180, mit denen Personen- und Eilzüge auf den vom Hauptbahnhof ausgehenden Strecken nach Meißen über Döbeln oder nach Karl-Marx-Stadt (seit 1990 wieder Chemnitz) bespannt wurden. Wie in den 1930er Jahren die Dampflok-Baureihe BR 80 gab es seit den 1960er Jahren wieder eine speziell für den hohen Rangierbedarf auf dem Leipziger Hauptbahnhof beschaffte Baureihe, diesmal die aus der damaligen Tschechoslowakei importierte Baureihe V 75 (ab 1970 Baureihe 107).

In Leipzig stationierte Dampflokomotiven schieden in mehreren Etappen aus dem Betriebsdienst aus – bis zum Beginn der 1970er Jahre vor allem die inzwischen betagten preußischen P 8 beim Bw Leipzig Hbf Süd und am Ende des Sommerfahrplans 1978 die leichten Schnellzug-Dampflokomotiven der Baureihe 03 beim Bw Leipzig Hbf West, die bis dahin täglich im Schnellzugdienst nach Berlin-Schöneweide bzw. Berlin-Lichtenberg anzutreffen waren. Damit wurden die Bahnbetriebswerke auf dem Leipziger Hauptbahnhof »dampffrei«. Doch der Leipziger Hauptbahnhof war es noch nicht: Bis zum Ende des Winterfahrplans am 26. Mai 1979 kamen Lokomotiven der Baureihe 03 vom Bw Lutherstadt Wittenberg in den Berliner D-Zug-Plänen bis Leipzig und bis zum Dezember 1981 sogar Schnellzug-Lokomotiven der Baureihe 01.05 vom Bw Saalfeld vor den Eilzügen über Gera nach Leipzig.

Die 1980er Jahre standen im Zeichen der forcierten Streckenelektrifizierung vor allem in Richtung der Hauptstadt Berlin und der damit verbundenen Stationierung neuer elektrischer Lokomotiven der Baureihen 250 (ab 1992: BR 155) und 243 (ab 1992: BR 143) in Leipzig. Wo der Fahrdraht hing, schieden die aus der Sowjetunion importierten und im Bw Leipzig Hbf Süd reichlich vorhandenen Großdieselloks der Baureihe 132 (ab 1992: BR 232) aus dem hochwertigen Reisezugdienst aus. Ihre letzte Glanzleistung erbrachten sie bis Mai 1996 vor dem EC »Mimara« (Zagreb–München–Leipzig–Berlin) auf dem Abschnitt Probstzella–Leipzig Hbf, als im Saaletal der Fahrdraht noch nicht wieder gespannt war.

Blick auf die Richtungsgleise nach Altenburg, Dresden und Chemnitz, die hinter der Bogenkonstruktion der Brandenburger Brücke das Areal des Leipziger Hauptbahnhofs verlassen. (2004)

In die Epoche der Deutschen Bahn AG ab 1994 traten die Bahnbetriebswerke des Leipziger Hauptbahnhofs mit umfangreichen Lokomotivbeständen und vielfältigen Bespannungsaufgaben ein. Gemäß den internen organisatorischen Veränderungen in der zum Konzern DB AG gewandelten Bahn wurden aus den Bahnbetriebswerken begrifflich Werke. Später griff der Wandel in die Substanz ein: Im Zuge der rasch aufeinanderfolgenden Umstrukturierungswellen und der damit einhergehenden Neustationierung der Lokomotivbestände kam es zum Abzug zahlreicher Baureihen aus Leipzig und schließlich zur Umwandlung des stets auf die Bespannung von Schnellzügen spezialisiert gewesenen Werkes Leipzig West in ein Werk der DB Regio AG. Das einstige Bw Leipzig Hbf Süd kümmert sich derweil um die zahlreichen neuen Baureihen von Diesel-Triebwagen für den Regionalverkehr der Deutschen Bahn.

Vom Standpunkt der Sicherheit ist jede Zugfahrt mit dem zuverlässigen Wirken kaum einer anderen Einrichtung so innig verbunden wie mit den Stellwerken, ohne dass diese Nervenzentren des Bahnverkehrs äußerlich viel von ihren Abläufen preisgeben. Jeder großstädtische Hauptbahnhof ist wegen der Vielzahl zusammenlaufender Strecken auch ein Zentrum der Stellwerkstechnik. Das trifft auf Leipzig in besonderem Maße zu, und durch die gesamte Geschichte des Hauptbahnhofs zieht sich der stetige Fortschritt und die damit einhergehende Höherentwicklung der Signal- und Sicherungstechnik, wofür immer wieder Änderungen der Bauten und der Organisationsprinzipien vorgenommen werden mussten. Sicher zu führen und zu leiten waren und sind sämtliche Fahrten von Zügen, die auf dem Hauptbahnhof beginnen oder enden, weiterhin die Züge, die in ihrem Lauf diese Station berühren und – zum Beispiel aus

Richtung Erfurt zur Weiterfahrt nach Dresden – aufgrund der betrieblichen Zwänge eines Kopfbahnhofs zweimal große Teile des ausgedehnten Gleisvorfelds kreuzen, ferner die Lokomotivfahrten an die Züge und zurück in die Bahnbetriebswerke, umfangreiche Rangierbewegungen sowie in der Vergangenheit die Zugfahrten von und zu den Expressgutanlagen auf beiden Seiten des Hauptbahnhofs und die Wagenbewegungen vom und zum Postbahnhof.

»»» *Das Lichtermeer des Leipziger Hauptbahnhofs schimmert dem Zuge entgegen. Noch liegt die Halle Hunderte von Metern vor der Lokomotive, da: die Geschwindigkeit verlangsamt sich, die Bremsen ziehen an, das Geleis ist gesperrt. Zwei gelbe Lichter, die Vorposten des roten Hauptsignals »Halt« geben dem Beobachter auf der Maschine die gebieterische Weisung, die Erlaubnis zur Einfahrt abzuwarten. Dem Führer kommt der Befehl nicht unerwartet, er weiß, daß im Bereich eines Großstadtbahnhofes kompliziertere Voraussetzungen vorhanden sind als auf freier Strecke. Während auf der einsamen Schienenstrecke nur vor dem Zuge und im Rücken die Gefahr lauert, droht sie hier auch von der Flanke. Die verschiedenen Wagengruppen, das Gewimmel der Lokomotiven und der vielen aus- und einfahrenden Züge erfordert eine genaue Kontrolle der unzähligen Weichen, den Schlüsseln zum Schienenwirrwarr. Die Signale können erst auf »Ja« oder »Nein« eingestellt werden, wenn die Fahrstraße durch die Regulierung der Weichen dem Zuge erschlossen ist. In den schmalen Gebäuden, deren Oberbau an eine Glasveranda erinnert, schlägt das Herz des komplizierten Getriebes. In ihnen, den Stellwerken, sind emsige Hände am Werke, die elektrischen Strom an die Brennpunkte des Zugverkehrs entsenden. In zwei Teile ist der Raum hinter dem Fenstermosaik geschieden. Rechts ticken unaufhörlich messingne Morseapparate und gravieren in schmale Papierstreifen Meldungen benachbarter Stationen, und links erhebt sich auf langem Podest ein Schaltwerk von schaukastenähnlicher Gestalt. Jeder Meldung, die vom Fahrdienstleiter gelesen und weitergegeben wird, folgt ein schneller präziser Griff in eine Vorrichtung, die das Arrangement eines Harmoniumregisters aufweist. Nur wenige Beamte bedienen die enorm wichtige Anlage – ein Beweis für ihre technische Vollkommenheit. Connewitz hatte die Abfahrt des Zuges, wie es auf jeder Station geschieht, telegraphisch berichtet, das Leipziger Stellwerk konnte ihn jedoch nicht »annehmen«, wie der Fachausdruck lautet, da ein ausfahrender Zug vorerst das in Frage kommende Schienenpaar kreuzen mußte. Jetzt hat der letzte Wagen die Halle verlassen und das Geleis überquert, was ein Spezialapparat kenntlich macht. Ein Griff, die Weiche Nummer 94 schiebt ihre Zunge in die entgegengesetzte Lage, am Vorpostensignal leuchten zwei grüne Scheiben auf, das Rot am Hauptmast verwandelt sich gleichfalls in Grün und der Zug setzt sich wieder in Bewegung, um seine ungeduldigen Gäste ans Ziel zu tragen. Außerhalb des Bahnhofsgebäudes ist zweifellos das moderne Kraftstellwerk die bahntechnisch hervorragendste Anlage im Bezirk der Eisenbahndirektion Dresden.* *Hans Stapf (1924)*[192]

Bei gewöhnlich fünfhundert Zugfahrten innerhalb von 24 Stunden ergab sich über Jahrzehnte hinweg rechnerisch – Tag und Nacht, im Sommer wie im Winter, wochentags und sonntags, bei jedem Wetter – alle drei Minuten eine Zugfahrt auf dem Leipziger Hauptbahnhof. Tatsächlich verdichtete sich der Fahrplan jedoch in den Spitzenzeiten beträchtlich, und zwar auf 60 abgefertigte Züge pro Stunde während der Leipziger Messen in den späten 1930er Jahren. Zusätzliche Anspannungen auf den Stellwerken und für den »äußerst gepreßt liegenden Gleisbelegungsplan«[193] brachten die Messen, die regelmäßig wiederkehrenden Kinderferienaktionen, Sportfeste, Kirchentage und all die anderen Großveranstaltungen, die Leipzig zuverlässig rege Besucherströme bescherten – von Unpünktlichkeiten der planmäßigen und der Sonderzüge mit den daraus resultierenden operativen Zwängen für alle betrieblichen Abläufe auf dem pulsierenden Hauptbahnhof einmal ganz abgesehen.

Anfang des 21. Jahrhunderts sind viele »klassische« Merkmale aus der Blütezeit der Eisenbahn – die Dominanz der lokbespannten Züge, der Ortsgüterverkehr, die Bahnpost und die hohe Frequenz der Sonderverkehre – vom Leipziger Hauptbahnhof verschwunden oder erheblich geschrumpft. Weiterhin rund 500 Zugfahrten pro Tag, von der S-Bahn bis zum Hochgeschwindigkeitszug, sicher zu steuern und zu leiten, bleibt eine permanente Herausforderung an die Betriebseisenbahner, die heutzutage mit einer geradezu revolutionär gewandelten Technik ihre Aufgaben lösen.

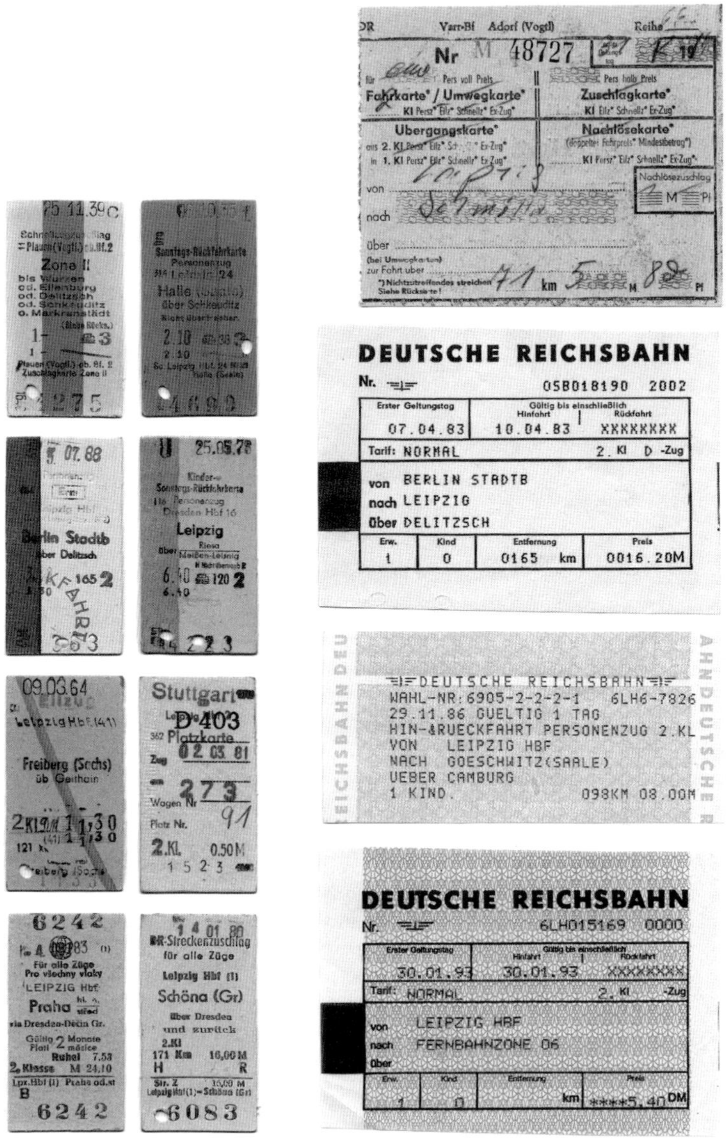

Leipziger Eisenbahngeschichte im Fahrkartenbild: Edmonsonsche Fahr- bzw. Zuschlagkarten (links), geschriebene Fahrkarten (rechts oben) und Fahrkarten aus elektronischen Schalterdruckern bzw. Automaten (rechts Mitte und unten). Die Bahn fuhr immer - egal, wie die Bahnverwaltung hieß oder in welcher Währung bezahlt werden musste.

nik geprägt. Dafür entstand im neuen Dienstgebäude der DB AG an der Brandenburger Straße – auf dem Gelände der abgerissenen östlichen Expressgutanlagen des Hauptbahnhofs – die Betriebszentrale (BZ), streng abgeschirmt und undurchlässig gesichert wie der Hochsicherheitstrakt jedes sensiblen Funktionsbereichs in einer gefährdeten Welt. In der BZ erinnert nichts mehr an historische Stellwerksabläufe. An die Stelle des persönlichen Augenscheins, ob ein Gleisabschnitt frei ist, und des Umlegens mehr oder weniger wuchtiger Hebel ist in klimatisierten Räumen die Arbeit an hoch auflösenden Monitoren getreten. Sie bilden sekundengenau den aktuellen Betriebszustand langer Abschnitte auf den Hauptstrecken der Bahn ab. Ein Mausklick ersetzt klassische Abfahraufträge, der Fahrstraßenwechsel erfordert kürzere Zeiten als in der Vergangenheit.

Elektronische Stellwerke – nicht wesentlich größer als in der Vergangenheit eine Trafostation – entstanden innerhalb weniger Jahre auf ausgewählten größeren Bahnhöfen an sämtlichen Bahnmagistralen. Von dort laufen die Nervenstränge in den Betriebszentralen zusammen. Die Leipziger BZ steuert den gesamten Bahnverkehr auf den Hauptstrecken im Bereich Südost der DB AG.

Die Umstellung von der herkömmlichen auf die elektronische Stellwerkstechnik stellte höchste Anforderungen. Sie vollzog sich zwischen 2001 und 2004 Bahnhof um Bahnhof vor allem an Wochenenden, um den Verkehr so wenig wie möglich zu beeinträchtigen. Unzählige Simulationen unter Beteiligung der Deutschen Bahn und der Bahnindustrie hatten zuvor alle denkbaren Betriebszustände tausendfach durchgespielt, um für Ausnahmesituationen gewappnet zu sein.

In konzentrischen Kreisen näherte sich die bereits aufgeschaltete elektronische Stellwerkstechnik dem Leipziger Hauptbahnhof. Hier kam es zum großen Finale in zwei Akten, in dem zuerst die Ostseite und zehn Monate später die Westseite an das ESTW angeschlossen wurden. Seit Juni 2002 liefen die Vorbereitungen an den Kabeltrassen und hunderten Signalen im gesamten Bahnhofsbereich auf Hochtouren. Ende 2003 bestand der Anachronismus schließlich darin, dass hunderte Kilometer um Leipzig herum elektronische Stellwerke bereits zuverlässig ihren Dienst versahen und aus der Betriebszentrale neben dem Hauptbahnhof koordiniert wurden, während Leipzig Hbf selbst als letztes Refugium im Bereich Südost mit einem historisch gewachsenen Sammelsurium elektrischer, elektromechanischer und mechanischer Stellwerkstechnik auskommen musste. Die größte Station bildete den Abschluss der Umstellung.

Die Dimension des Leipziger Hauptbahnhofs ließ keine andere Möglichkeit zu, als die elektronische Stellwerkstechnik in zwei Etappen aufzuschalten. Am 22. und 23. November 2003, einem Wochenende, war die Ostseite an der Reihe und vom 17. bis 19. September 2004 die Westseite. Um reibungslose Abläufe beim Wechsel von der alten auf die moderne Technik zu erreichen, wurde die jeweils in Umstellung befindliche Hälfte des Hauptbahnhofs für mehr als zwei Tage stillgelegt. Für die Bahn war es ein Wagnis, unter dem Strich aber billiger als ein Eintritt in Trippelschritten in die elektronische Stellwerksära des Leipziger Hauptbahnhofs.

Auf der Westseite verschwand unter eingeschränkter Aufrechterhaltung des Zugbetriebs über neun Tage hinweg zunächst schrittweise die alte Signal- und Stellwerkstechnik. Aus technischen Gründen mussten während der eigentlichen Umstellung auf das ESTW auch sämtliche Gleise auf der bereits angeschlossenen Ostseite des Hauptbahnhofs noch einmal vorübergehend stillgelegt werden. In dem engen Zeitraum vom 17. September, 0 Uhr, bis zum 19. September 2004, 12 Uhr, waren sämtliche Gleise des Hauptbahnhofs 60 Stunden lang voll gesperrt.

So etwas hatte die riesige Station in Friedenszeiten noch nicht erlebt: In jedem Gleis ein Gleissperrsignal, sämtliche Lichtsignale auf Rot, ausgeschaltete Fahrzielanzeiger, die weite Halle ohne Fahrgäste und nur von den gedämpften Geräuschen der Bautrupps erfüllt, ein Heft mit Sonderfahrplänen in halber Kursbuchstärke und vor dem Hauptbahnhof über 100 Autobusse, die sämtliche Fahrgäste von 20 Nahverkehrs- und neun Fernverkehrslinien im Schienenersatzverkehr zwischen sieben ausgewählten »Satellitenbahnhöfen« in Leipziger Vororten und dem Hauptbahnhof beförderten und Anschlüsse herstellten. Der organisatorische und logistische Kraftakt gelang, ohne dass die mitgeplante »Rückfallebene« bemüht werden musste: Am 19. September 2004, 12.03 Uhr fuhr der planmäßige ICE auf der Linie Hamburg–Berlin–Leipzig–München in den nun vollständig an das elektronische Stellwerk angeschlossenen Leipziger Hauptbahnhof ein. Seit dem Juni 2002 waren in das komplexe Vorhaben ESTW Leipzig Hbf 120 Millionen Euro geflossen.

Doch die Entwicklung schreitet unaufhörlich voran. Der nächste Schritt trägt den Namen *European Train Control System* ETCS, Level 2. Es nutzt das globale Navigationssystem GPS und überträgt die Signalbefehle per Funk direkt auf die Lokomotiven bzw. Triebwagen. Für die Deutsche Bahn eine Zwickmühle: Sie hat gerade hunderte Millionen Euro in das sichere System der elektronischen Stellwerke investiert, während bei den vorerst weniger fortschrittlichen Nachbarbahnen eine Neigung zur allerneuesten, vereinheitlichten Technik erkennbar ist, die auf ein anderes Wirkprinzip setzt, jedoch keinen signifikanten Gewinn in puncto Sicherheit des Eisenbahnverkehrs im Vergleich mit der DB AG verspricht.

Mit der Zuschaltung des ESTW am 19. September 2004 gingen zugleich sämtliche herkömmlichen Stellwerke auf dem Leipziger Hauptbahnhof außer Betrieb, darunter das älteste, mechanische – W 29 an der Rackwitzer Straße – aus dem Jahre 1880. Es hatte noch den Berliner Bahnhof erlebt, war schon 35 Jahre alt, als der Hauptbahnhof eröffnet wurde, und trug auf einem Blechkasten mit mechanischen Sicherungseinrichtungen die blankpolierte Revisionsplakette der Preußischen Staatsbahn »Revidiert 1.7.13«. Bis zum letzten Tag funktionierte die museale Technik zuverlässig.

Mit dem Übergang zur elektronischen Stellwerkstechnik auf dem Leipziger Hauptbahnhof senkte sich der Vorhang nicht über alle herkömmlichen Stellwerke. Vier von ihnen – W 16, R 18, B 21 und B 34 –, die sich durch interessante Architektur und typische Technik aus einer längst vergangenen Eisenbahnepoche auszeichnen, stehen im Abschnitt »Denkmale der Produktions- und Verkehrsgeschichte« auf der offiziellen Liste »Kulturdenkmale der Stadt Leipzig«.[202] Sie sind damit als schützenswert eingestuft, und dem Eigentümer, der Deutschen Bahn AG, erwachsen aus dieser Klassifikation besondere Pflichten hinsichtlich der Bewahrung dieser Bauwerke. So verlangt es das Sächsische Denkmalschutzgesetz.

Alle anderen, nicht mehr benötigten Stellwerke werden nach und nach abgerissen. Das Gleisvorfeld des Leipziger Hauptbahnhofs verliert damit klassische Bezugspunkte seiner markanten Silhouette.

RODIO
LIEBHERR

VERÄNDERN UND BEWAHREN

Welche Wandlungen sich in der Hülle des Hauptbahnhofs zutrugen

In seinen 90 Jahren erlebte der Leipziger Hauptbahnhof als geradezu prototypischer Deutscher dieses fortgeschrittenen Alters und gewundenen Lebenslaufs nacheinander das Kaiserreich, die Weimarer Republik, das »Dritte Reich«, eine kurze amerikanische Besatzungszeit, die Sowjetische Besatzungszone (SBZ), die DDR und schließlich die Bundesrepublik Deutschland. Immerhin die Hälfte seiner bisherigen Lebenszeit entfällt auf SBZ und DDR. Spuren nebst Korrekturen sind in diesem wechselhaften Kontext unvermeidlich.

Die schiere Größe des Leipziger Hauptbahnhofs erweckt zuweilen den Eindruck eines breit in sich ruhenden Kolosses. Doch der äußere Schein trügt. Im Inneren der riesigen Station spielten sich – dem aufmerksamen Blick des Beobachters mehr oder weniger zugänglich – über ein knappes Jahrhundert hinweg laufend Veränderungen ab. Einerseits waren sie technischer Natur, wofür vor allem der Fortschritt der Elektrifizierung sowie der Signal- und Sicherungstechnik steht, andererseits entsprangen diese Veränderungen organisatorischen Notwendigkeiten eines effizienten Eisenbahnbetriebs.

Als Gemeinschaftsbahnhof der Sächsischen und der Preußischen Staatsbahn entstanden, schloss der Hauptbahnhof den Dualismus dieser beiden Großorganisationen ein und musste sogar seine äußere Gestalt den historischen Gegebenheiten anpassen.

Unter dem Dach der am 1. April 1920 als Zusammenschluss von sieben ehemals selbständigen Länderbahnen gestarteten Deutschen Reichsbahn-Gesellschaft (DRG) setzte sich die leidige sächsisch-preußische Rivalität in Form der anachronistischen Aufteilung unter zwei Reichsbahndirektionen fort: Bis zum Gleis 13 unterstand der Leipziger Hauptbahnhof der Reichsbahndirektion Halle, ab Gleis 14 der Reichsbahndirektion Dresden, auf dass sich die unsichtbare Direktionsgrenze anschließend munter durch das Gleisvorfeld winden konnte.

Aus Leipziger Sicht ergab sich ein doppeltes Interesse an einschneidenden Änderungen, nämlich die unglückliche, zugleich aber in Gestalt des Hauptbahnhofs symbolträchtige Unterstellung unter die Zuständigkeit zweier Reichsbahndirektionen aufzuheben und im selben Moment die entstehende einheitliche Reichsbahndirektion Leipzig auszuformen. Schließlich war Leipzig unter den neun größten deutschen Städten mit jeweils über 450 000 Einwohnern Ende der 1920er Jahre die einzige ohne Sitz einer eigenen Reichsbahndirektion, und diese Statusfrage kollidierte laufend mit dem Tatendrang der stolzen Bürgerstadt.

In seiner 1928 für Rat und Stadtverordnete verfassten Studie *Leipzig und Mitteldeutschland* machte Stadtrat Leiske so vehement wie in keiner anderen zeitgenössischen Publikation die Position der Messestadt bezüglich einer eigenen Reichsbahndirektion deutlich:

»»» Die Grenze der beiden Reichsbahndirektionen Dresden und Halle schneidet heute noch durch den Leipziger Hauptbahnhof. Und auch die übrigen Leipziger Bahnhofsanlagen sind auf die beiden Reichsbahndirektionen aufgeteilt. […]

Jedem auch abseits stehenden Kenner des Eisenbahnwesens werden die großen Nachteile dieser Zersplitterung

Im Sommer 1996 drehten sich in der Westhalle die Baggerarme, um die Rolltreppe für den Zugang zum Promenadendeck einzubauen. Erstmals seit 1912 war sogar die Treppe zum Querbahnsteig ausgebaut.

Während des Einbaus der Promenaden wurde die gesamte Straßenfassade des Hauptbahnhofs gereinigt und versiegelt. (1997)

für die Reichsbahn selbst, für Betrieb und Verkehr, für die Verkehrsinteressenten und damit für das Stadtleben im ganzen einleuchten, wobei auch von der Kritik gern unterstellt werden wird, daß alle auf Seiten der Reichsbahn beteiligten Persönlichkeiten in den beiderseitigen Direktionen und Ämtern bemüht sind, diese Erschwerungen und Nachteile auf das geringstmögliche Maß beschränken zu helfen. Der Leipziger aber weiß und erfährt täglich und stündlich, daß die Schatten des vormals frischfröhlichen »preußisch-sächsischen Eisenbahnkriegs« auch heute noch, acht Jahre nach der Verreichlichung der Ländereisenbahnen, die berechtigten Ansprüche Leipzigs besonders im großen Durchgangsverkehr verdunkeln. Die Forderung Leipzigs nach einer eigenen Reichsbahndirektion, die mit ihrem Präsidenten und ihren sämtlichen Dezernenten in Leipzig selbst und seinem pulsierenden Leben wurzeln sollte, ist keine Prestigefrage; Prestigefragen liegen ja dem praktischen Sinn der Leipziger so wenig! Sie ist vielmehr ein Reagens auf wirkliche und häufige Verkehrsnotlagen der vielfältigsten Art.

Walter Leiske (1928)[203]

Aus Sicht der Reichsbahn war der aus der Länderbahnzeit ererbte Zuschnitt von kleinen und großen Direktionen nicht minder unbefriedigend. Wurde es jedoch ernst, sperrten sich die mächtigen deutschen Kommunen, denen der Verlust eines Direktionssitzes drohte, gegen jegliche Änderung des status quo, beklagte Generaldirektor Julius Dorpmüller wiederholt. So blieben alle Korrekturen der Organisationsstruktur stecken, von der Auflösung der RBD Magdeburg abgesehen.

Selbst im Alltag wirkte in den Köpfen vieler unter dem Dach des Leipziger Hauptbahnhofs und mit dem gemeinsamen Flügelrad zusammenarbeitender Reichsbahner der alte preußisch-sächsische Eisenbahnkonflikt nach. Die Unterstellung unter eine einheitliche Direktion bewegte 1929 die Gemüter leidenschaftlich.[204] Faktisch jedoch verlief die Diskussion unter hinhaltendem Widerstand, so dass praktische Konsequenzen ungerührt ausbleiben konnten. Noch im Jahre 1931 scheiterte ein Versuch der Reichsbahnspitze, das Eisenbahnnetz im Verkehrsgebiet Leipzig nur einer Reichsbahndirektion zu unterstellen.

Im Jahre 1934 wurde begonnen, das deutsche Verkehrswesen einheitlich zu regeln und den Zentralisierungsbestrebungen des Nazistaats zu unterwerfen, die aus wehrwirtschaftlichen Gründen vorangetrieben wurden. Einleitend stand im entsprechenden Gesetz: »Im nationalsozialistischen Staat gehört die Führung des Verkehrs zu den Aufgaben des Staates. Die Verkehrsmittel können sich in öffentlicher oder privater Hand befinden. Alle müssen sich jedoch an Normen halten, die einheitlich für das ganze Reich erlassen werden. Jedem Beförderungszweig müssen diejenigen Aufgaben zugewiesen werden, die er im Rahmen des Gesamtverkehrs und der Wirtschaft am besten zu lösen vermag«.[205] 1929 wurde noch über die Zweckmäßigkeit einer Aufteilung des Leipziger Hauptbahnhofs unter den Reichsbahndirektionen Halle und Dresden debattiert, 1934 walteten übergeordnete andere Interessen, und eine Diskussion fand nicht mehr statt. Unter dem einflussreichen Direktionspräsidenten Paul Matibel stieg die RBD Halle zur viertgrößten im Reich auf.[206]

Seit dem 1. Oktober 1934 gehörte das Verkehrsgebiet Leipzig und damit auch der gesamte Hauptbahnhof zur RBD Halle. Aus den beiden bis dahin selbständigen Betriebsstellen Leipzig Hbf Westseite und Leipzig Hbf Ostseite entstand der einheitliche Bahnhof Leipzig Hbf. Kaum verwunderlich ist, dass die Eisenbahner des Leipziger Hauptbahnhofs, die zuerst sowohl die blaue preußische als auch die grüne sächsische Dienstuniform trugen und später unter dem Flügelrad der Reichsbahn vereint waren, viele Jahre gedanklich »ihrem« Teil des Hauptbahnhofs verhaftet blieben. Indes schweißten schwierige Zeiten ganz offensichtlich zusammen, und so kommt in den vier erschienenen Nummern der *Zeitschrift der Betriebsgemeinschaft Bahnhof Leipzig Hbf.* des Jahrgangs 1942 vor allem das überwältigende Gefühl des Zusammenhalts zum Ausdruck. Mitteilenswert war, wer viele Jahrzehnte lang vorbildlich seinen Dienst versah, wer durch aufmerksames Verhalten und die richtige Reaktion im rechten Augenblick Bahnbetriebsunfälle verhinderte, wer an die Eisenbahner dachte, die zum Kriegsdienst eingezogen waren, und wer an der Front den Kameraden in der heimatlichen Dienststelle für übersandte kleine Aufmerksamkeiten dankte, wer heiratete oder Nachwuchs bekam. Die Bahn arbeitete zuverlässig, und zum 1. Mai 1942 gab es für den Leipziger Hauptbahnhof das »Gau-

Diplom für hervorragende Leistungen«.[207] Zu einer eigenen Reichsbahndirektion Leipzig kam es indes nie. Der Einfluss der Leipziger Stadtspitze reichte dafür nicht aus.

Das Reichsbahnamt im Rücken des Hauptbahnhofs an der Brandenburger Straße blieb die höchstrangige Behörde in der Verwaltungshierarchie der Bahn in Leipzig, und daran änderte sich nichts, solange es die Reichsbahn gab. Wenigstens war es das größte Rba der DDR-Reichsbahn.

Der Hauptbahnhof seinerseits durchlief in den sechs Jahrzehnten zwischen dem 1. Oktober 1934 – alleinige Unterstellung unter die Reichsbahndirektion Halle – und dem 1. Januar 1994 – Gründung der Deutschen Bahn AG – kaum einen funktionalen Wandel, obwohl sich während dieser Jahre so ziemlich alle Randbedingungen für ihn gravierend änderten.

Leipzig zählt anstatt der einst erwarteten einen Million Einwohner nur eine halbe Million. Die Motorisierung beschleunigte sich fortlaufend und ungebremst und trieb die Konkurrenz zwischen Bahn und Straße spätestens ab 1990 auf die Spitze. Es sank die Zahl der Bahnreisenden, und die Bahn geriet unter Druck, sich dem Wandel möglichst offensiv zu stellen. Selbst einen wohlmeinenden Begleiter des Bahnalltags beschlichen in den späten 1980er Jahren zwiespältige Gefühle beim Blick hinter die Fassade eines der größten europäischen Personenbahnhöfe. Denn der immer drängendere Investitionsstau aus der Endzeit der DDR manövrierte auch den Leipziger Hauptbahnhof in Teilbereichen an die Grenze der Nutzbarkeit.

Die deutsche Einheit brachte den Umschwung. Bei vielen »Verwandten« des Leipziger Hauptbahnhofs in anderen Großstädten verlief die bedenklich abgleitende Entwicklung hin zu einem »Schmuddel-Image« ähnlich, nur kulminierten die Problemlagen in der nach Berlin größten ostdeutschen Stadt besonders krass. Und parallel dazu wuchs die politische Entschlossenheit, mit massiven, öffentlich geförderten Investitionen schnell vorzeigbare und dekorative Beispiele für das Gelingen des von der Bundesregierung ausgerufenen »Aufbaus Ost« zu schaffen.

In seinem Roman *Das Provisorium* beschrieb Wolfgang Hilbig den fragwürdigen Wandel des äußeren Erscheinungsbildes des Hauptbahnhofs in den oftmals chaotischen frühen 1990er Jahren mit ihren sturzbachartig hereinbrechenden Veränderungen aller Lebensbereiche:

»»» *Der Leipziger Hauptbahnhof hatte sich kaum verändert, noch nicht, nur strotzte seine Fassade von jener unüberschaubaren Schriftflut, welche die noch ungewohnte Freiheit wieder aufhob, weil sie schnurstracks zum Analphabetismus führte: Wahlplakate, denen das Alter noch nichts hatte anhaben können, Reklame für allen Tand und Pfusch, Anzeigen für Ausstellungseröffnungen, wohlmeinend zum Magenumdrehen, Handzettel für Saunen, Partnermassage und Unterweisungen in asiatischer Heil- oder Liebeskunst. Viel Papier war vom Regen abgespült worden und bildete schmierseifenglatte Schleifspuren bis weit in den Bahnhof hinein. Drinnen waren alle Wände mit brettern Kiosken bedrängt, die sich gegenseitig beiseite zu stoßen schienen; ihre Unzahl machte die Bahnhofshalle plötzlich klein.* *Wolfgang Hilbig (2000)*[208]

Der Wunsch, dem Leipziger Hauptbahnhof durch gezielten Funktionswandel Bestandskraft zu geben, erwies sich als zuverlässige Begleiterschienung des Bahnalltags. Bewahrung der Substanz durch Abwandlung der Funktion – vor allem durch forcierte Einzelhandelsnutzung – wurde zur Richtschnur des Handelns. Siegfried Stadler schrieb in der *FAZ* von einem »Zwang des Nutzens«.[209]

Als Wendepunkt für den Umgang mit den historischen Bahnhöfen gilt die 1978 im Pariser Centre Pompidou gezeigte Ausstellung *Les Temps des Gares*, die anschließend durch mehrere europäische Länder wanderte und in der breiten Öffentlichkeit den Blick für den historischen Wert der betagten Stationen und ihren immensen Einfluss auf Stadtentwicklung, Mobilität und Reisekultur öffnete. Namhafte Architekten, Stadtplaner und Denkmalschützer plädieren seither nachdrücklich für eine Renaissance der Bahnhöfe und nehmen dafür einen funktionalen Wandel der ererbten Substanz in Kauf, um die Bezahlbarkeit des Bestands abzusichern. Diese Entwicklung ruft allerdings auch Kritiker auf den Plan. Eine »Entfunktionalisierung der Bahnhöfe« beklagt zum Beispiel der prominente Verkehrsexperte Winfried Wolf.[210]

Gemessen an der Entwicklung des Hauptbahnhofs in dem Vierteljahrhundert nach Abschluss des Wie-

Im November 1995 - dem Monat des Umbaubeginns - vermittelte die Architekturzeichnung des Düsseldorfer Büros Hentrich Petschnigg und Partner den Lesern der DB-Werbezeitschrift »Zug« einen Eindruck vom geplanten Aussehen der Querbahnsteighalle ab 1997.

deraufbaus im Jahre 1965 trägt die Chronologie seines Wandels in den 1990er Jahren regelrecht spektakuläre Züge.

Die Einstellung der Bahn zu ihren Immobilien wandelte sich fundamental. Verwertungsdenken nistete sich in Wort und Tat ein und bestimmte fortan die Strategie der neuen Bahnmanager. Unter dem Handlungsdruck der einbrechenden Verkehrsentwicklung auf dem Leipziger Hauptbahnhof tauchten 1992 erste vage Umbauideen auf. Der Vorstandsvorsitzende der damals noch getrennten, aber rasant auf ihren Zusammenschluss zusteuernden deutschen Bahnen, Heinz Dürr, versprach vor der Presse, Leipzig würde Europas schönsten Bahnhof erhalten. Den Weg dorthin sollte das Pilotprojekt »Verkehrsstation mit kommerziellem und kommunikativem Umfeld« ebnen.[211] »Am Hauptbahnhof hat man anfänglich an eine City-Erweiterung nicht gedacht, allenfalls an den östlichen Vorplatz bis zur Brandenburger Straße, für den inzwischen ein Bebauungsplan für eine Geschäfts- und Hotelnutzung aufgestellt wurde, weniger für eine Verkaufsflächenerweiterung. Der Plan wurde interessant, als 1993 die Deutsche Bahn AG und ihre Tochter BME (Bahnhofs-Management- und Entwicklungsgesellschaft mbH) bei der Stadt vorsprachen und ihre Idee vorstellten, den Hauptbahnhof zu einem Dienstleistungszentrum mit vielen zusätzlichen Verkaufsflächen auszubauen«, erinnert sich der damalige Leipziger Stadtbaurat Niels Gormsen.[212]

Die geplante Aufstockung der bestehenden Einzelhandelsflächen in der historischen Gebäudehülle des Empfangsgebäudes um rund 12 000 auf letztlich 26 900 Quadratmeter einschließlich der Dienstleistungseinrichtungen bedeutete eine erhebliche Vergrößerung des innerstädtischen Einzelhandels. Die Lokomotivfunktion für die Zukunft des Hauptbahnhofs wechselte vom attraktiven Zugangebot zum glitzernden Einzelhandel.

Das Planungsdezernat im Neuen Rathaus der Messestadt regte an, einen Architektenwettbewerb durch

Die wesentliche Änderung während des Umbaus war der Wegfall zweier Gleise, an deren Stelle mehretagige Parkdecks traten. Im Bild ist das Gießen der Fundamentplatte für das künftige Parkhaus zu sehen. (1996)

die BME auszuschreiben. Dieser Wettbewerb für den Hauptbahnhof wurde im März 1994 ausgelobt.[213] Als Ziel gab er vor, »den Bahnhof wieder zu einem Mittelpunkt städtischen Lebens [zu] machen«. Dafür wurde die Neugestaltung der Anbindung an die städtischen Verkehrsströme und eine erhebliche Intensivierung der Nutzung gefordert. An die Architekten erging die Auflage, die Warte- und Restaurantsäle dürften in ihrer Gestaltung nicht wesentlich verändert werden. Zugleich sollte untersucht werden, ob der Einbau einer partiellen zweiten Ebene tragbar und mit dem geschützten Charakter der Säle vereinbar sei. Zur umfangreichen Aufgabenstellung gehörte ausdrücklich, die Faszination der Querbahnsteighalle zu erhalten.

Das Preisgericht vergab im Juni 1994 den 1. Preis an das Architektenbüro Hentrich Petschnigg und Partner HPP aus Düsseldorf. Dessen Entwurf sah keine Neubauten vor, sondern beschränkte sich auf einen Eingriff in die vorhandene Substanz, und zwar vor allem in Form »einer den historischen Rahmen achtenden linsenförmigen Öffnung im Boden« des Querbahnsteigs.[214] Der seinerzeit verbreiteten Markteuphorie folgend, sah HPP außerdem Büroflügel in Fortsetzung der Seitengebäude vor. Der Vorschlag wurde zur weiteren Bearbeitung empfohlen.

Frühzeitig verworfen wurden dagegen Ideen anderer Architekten aus dem Kreis der mehr als 30 Einreicher, die zwecks bequemerer Wegeführung Durchbrüche durch vorhandene Geschossdecken und eine breite Treppe vom Querbahnsteig auf die Straßenebene vor dem Mittelbau vorgeschlagen hatten, was mit Sicherheit am Einspruch der Denkmalschützer gescheitert wäre.

Die preisgekrönte Umbauidee gewann an Fahrt. Im Dezember 1994 stimmten das sächsische Landesdenkmalamt und das Referat Denkmalschutz der Stadt Leipzig der kompletten Entkernung der Gebäudeflügel sowie der Einrichtung eines Parkhauses zu. Dieser vorgesehene Einbau anstelle von Büroflügeln, wie im eingereichten Wettbewerbsentwurf konzipiert, bildete die wesentliche Modifikation der ursprünglichen Planungen.[215]

Fachleute kannten die Grundzüge des geplanten Umbaus in sämtlichen Details, doch der breiten Öffentlichkeit entgingen wesentliche Aspekte der Wettbewerbsentwürfe zunächst. Das sollte sich ändern. An den mehrgeschossigen Parkdecks, die anstelle der früheren Gleise 24 bis 26 auf zwei Ebenen weit in die Längsbahnsteighalle hineinragen, entzündeten sich in der zweiten Jahreshälfte 1995 leidenschaftliche und heftig geführte Diskussionen. Den Stein ins Rollen brachte ein ausführlicher Beitrag von Andreas Tappert in der *Leipziger Volkszeitung* vom 21. August 1995. Er setzte sich kritisch mit dem Einbau massiver und dominanter Konstruktionen in die gewachsenen Strukturen des Hauptbahnhofs auseinander.

Viele Leipziger – in den ersten fünf Jahren der deutschen Einheit daran gewöhnt, dass an allen Ecken und Enden besonders des Stadtzentrums hemmungslos entkernt und aufgehübscht wurde – wollten, nicht zuletzt aus dem formalen Grund eines drohenden Bedeutungsverlusts »ihres« Hauptbahnhofs durch den Wegfall von drei Betriebsgleisen, nicht hinnehmen, dass es zu einer »Verschandelung« der traditionsreichen Verkehrsstation kommt. Der Leipziger Protest lag im Trend zahlreicher Bürgerinitiativen, die sich in den 1990er Jahren an vielen Orten in Europa zugunsten des traditionellen Bildes der Bahnhöfe formierten. Als sich engagierte Architekturbewahrer der historischen Bahnhofsmetapher von den »Kathedralen des Verkehrs« zu erinnern und zu bedienen begannen, bekamen wiederum die Umbaubeschleuniger Oberwasser, denn endlich konnten sie ihren Opponenten überzogene Nostalgie und eine rückwärts gewandte Diskussion vorwerfen.

Eine Initiativgruppe sammelte bei den Leipzigern 30 000 Unterschriften und organisierte mehrere Demonstrationen. KritittischeArchitekten aus dem Deutschen Werkbund Sachsen meldeten sich gleichfalls zu Wort. Im September 1995 wandten sich renommierte Leipziger Vorstandsmitglieder des Deutschen Werkbundes Sachsen – Rudolf Ahnert, Peter Guth, Detlef Lieffertz, Irina Pauls, Bernd Sikora – mit einem Brief an den Oberbürgermeister der Messestadt, Hinrich Lehmann-Grube:

»»» *Wir meinen, daß bei in betrieblicher Nutzung befindlichen Gebäuden wie dem Leipziger Hauptbahnhof Modifizierungen der Baustruktur möglich sind, wenn beispielsweise neue Betriebsabläufe dies erfordern. Doch sind sinnvolle Veränderungen völlig anders zu werten wie die Absicht, durch einseitig angelegtes Effektivitätsdenken eine dauerhafte Wertsubstanz nachhaltig zu schädigen. [...]*

Die internationale Öffentlichkeit wird mit Spott auf Leipzig blicken, wenn im Jahr 1996 die neue Glashalle der Leipziger Messe als Entree in eine neue Wirtschaftsblüte Leipzigs eröffnet und gleichzeitig deren nicht nur bauliches, sondern auch ideelles Vorbild verunstaltet wird.

Die Schäden, die durch die Realisierung des zur Diskussion stehenden Parkdecks entstehen werden, bleiben nicht nur auf die Bahnhofshalle beschränkt. Die anschauliche Stadtqualität würde vor allem auch für all jene demontiert werden, die aus Leipziger Sicht helfen sollen, das Ansehen und die Leistungskraft Leipzigs wieder auf einen hohen Stand zu bringen. [...] Wir sind der Überzeugung, daß eine intelligente und hinsichtlich der Denkmalsubstanz auch sensible Lösung für die Parkplatzprobleme auf dem großen Gebiet des Hauptbahnhofes geschaffen werden kann.

Leipzigs heutige Entwicklung sollte darauf orientiert werden, daß die zu ihrer Zeit kühnen und neuartigen Bauwerke wie der Leipziger Hauptbahnhof Anlaß bieten, neue Architektur mit hohem Anspruch an Kreativität und Qualität den herausragenden Zeugnissen der Leipziger Baugeschichte zur Seite zu stellen.[216]

Eine öffentliche Diskussion am 19. September 1995 und zwei Workshops am 10. November 1995 und am 9. Februar 1996 brachten einerseits als Vorschlag der Anhänger eines vorsichtigen Umbaus des Hauptbahnhofs den Einbau eines Parkhauses unterhalb der Gleisebene einschließlich der weiteren temporären Nutzung der zur Disposition stehenden Betriebsgleise 24 bis 26 sowie andererseits vom federführenden Architektenbüro HPP eine Auswahl abgewandelter Varianten des Parkdecks hervor. Alle Beteiligten mussten zur Kenntnis nehmen, dass der Einbau der Parkdecks eine feste Wirtschaftsgröße für die Deut-

Mit einer 400 Tonnen schweren Stahlbühne - zu erkennen an der Wellblechverkleidung über den Gleisen - wurden zwischen 1998 und 2000 die Strahlkonstruktionen der Bahnsteighalle saniert. (1998)

werden, um schwere Bautechnik freizügig einsetzen zu können.

Mit dem Fortgang der Arbeiten verlagerte sich der Schwerpunkt immer weiter in das Innere der verschiedenen Flügel des Eingangsgebäudes und auf das Vorfeld des Hauptbahnhofs. Kräftige Stahlskelette umklammerten alle tragenden Mauern und hielten wegen der geänderten Statik die steinerne Hülle der fast vollständig entkernten Gebäude im Gleichgewicht. Riesige Schilder, wie »Westhalle geschlossen! Ausgang Mitte Querbahnsteig«, verlangten nicht nur von den Gästen der Messestadt einen ausgeprägten Orientierungssinn

Zum Zwecke bequemer und schneller Erreichbarkeit der künftigen Einzelhandelsnutzung erstreckte sich der Ausbau vor allem auf die im Straßenniveau liegenden Bereiche, die im Bahnhof früher dem Umschlag von Reisegepäck vorbehalten waren. Erweiterungen reichen bis unter die Gleisanlagen und dienen in ihrem rückwärtigen Teil der Warenanlieferung sowie der Entsorgung. Eine weitere Verkaufsebene wurde in das 1. Untergeschoss eingezogen. Der dort beginnende neue Zugang zur Fußgängerunterführung unter dem Ring erforderte 1997 spektakuläre Erdarbeiten mitten in der Westhalle. Ein Bahnhofsbereich, der jahrzehntelang nur dem Flanieren und dem Kauf von Fahrkarten, Zeitschriften oder Blumen vorbehalten war, erlebte nun Bagger und schwere Kipper in seinem Inneren. Dieser Technik mussten zeitweilige, weit aufgerissene Zufahrten durch die Seitenwände geschaffen werden.

Während des gesamten Umbaus wanderten 50 000 Kubikmeter Kies und Bauschutt aus dem Untergrund des Hauptbahnhofs auf Deponien. Zu einer Zuspitzung des terminlich äußerst gedrängten Bauablaufs kam es am 23. Juli 1996, als Arbeiter in der Baugrube auf eine amerikanischen Fünf-Zentner-Bombe stießen, die als explosiver Gefahrenherd mehr als ein halbes Jahrhundert im Erdreich unter dem Hauptbahnhof gesteckt hatte. Die Entschärfung des Blindgängers an Ort und Stelle erforderte umfangreiche Sperrungen des Zugverkehrs und die Evakuierung von Reisenden und Eisenbahnern.

Beim Umbau des Hauptbahnhofs zu einem Einkaufszentrum waren zeitweilig bis zu eintausend Bauarbeiter eingesetzt. Im Rohbau der neuen Konsumwelt stecken rund 4000 Tonnen Armierungsstahl und 30 000 Kubikmeter Beton.

In Anwesenheit des sächsischen Ministerpräsidenten Kurt Biedenkopf und des Leipziger Oberbürgermeisters Hinrich Lehmann-Grube wurde am 3. Februar 1997 in der gähnenden Öffnung des Querbahnsteigs Richtfest gefeiert. Zur Eröffnung der »Promenaden Hauptbahnhof Leipzig« am 12. November 1997 kam neben allerlei Bahn- und Wirtschaftsprominenz Bundeskanzler Helmut Kohl als höchster Gast. Festredner würdigten die innerhalb von reichlich zwei Jahren entstandene »Verkehrs-, Erlebnis- und Kommunikationsdrehscheibe«. Der Leipziger Oberbürgermeister erinnerte in seiner Ansprache an die drei Bauleute, die bei Arbeitsunfällen ihr Leben verloren hatten.

Das Gesamtvorhaben des Hauptbahnhof-Umbaus zum Einkaufs- und Dienstleistungszentrum umfasste neben den »Promenaden-Decks« die Rekonstruktion der historischen, von 1992 bis 1997 geschlossenen Wartesäle mit ihren Wandvertäfelungen, Deckenleuchten und dem farbigen Oberlicht in ihrem ursprünglichen Zustand von 1915, das Parkhaus Ost mit 600 Stellplätzen ober- und unterhalb der früheren Bahnsteigebene, das Parkhaus West hinter der denkmalgeschützten Fassade des ehemaligen Mitropa-Gebäudes – inzwischen mit Fahrradstation und 700 Stellplätzen – sowie Vorkehrungen für den möglichst wenig störenden Einbau der Station Hauptbahnhof des künftigen City-Tunnels. Zeitgleich wurde die verwitterte Sandsteinfassade des Hauptbahnhofs auf der Straßenseite – zum zweiten Mal nach 1983 – behutsam gereinigt und anschließend konserviert, um die neuerliche Verschmutzung einzudämmen.

Die Promenaden Hauptbahnhof Leipzig mit ihren über 1200 Beschäftigten in rund 140 Einzelhandelsgeschäften und gastronomischen Einrichtungen auf rund 20 000 Quadratmetern Fläche strahlen dank intensiver Besucherströme in anfangs nicht für möglich gehaltener Weise auf die gesamte Leipziger Innenstadt aus. Sie entfalteten eine positive Wirkung just in dem Augenblick, als der Handelskrieg der amerikanisch inspirierten Malls auf der »Grünen Wiese« gegen die gewachsene europäische Stadt gewonnen schien. Inzwischen holte die Innenstadt verloren geglaubtes Terrain zurück.

Nach Angaben des Center-Managements der ECE liegt die Kundenfrequenz im Schnitt bei 100 000 Personen pro Tag. Sie liegt in der Nähe der jüngsten Zahl von 85 000 Reisenden, die nach Angaben der Deutschen Bahn täglich den Leipziger Hauptbahnhof passieren.[222] Doch keine Statistik gibt darüber Auskunft, in welchem Umfang sich die beiden annähernd gleich großen Personengruppen überlappen und Käufer zugleich Bahnbenutzer sind.

Vertreter von Fahrgastverbänden kritisieren, der Hauptbahnhof sei »aufwendig umgebaut [worden], wobei am Ende statt Gleiswelten mit Geschäftsanschluss Geschäftswelten mit Gleisanschluss verblieben«.[223] Mit nostalgisch verklärtem Blick meldete sich auch der am Anfang der 1990er Jahre in Leipzig in schwindelnde Höhen aufgestiegene und durch die Pleite seiner Immobiliengruppe am 12. April 1994 jäh abgestürzte Jürgen Schneider zurück. Er bedauerte, dass sein Projekt eines riesigen Parkhauses unter dem Tröndlinring nicht umgesetzt wurde. »Statt dessen hat man das Bahnhofsgebäude entgegen dem historischen Vorbild mit einer teuren Einkaufspassage versehen, deren Läden besser im Innenstadtring für urbanes Leben gesorgt hätten«, befand Schneider mit einer gehörigen Portion Selbstgerechtigkeit.[224]

Nur wenige Jahre nach den heftigen Diskussionen um den Einbau der Parkdecks zeigten sich die meisten Leipziger mit dem Umbau des Hauptbahnhofs in der vollzogenen Form versöhnt. Fortan dominierten Zufriedenheit und reichlich Stolz auf »ihren« Hauptbahnhof. Tatsächlich gemeint ist in den meisten Fällen jedoch nur der erheblich vergrößerte Einzelhandelsbereich und weniger die Kernfunktion für den Eisenbahnverkehr. In der öffentlichen Wahrnehmung blieb meist verborgen, dass Aufwertung und Funktionswandel der gesamten Station in zwei unterschiedlichen, klar gegliederten Etappen verliefen: Zunächst widmete sich die ECE zwischen 1995 und 1997 ihrem neuen Umfeld für Einzelhandel und Dienstleistungen, anschließend nahm sich die Deutsche Bahn AG von 1998 bis zum Jahr 2000 die Erneuerung insbesondere der mächtigen Längsbahnsteighalle vor.

Die Sanierung der stählernen Binder wurde zugleich zur Wiederherstellung der im Zweiten Weltkrieg zerstörten historischen Dachkonstruktion in der ursprünglichen ausgerundeten Gestalt ohne die gestuften hölzernen Aufbauten der 1950er Jahre genutzt. Das ambitionierte Vorhaben stand jedoch

Eine Reihe von Optionen, in welche Richtung sich der Leipziger Hauptbahnhof eventuell hätte entwickeln können, steht in engem Zusammenhang mit dem regelmäßig wiederkehrenden Großereignis, das dieser Verkehrsstation außergewöhnliche Leistungen abverlangte und höchsten Zuspruch verschaffte, nämlich mit der Leipziger Messe.

Der vorausschauend geplante Leipziger Hauptbahnhof stieß im Unterschied zu seinem rund dreißig Jahre früher entstandenen Pendant in Frankfurt/Main viel seltener an Kapazitätsgrenzen. Daher genügte er selbst außergewöhnlichen Verkehrsspitzen. Was ihn allerdings zusätzlich aufgewertet hätte, wäre das Umfeld gewesen. Seit den 1920er Jahren, da war der Leipziger Hauptbahnhof kaum zehn Jahre alt, beugten sich Architekten und Stadtplaner immer wieder über Pläne und Entwürfe, die den Koloss funktional noch besser in das gesamte urbane Gefüge der sächsischen Messestadt einbinden sollten.

Exemplarisch für dieses Ansinnen steht der Plan der Ringcity, den Stadtbaurat Hubert Ritter von 1926 bis 1929 entwickelte. Als Bestandteil von neuen, zu beiden Seiten um den Ring laufenden Baublöcken mit architektonischen Dominanten an den wichtigsten Straßenkreuzungen waren zwei Turmhäuser gedacht, die den gestreckten Baukörper des Hauptbahnhofs an seinen Flanken einfassen sollten. Gebaut wurden sie nie.

Ritters Lieblingsprojekt blieb jedoch der Entwurf eines Messehotels am Hauptbahnhof. Er arbeitete daran in den 1920er Jahren und kam Anfang der 1950er Jahre auf das Hotelprojekt zurück, als die Kriegszerstörungen und die in Gang kommenden Pläne für den Wiederaufbau günstige Aussichten auf Verwirklichung zu bieten schienen. Ursprünglich sollte ein in der Höhe gestufter Hotelbau auf der Ostseite des Hauptbahnhofs direkten Zugang zum Querbahnsteig bieten. Das Projekt von 1927 scheiterte am geharnischten Protest der Deutschen Reichsbahn. Sie sah die majestätische Erscheinung ihrer prunkvollen Verkehrsstation durch den schmucklosen Anbau gefährdet.

Ein knappes Vierteljahrhundert später reichte Ritter beim Ministerium für Aufbau der DDR den Entwurf für ein Hotelhochhaus mit glatter, vertikal dezent gegliederter Fassade am bekannten Standort ein. Die brüske Ablehung der Skizze aus formal-ästhetischen Gründen im August 1951 – historisierender »Zuckerbäcker«-Stil galt als höchste Errungenschaft der Baukunst und nicht der Funktionalismus – lieferte den Anstoß für den endgültigen Wegzug des bitter enttäuschten Architekten Hubert Ritter aus Leipzig nach München.[227]

Einen dritten Anlauf, die Ostseite des Hauptbahnhofs mit einer nun InterCity-Hotel genannten Mittelklasse-Herberge zu bebauen, unternahm die Deutsche Bahn AG Mitte der 1990er Jahre. Als Teil der zweckoptimistisch hochgepeitschten Leipziger Immobilieneuphorie nach der deutschen Einheit sollte das gesamte Areal mit einer Kombination aus Hotel, zwei Parkhäusern und Verwaltungsgebäude überbaut werden. Im Vorgriff auf den angestrebten zügigen Baufortschritt wurden verbliebene, allerdings ruinöse Stückgutschuppen aus der Frühzeit des Hauptbahnhofs ebenso wie historische Umfassungsmauern der gesamten Anlage zügig abgerissen. Aus dem Ensemble der geplanten neuen Zweckbauten ist nach dem Verlöschen des Immobilienbooms einzig das Dienstgebäude der DB AG an der Brandenburger Straße errichtet worden.

Als 1995 das bekannte Hotel »Astoria« auf der Westseite des Hauptbahnhofs in die Pleite schlitterte, war auch die Zeit gekommen, das InterCity-Hotelprojekt auf der Ostseite zu begraben. Kein Anzeichen deutet darauf hin, dass in absehbarer Zeit auf der inzwischen als Busparkplatz genutzten öden Fläche ein Hotel errichtet wird, wie es Stadtbaurat Ritter schon vor achtzig Jahren vorgeschwebt hatte.

Städte, denen es wirtschaftlich besser geht als Leipzig am Beginn des 21. Jahrhunderts, wären geradezu entzückt von einem zentral gelegenen Areal mit seinem ins Auge springenden Entwicklungspotenzial, wie es in der Brache auf der Ostseite des Hauptbahnhofs steckt. Es nimmt deshalb nicht wunder, dass diese Fläche eine besondere Rolle im jüngsten, höchst ambitionierten Großvorhaben der Stadt Leipzig spielte, der Bewerbung um die Ausrichtung der XXX. Olympischen Sommerspiele im Jahr 2012, die für Leipzig freilich schon am 18. Mai 2004 mit dem Ausscheiden aus dem internationalen Wettbewerb vor dem IOC abrupt endete. Östlich des Hauptbahnhofs hatten die Gestalter des Leipziger

Olympia-Traums das elektronische Medienzentrum vorgesehen, das unter dem Diktum der Nachhaltigkeit in selbiger Funktion im Anschluss an erfolgreiche Spiele nachgenutzt werden sollte.[228] Auch diese Vision ist inzwischen Geschichte.

In den 1920er Jahren folgten verschiedene Planungen für dominante, die Messe begleitende Bauwerke in der Nähe des Hauptbahnhofs der handelspolitischen Vision der Stadt Leipzig, die Weltmesse auszurichten. 1921 tauchte der Entwurf für den Welthandelspalast auf. Aus Sicht der Architekten gab es gute funktionale Gründe, ihn verkehrsgünstig am Hauptbahnhof anzusiedeln. Allerdings hätte dafür die gesamte Parkanlage mit dem Schwanenteich bis an das Neue Theater am Augustusplatz heran überbaut werden müssen, und die Wirtschaftskraft des Weltkriegsverlierers Deutschland durchkreuzte in jenen Jahren jede Aussicht auf Verwirklichung des riesigen Bauwerks.

Die innigste Symbiose zwischen Hauptbahnhof und Messe hätten nach dem Ende des Zweiten Weltkriegs kurzzeitig aufflackernde Überlegungen von Stadtplanern gebracht. Sie regten an, den ohnehin erforderlichen Wiederaufbau des Hauptbahnhofs als Chance zu begreifen, weiter nördlich – in Höhe der Berliner Straße – anstelle des zerstörten Kopf- einen modernen Durchgangsbahnhof anzulegen. Das historisch gewachsene Areal des Hauptbahnhofs hätte gemäß diesen Anregungen als neues, zentral gelegenes Messegelände zur Verfügung gestanden. Es blieb jedoch beim Gedankenspiel, denn wegen der wirtschaftlichen Restriktionen der damaligen Zeit glich der Wiederaufbau der riesigen Verkehrsstation in der ursprünglichen Form als Kopfbahnhof schon einem Kraftakt ohnegleichen, an einen Umbau zum Durchgangsbahnhof an geändertem Ort war nicht im geringsten zu denken. Zumindest aber geht das Architekturzitat, das Gerkan, Marg & Partner für die grandiose Glashalle auf dem Neuen Messegelände 1992 bei der Halle eines Längsbahnsteigs des Hauptbahnhofs nahmen, formal auf das besondere Verhältnis zwischen den beiden Leipziger »Institutionen« Messe und Bahnhof ein.

Zu den nicht ausgeführten Projekten rund um den Leipziger Hauptbahnhof gehören manche Vorschläge, wie er geschickt mit dem übrigen Verkehr in der Messestadt verknüpft werden könne. Leipzig suchte mit Hingabe enge Anbindungen an den Weltverkehr und war modernen Verkehrsmitteln gegenüber stets aufgeschlossen. Denn damit ließ sich vorteilhaft Handel treiben. Es scheint allerdings, dass die Phantasie mit einigen Träumern durchging, als sie in den 1920er Jahren den Plan vorbrachten, über die ausgedehnten Bahnsteighalle gleich ein ganzes Flugfeld zu legen. An der Ernsthaftigkeit des Vorschlags sind Zweifel angebracht, weil selbst die längstmögliche Ausdehnung dieses sagenhaften innerstädtischen Flugplatzes – die Diagonale über die gesamte rechteckige Fläche hinweg – beim frühen Stand der Luftfahrttechnik keineswegs ausgereicht hätte, Verkehrsflugzeugen ausreichende und sichere Start- und Landemöglichkeiten zu verschaffen.

Ebenfalls eine Utopie, gemessen an den damaligen wirtschaftlichen Potenzen, blieb der Generalverkehrsplan der Stadt Leipzig aus dem Jahre 1970. Die darin vorgesehene Ringschnellstraße sollte nördlich des Stadtzentrums am Hauptbahnhof kurz vor der Hallenschürze aufgeständert quer über das gesamte Gleisvorfeld hinweg führen. Eine solche Betontangente hätte den optischen Eindruck des Bahnhofs erheblich geschmälert. Mehr als ein maßstäbliches Modell kam damals nicht heraus, und die monströse Idee verschwand in den Aktenschränken der Planer.[229]

Frühe Verknüpfung von Eisenbahn und städtischem Nahverkehr: Straßenbahnen und Autobusse befördern die Fahrgäste vom Bahnhofsvorplatz in die Leipziger Stadtteile. Massive Säulen tragen die Straßenbeleuchtung. (1918)

»»» *Zu jeder Tages- und Nachtzeit ist vor dem Hauptbahnhof der Teufel los.*

Nachts blitzen Tausende von Irrlichtern auf, erblinden jäh, blitzen noch spukhafter auf. – Tagsüber blendet die Sonne, spiegelt sich in tausend Scheiben, wird grell reflektiert. Die mächtigen bunten Reklameplakate der Straßenbahnen schwimmen her und hin. Lautlos jagen die Pneumatiks der Fahrräder, Motorräder und Autos über den Asphalt. Dutzende von Straßenbahnen starten und halten an, jede in anderer Richtung, jede nach anderem Fahrplan. – Dort fressen noch den winzigen Raum der schmalen Fahrrinne breite Möbel- und Lastwagen weg. Hunderte von Menschen werden auf schmale Bordsteinkanten gedrängt.

»Rette sich, wer kann« ist die alleinige Parole. Der Selbsterhaltungstrieb stellt Rekorde auf und jeder ist froh, heil über den Damm zu kommen.

Da nahen drei Droschken. Ihre Insassen wollen den Zug noch erreichen: darum Endspurt! – Handkarren mit Reisegepäck zwängen sich durch das Getümmel. Hilflose Reisende werden konfus, verlieren die Orientierung, Karambolagen überall. […] Geschimpf, Hupen, Dröhnen, Geklingel, Gebell, Gezeter – alles disharmoniert miteinander! Wer hinfällt, ist verloren. O Chaos vor dem Hauptbahnhof! Lebensgefährliche via mala! Jeder Quadratdezimeter ist »besetzt«. Ganze Schwadronen Droschken und Autos halten sich für den Strom der Reisenden bereit, der ohne Unterbrechung fließt.

Der Hauptbahnhof ist ein Riese. Die gegenüberliegenden Anlagen sind weit und geräumig. In der Richard-Wagner-Straße könnte man ungestört Kegel schieben auf breiter Asphaltbahn. Nur die Fahrrinne vor dem Bahnhof ist ein kurzer Zwirnsfaden! Und das Leben jedes einzelnen Passanten hängt an diesem Faden! An der Ost- und Westflanke des Hauptbahnhofs herrscht Friedhofsstille. Da könnten kleinste Kinder stundenlang spielen. Von keiner Seite droht Gefahr. Doch wenige Schritte davon entfernt – ist die Hölle losgelassen! […]

Zwanzigstes Jahrhundert! Deiner Ingenieure Geist hat unterirdische Meßhallen erschaffen. Wolkenkratzer, Tun-

nels und Überbrückungen zu bauen ist ihm ein Kinderspiel. Raffinierte Sicherheitsmaßregeln werden ausgeklügelt und ausgeführt. Sollte man nicht auch Herr dieser Schreckensstraße werden können?! Die Lösung des Verkehrsproblems ist doch gar nicht so schwierig. Sie liegt allein in einer Überführung oder besser noch in einer Unterführung. Ein Tunnel zum Georgi-Ring muß geschaffen werden, der den Strom der ankommenden Reisenden gefahrlos von der Bahnhofshalle zu den Verkehrsinseln und weiter zu dem Bürgersteig leitet, der die Parkanlagen umsäumt. *Neue Leipziger Zeitung (1924)*[231]

Die problematische Verkehrssituation vor dem Leipziger Hauptbahnhof verlangte nach einer prinzipiellen, bestandskräftigen Lösung, und diese konnte nur durch die räumliche Trennung der Richtungsfahrbahnen, mehr Gleise für die Straßenbahnen und mindestens eine Unterführung für die Fußgänger erreicht werden. In der zweiten Hälfte der 1920er Jahre drängte die Leipziger Stadtentwicklung auf moderne Lösungen für den Stadtverkehr vor dem Hauptbahnhof. Der Fernverkehr und der Stadtverkehr sollten auf dem Vorplatz besser verknüpft werden.

Im strömenden Regen passiert ein Straßenbahnzug der Linie 3 die Ostseite des Hauptbahnhofs. (um 1925)

Bis Sommer 1929 gab es eine freie Durchfahrt von der Nikolaistraße bis zur Westhalle. (1. Juni 1928)

Schon als die Verkehrsplanungen anliefen, war klar, dass ein wünschenswerter zweiter Fußgängertunnel vor der Osthalle wesentlich teurer werden würde als sein Pendant vor der Westhalle, weil die große Vorflutschleuse für das Abwasser auf der Ostseite umgebaut werden müsste. Dieser zweite Tunnel wurde daher bis heute nicht gebaut.

Schon in der *Neuen Leipziger Zeitung* vom 7. Februar 1929 stand ein ausführlicher Beitrag unter der Überschrift *Die endgültige Gestalt des Hauptbahnhof-Vorplatzes*. Seither beschrieb die Lokalpresse in regelmäßigen Abständen abgewandelte »endgültige« Varianten des verkehrsreichen Platzes, so dass eine gewisse Skepsis gegenüber solch euphorischen Meinungsäußerungen angeraten scheint.

Der 1929 vorgelegte Entwurf fand die Zustimmung der Reichsbahn, der Straßenbahn und der Polizei, obwohl jede dieser drei Behörden einen eigenen Vorschlag unterbreitet hatte. Die Straßenbahnverwaltung wünschte ihre Linienführung viergleisig, da sich angeblich nur so eine schnelle Abwicklung des Verkehrs ermöglichen ließ, und die Reichsbahn forderte größere Fußwegflächen vor den beiden Haupteingängen, die überdacht sein sollten. Gemäß der schließlich beschlossenen Variante erhielt der Bahnkörper der Straßenbahn vor dem Hauptbahnhofsgebäude nur noch eine hundert Meter lange Haltestelle. Sie wurde endlich so gelegt, dass die Eingänge zum Bahnhof durch die haltenden Straßenbahnwagen nicht mehr verstellt werden konnten. Außerdem nahm der Fußgängertunnel unter dem Vorplatz gegenüber der Westhalle konkrete Formen an. Für die Umgestaltung des Platzes wurde die stolze Summe von mehr als 1,8 Millionen Mark eingeplant. Wie üblich in Leipzig, setzten die Messen straffe Limite für den Bauablauf.[233]

In den 1930er Jahren befand sich vor dem Mittelbau des Hauptbahnhofs ein Verkehrskiosk der Kommunalen Verkehrsgesellschaft (KVG) mit Fahrkartenverkauf, Information und Warteraum. (1937)

Trotz der schweren Zerstörungen der Innenstadt waren die intakten Häuse Ende der 1950er Jahre besonders zu den Leipziger Messen voller Leben. (um 1957)

pro Stunde, und es wurden Ampeln an den Abzweigungen und den Fußgängerüberwegen installiert. 1970 folgte die »Grüne Welle«, um den Verkehrsfluss zu verbessern.

Höchst komplizierte Verkehrsführungen ergaben sich immer dann, wenn die Leipziger Verkehrsbetriebe (LVB) die wichtigste Haltestelle ihrer Straßenbahnen – vor dem Hauptbahnhof – umbauten. Für jedes Vorhaben galt die Begründung, die Verknüpfung zwischen Eisenbahn- und städtischem Nahverkehr zu verbessern.

Zwischen dem 19. März und dem 25. Mai 1974 erhielt der gesamte Haltestellenbereich der Straßenbahn ein einheitliches Höhenniveau. Während der Bauarbeiten verkehrte fast keine Straßenbahnlinie in ihrer regulären Linienführung. Überdacht wurden die Haltestelleninseln im Frühjahr 1978 mit zwei über 40 Meter langen Stahlkonstruktionen und Glas im rückwärtigen Bereich. In jenen Jahren stiegen im Schnitt jeden Tag 150 000 Fahrgäste auf dem Hauptbahnhofsvorplatz in die Straßenbahnen ein und aus. Den Haltestellenbereich passierten stündlich rund 200 Straßenbahnzüge, und die LVB beförderten etwa 280 Millionen Fahrgäste pro Jahr (1980).

Nach der deutschen Einheit konzentrierten sich erneute Bauarbeiten auf den Belag der Straßenbahnhaltestelle auf dem Vorplatz sowie auf die Überdachung. Weil der Bahnhof mit seinem Vorplatz eine funktionale Einheit bildet, sah die Ausschreibung von 1994 für den Umbau des Hauptbahnhofs ausdrücklich die Neugestaltung des Vorplatzes einschließlich der großzügigen Verknüpfung mit dem Nahverkehr vor.[236] Gepflanzt wurden die Baumreihen zu beiden Seiten des Empfangsgebäudes – wie in der Entwurfsplanung eines Münchner Architektenbüros vorgeschlagen – allerdings nicht.

Der bislang größte Eingriff in den Hauptbahnhofs-Vorplatz begann am 10. April 2005. Neben einer Neuordnung des Haltestellenbereichs der Straßenbahn, der künftig vier Gleise, aber nur drei Bahnsteige umfassen wird und eine großzügige Überdachung bekommt – dafür werden insgesamt elf Millionen Euro investiert –, konzentrieren sich die Arbeiten vor allem darauf, vom Fußgängertunnel einen Zugang zur Station »Hauptbahnhof« im künftigen City-Tunnel der Bahn herzustellen.

Leipzig Hbf

ANKUNFT UND ABSCHIED

Welcher Zukunft der Leipziger Hauptbahnhof entgegengeht

Besucher des Hauptbahnhofs sind von der »endlosen« Bogenreihe der Hallenschiffe über den einstmals 26 Gleisen fasziniert. (2005)

Vor rund einhundert Jahren wurde mit dem Bau des Leipziger Hauptbahnhofs begonnen, vor neunzig Jahren ging er komplett in Betrieb. Er ist ein stummer Jahrhundertzeuge, der tiefe Spuren von vier Eisenbahnepochen – Länderbahnzeit, Reichsbahn, zwei deutsche Bahnen und deutsche Einheit mit Bahnreform – sowie dreier Jahrhunderte – Planungsbeginn im 19., Bau, Zerstörung, Wiederaufbau, Umbau im 20., Modernisierung und partieller Wandel zum Durchgangsbahnhof im 21. Jahrhundert – in sich trägt.

Der unaufhörliche Wandel des Leipziger Hauptbahnhofs lässt sich an wichtigen Einzelvorgängen ablesen wie dem Abschied von den Dampflokomotiven im Plandienst oder an drei Anläufen der Streckenelektrifizierung oder an zwei Anläufen zum Hochgeschwindigkeitsverkehr. Doch den Wandel beschreiben auch optische Kleinigkeiten im Bahnhofsalltag. Allein die für jedermann sichtbare Werbung auf den Glasflächen der Hallenschürze spricht – über die Jahrzehnte hinweg betrachtet – Bände. Erst war sie durch Lichteinfall von außen hinterleuchtet wie eine *laterna magica*; später strahlten transparente Schriftzüge mit Neonleuchten.

Zeitgeistiger fielen die Werbeinhalte aus: In den 1960er Jahren warben Optima-Büromaschinen und »Aktuelle Schuh-Modelle« aus der Schuhfabrik »Paul Schäfer« in Erfurt um die Gunst der Käufer. Zwanzig Jahre später sollten die Betrachter für die Staatliche Versicherung eingenommen werden (zu der es gar keine Alternative gab) und für Robotron, ohne dass dieses Kombinat Personalcomputer für den Privatbedarf herstellte. Im Oktober 1990 standen anlässlich des Jubiläums »75 Jahre Leipzig Hauptbahnhof« historische Lokomotiven unter dem Schriftzug »Germed – Arzneimittel aus der DDR«, doch da gab es schon keine DDR mehr. Wenig später tauchte die AEG mit riesigen glutroten Buchstaben an der Hallenschürze auf, wobei auch dieses Bahntechnik-Unternehmen inzwischen längst aus dem Handelsregister getilgt ist. Heutzutage wirbt »Wernesgrüner«, und diese sächsische Biermarke stützt sich auf eine über 500jährige Tradition, so dass ihr womöglich noch eine lange Verweildauer auf den Werbeflächen in der Leipziger Bahnhofshalle sicher ist.

Neunzig Jahre Leipzig Hauptbahnhof sind mit ihren positiven Seiten eine Geschichte von Prachtentfaltung und Komfort. Im Inneren kam der Bahnhof nie zur Ruhe. Der »Meister« auf der Dampflok und der Triebwagenführer des ICE, der Fahrdienstleiter und die Bahnsteigaufsicht, der Kellner der Bahnhofsrestauration und der Dienstmann, die klassische Zugauskunft und der Zeitungsverkäufer mit seinem Karren haben alle für sich dieser Station ihren Stempel aufgedrückt und zu verschiedenen Zeiten und unterschiedlich lange ein Stück Lebensweg mit »ihrem« Hauptbahnhof geteilt.

Die Zeiten ändern sich. Jedem Neunzigjährigen würde man Ruhe gönnen, doch für den Leipziger Hauptbahnhof wäre solch ein Ansinnen eine Zumutung. Er wird sich weiter wandeln, und er steht vor neuen Bewährungsproben. Denn wohin die Entwicklung sich auch wendet, einen natürlichen Vorteil kann dem Leipziger Hauptbahnhof niemand streitig machen – seine zentrale Lage im europäischen Eisenbahnnetz und die Verknüpfungen in jede Richtung. Dank durchgängiger Sanierung und qualitativer Aufwertung zwischen 1990 und dem Jahr 2000, dank Hochtechnologie im Stellwerksbereich und Vollendung des S-Bahn-Ausbaus nach Halle im Dezember 2004 verfügt der Leipziger Hauptbahnhof über ein bedeutendes Potenzial für seine weitere Entwicklung. Doch wie schnell das mitteldeutsche Eisenbahnzentrum vorankommt, hängt wesentlich von den Fahrgastzahlen ab. Wenn die Besucherfrequenz des Bahnhofseinzelhandels auf die Benutzung der Züge ausstrahlt – und umgekehrt, sieht die Zukunft dieser Station günstig aus.

Den Bahnhof und sein Umfeld ließen sich unterschiedliche Akteure etwas kosten: 300 000 Mark erforderte 1864 der Neubau des Dresdner Bahnhofs in Leipzig, 60 Millionen Mark der Bau des Hauptbahnhofs, 40 Millionen Mark der DDR der Wiederaufbau, 500 Millionen Deutsche Mark der Umbau zu den Promenaden und noch einmal reichlich 200 Millionen Deutsche Mark die Sanierung von Hallen und Bahnsteigen. Nun folgt mehr als eine halbe Milliarde Euro für den City-Tunnel – eine Zukunftsinvestition.

Der künftige City-Tunnel steht in der Tradition zahlreicher Überlegungen zu einer Schienenverbindung vom Hauptbahnhof zum Bayerischen Bahnhof. Bereits zu einem frühen Zeitpunkt, als der künftige Hauptbahnhof noch nicht endgültig projektiert war, schlug der Verkehrsexperte E. Hasse 1892 vor, die Vorgängerkopfbahnhöfe vom Dresdner Bahnhof aus mit dem Bayerischen Bahnhof durch eine viergleisige Hochbahn ohne Rücksicht auf die Bebauung der Innenstadt zu verbinden.[239] Eine Aussicht auf praktische Umsetzung dieser fragwürdigen, scheinbar amerikanisch inspirierten Idee bestand nicht, und alle innerstädtischen Projekte einer Verbindungsbahn zwischen Hauptbahnhof und Bayerischem Bahnhof favorisierten fortan eine unterirdische Trassenführung.

Bereits als der Hauptbahnhof noch gar nicht fertiggestellt war, begann unter Fachleuten eine heftig geführte Diskussion, ob ein Kopfbahnhof überhaupt zweckmäßig sei. Bekannte Nachteile wie der Fahrtrichtungswechsel der Züge und das Umsteigen auf den Stadtverkehr, um Anschlusszüge auf einem anderen Bahnhof zu erreichen, sollten durch eine Verbindungsbahn teilweise kompensiert werden. Für eine unterirdische Bahnverbindung im Zentrum von

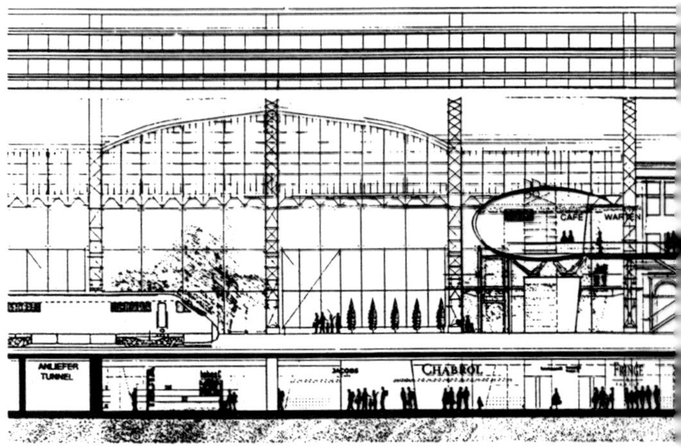

Leipzig sprachen zwei gewichtige Gründe, die eng miteinander zusammenhingen. Zum einen ging es um das rasche und in die Zukunft fortgeschriebene Wachstum der Bevölkerung und zum anderen um die räumliche Ausdehnung der Siedlungsgebiete für die expandierende Einwohnerzahl. Es wurde erwartet, dass der oberirdische Verkehr die steigenden Fahrgastzahlen schon bald nicht mehr aufnehmen könnte. Abhilfe sollte eine in Zentrumsnähe unterirdisch geführte Vorortbahn bringen.

Die U-Bahn sollte parallel mit der Umgestaltung der Leipziger Bahnanlagen und dem Bau des Hauptbahnhofs angelegt werden, um die Kosten eines späteren Eingriffs in funktionierende Bahnhofsstrukturen zu sparen.[240] Vorgesehen waren elektrische Triebwagen mit Oberleitung. Das gewählte Profil war größer als auf den Kleinprofilabschnitten der Berliner U-Bahn, jedoch kleiner als für die üblichen normalspurigen Strecken der Bahn, so dass enge Gleisradien angelegt werden konnten. Die Arbeiten an dem Projekt liefen in der Entstehungsphase des Hauptbahnhofs von 1908 bis 1915. Wäre das Projekt vollendet worden, hätte Leipzig damals als zwölfte Stadt der Welt nach London, Chicago, Budapest, Glasgow, Paris, Boston, Berlin, New York, Philadelphia, Hamburg und Buenos Aires eine U-Bahn und damit eine weltstädtische Verkehrsinfrastruktur im Kreis von Metropolen bekommen

Tatsächlich wurde mit dem Bau begonnen. Doch der Tunnel für die geplante, teilweise unterirdisch

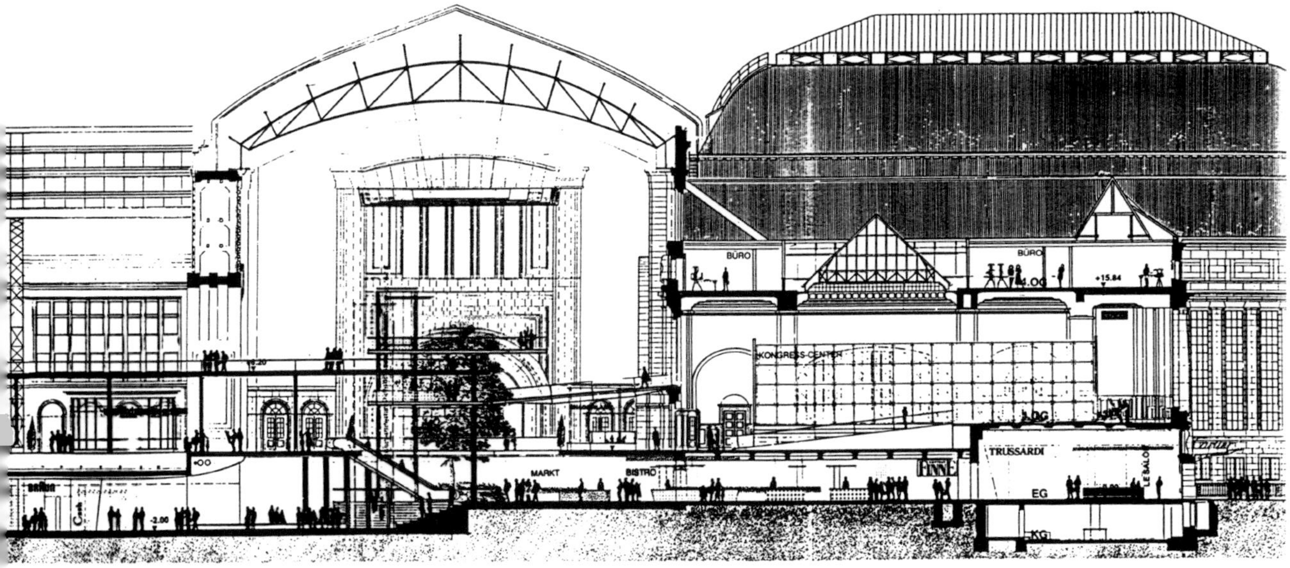

Querschnitt durch Empfangsgebäude und Bahnsteighallen einschließlich der Lage der Station »Hauptbahnhof« im City-Tunnel. (1995)

geführte Vorortbahn unter den Gleisen 22 und 23 auf der Ostseite des Hauptbahnhofs blieb ein funktionsloser Torso, sieht man davon ab, dass er – mit seinen gerade frisch betonierten Wänden – im Ersten Weltkrieg als Eiskeller für Lebensmittelvorräte herhalten musste und später als DEFA-Zeitkino genutzt wurde. Seine eigentliche, nie realisierte Bestimmung war, dass die aus Borsdorf oberirdisch ankommenden Vorortzüge im nördlichen Vorfeld des Hauptbahnhofs auf einem Gefälleabschnitt in den Tunnel und die entsprechende unterirdische Station unter der Osthalle einfahren, das Stadtzentrum tangential unterqueren und via Bayerischem Bahnhof oberirdisch über Markkleeberg nach Gaschwitz geführt werden, wo die separate, nicht mit dem übrigen Eisenbahnnetz verknüpfte Strecke nach 22,8 Kilometern enden sollte.

Der Erste Weltkrieg und die anschließende wirtschaftliche Notzeit unterbanden aus Kostengründen den Weiterbau der im Bereich des Hauptbahnhofs bereits seit 1915 rohbaufertigen unterirdischen Strecken- und Stationsabschnitte. Der Tunnelausgang endet seit neunzig Jahren mehr als einen halben Kilometer nördlich des Empfangsgebäudes im Gleisvorfeld – funktionslos, von Gras überwuchert und mit geschlossenem Portal.

Doch das Tunnelprojekt ließ interessierte Leipziger Wirtschaftskreise nicht los. Kaum hatte sich die deutsche Wirtschaft einigermaßen erholt, wurden in den 1920er Jahre öffentlich Vorschläge lanciert, neben dem Tunnel für Vorortzüge – an dessen Realisierung offensichtlich keinerlei Zweifel gelassen wurde – eine unterirdische Verbindung für den Fernverkehr unter der Leipziger Innenstadt hindurch zu führen:

Um wesentlich bessere Schnellzugsverbindungen mit Leipzig zu schaffen, regt die städtebauliche Arbeitsgemeinschaft für Groß-Leipzig die Schaffung einer technisch möglichen Untergrund-Fernverbindung zwischen Hauptbahnhof und den Gleisanlagen des Bayrischen Bahnhofs an. Sie glaubt, daß früher oder später dieser alte Bahnhof als Verkehrshindernis am Bayrischen Platz fallen müsse. Er solle weiter nach Süden gelegt werden und an der Kronprinzstraßen-Brücke[241] als Haltestelle der Vorort-Bahnverbindung Hauptbahnhof – Connewitz in Erscheinung treten. Das würde bedeuten, daß zwei zweigleisige Tunnel die innere Stadt durchziehen, die teils über-, teils nebeneinander zu liegen kämen. Technisch möglich sei eine Nord-Süd-Fernverbindung und eine direkte Ost-West-Verbindung als Abzweigung vom Augustusplatz unter Grimmaischem Steinweg und Hospitalstraße[242] nach der Gleisanlage des Eilenburger Bahnhofes. Hier könne wieder oberirdisch der Anschluß durch verhältnismäßig einfache Kurvenverbindung an die Dresdner Bahn usw. im Osten erreicht werden. Jetzt handle es sich darum, die Durchführungsmöglichkeit am Roßplatz zu wahren.

Neue Leipziger Zeitung (1925)[243]

Doch den Vorschlägen aus den 1920er Jahren war ebenso wenig Erfolg beschieden wie der erneuten

Bearbeitung der Tunnelidee ab 1934. Der Zweite Weltkrieg durchkreuzte alle Realisierungschancen.

Wenige Jahre nach Kriegsende bewegten Tunnelkonzepte erneut sachkundige Kreise. In einer Studie von 1953 wurde erstmals der Vorschlag unterbreitet, die unterirdische Verbindungsbahn zum Bayerischen Bahnhof unter die West- und nicht, wie früher erwogen und begonnen, unter die Osthalle zu legen. Stichhaltige Begründungen für diese Variante stammten aus den engen Verflechtungen von Stadt und Umland und den daraus ermittelten Pendlerbewegungen, was dem gesamten Projekt eine umfassendere Fundierung verlieh.

Zwanzig Jahre später liefen bereits vertiefte Untersuchungen der Fahrgastströme und des Baugrunds, und der Baubeginn des Tunnels wurde für die Mitte der 1970er Jahre erwartet,[244] doch auch dieser Anlauf scheiterte letztlich am Geldmangel.

Das Tunnelprojekt eines Schienenweges unter der Leipziger Innenstadt erwies sich als treuer Begleiter aller tatsächlichen und vermeintlichen Prosperitätsphasen der Messestadt im 20. Jahrhundert. Immer, wenn ein Aufschwung sich zaghaft zeigte, schien das erwartete Plus an Verkehrsleistung derart bombastisch anzuschwellen, dass ihm an der beschränkten innerstädtischen Oberfläche nicht mehr beizukommen war, worauf sich die Suche nach einem Ausweg in den Untergrund zu wenden begann. Das war 1908 so und auch 1934, 1953 und 1965. Endlich gebaut werden soll der Tunnel für die Bahn ein rundes Jahrhundert nach dem ursprünglichen Anlauf der Tiefbauer.

Nach 1990 ergaben sich realistische Chancen, den Bahntunnel zwischen Hauptbahnhof und Bayerischem Bahnhof endlich zu verwirklichen. 1993 untersuchte das Dresdner Ingenieurbüro Schlegel & Spiekermann im Auftrag des auch für den Verkehr zuständigen sächsischen Staatsministeriums für Wirtschaft und Arbeit, ob der Tunnel machbar sei und was er kosten würde. Bei einer Trassenführung über Markt und Wilhelm-Leuschner-Platz wurde ein Aufkommen von täglich 80 000 Fahrgästen prognostiziert, was für die Begründung der Wirtschaftlichkeit als ausreichend galt. Daraufhin nahm 1996 die Planungsgesellschaft S-Bahn-Tunnel Leipzig GmbH ihre Arbeit auf. Auf der praktischen Ebene zeichneten sich schnell zwei Problemkreise ab: Zum einen ging es um die Mitnutzung des Tunnels für den Fernverkehr, zum Beispiel in der Relation Berlin–Leipzig–München, zum anderen um die erforderliche Mischfinanzierung des in den späten 1990er Jahren mit rund 800 Millionen DM kalkulierten Vorhabens.

Eine ganze Reihe von offiziell für das Jahr 2000 verkündeten Terminen für den ersten Spatenstich am Bayerischen Bahnhof verstrich ergebnislos, weil das Finanzierungskonzept nicht ausreichend unterfüttert werden konnte. Die Verzögerung führte zugleich zu weiteren, unvorhergesehenen Kosten. Verschärfte Sicherheitsvorschriften wurden nach einer Reihe katastrophaler Brände in Verkehrstunneln durch die Alpen in der EU allgemein verbindlich. Zugleich kam das Verbot für Dieselfahrzeuge auf den unterirdischen Abschnitten.

Unter dem Strich ergab sich für die inzwischen City-Tunnel Leipzig genannte Doppelröhre nach Einarbeitung aller erforderlichen Vorschriften im Jahre 2003 ein Investitionsvolumen in Höhe von 572 Millionen Euro. In die Finanzierung teilen sich die Europäische Union, der Bund, die Deutsche Bahn AG, der Freistaat Sachsen und die Stadt Leipzig. Am 23. Mai 2003 unterschrieben der Vorstandsvorsitzende der Deutschen Bahn AG, Hartmut Mehdorn, Verkehrs-Staatssekretärin Ines Gleicke und Leipzigs Oberbürgermeister Wolfgang Tiefensee im historischen Preußischen Wartesaal auf dem Leipziger Hauptbahnhof das dickleibige Vertragswerk. Der erste Rammschlag für den Tunnel erfolgte Anfang Juli 2003 symbolisch, die eigentlichen Arbeiten am City-Tunnel, darunter am Hauptbahnhof, wo die kompliziertesten bautechnischen Herausforderungen warten, und auf dem Markt begannen im Frühjahr 2004.

Die lange Verhandlungsphase über sämtliche Modalitäten hinterließ in Leipzig ein widersprüchliches Stimmungsbild. Nachdem insbesondere weltläufige Leipziger Wirtschaftskreise mehr als einhundert Jahre für diese Schienenverbindung gekämpft hatten, fehlte die Zustimmung in der breiten Öffentlichkeit just in dem Moment, als die praktische Umsetzung eines der derzeit größten innerstädtischen Infrastrukturprojekte in Europa und des größten Bahnprojekts in Sachsen begann. Weil die Einfädelung des Fernverkehrs in die fertige Röhre im Vagen verharrt und jahrelang nur vom Tunnel zwischen Hauptbahn-

hof und Bayerischem Bahnhof die Rede war, ohne daß die eigentliche Bestimmung, eine fundamentale Neustrukturierung des gesamten mitteldeutschen Eisenbahnregionalverkehrs herausgestellt wurde, begegnet das Tunnelprojekt inzwischen mehr Skeptikern als jemals zuvor.

Mitte März 2005 gingen sechs Gleise auf der Westseite des Hauptbahnhofs außer Betrieb. 80 000 Quadratmeter Fläche, die unter dem Hallendach beginnen und im Vorfeld bis zur Eisenbahnüberführung Theresienstraße reichen, verwandelten sich in das Baufeld 0. 14 Kilometer Fahrleitung wurden demontiert, Signale entfernt, Gleise abgebaut, 10 000 Kubikmeter Schotter abgetragen und neun Kilometer Kabel umverlegt. Die komplette Baufeldfreimachung kostete allein sechs Millionen Euro. Auf dem Baufeld finden die spätere unterirdische Station sowie die Westrampe für die Ausfahrt der Züge aus dem City-Tunnel in Richtung Halle und Delitzsch bzw. in Richtung Westen nach Leipzig-Grünau und Weißenfels Platz.

Seit September 2005 gehen die Spezialisten in die Tiefe. Im Hauptbahnhof wird nach dem straffen Kalender der Zwischentermine nun die offene Baugrube für die unterirdische Station gegraben.

Die aufeinanderfolgenden Wellen großer und aufwändiger Ein- und Umbauten im Hauptbahnhof ließen es in den 1990er Jahren ratsam scheinen, im Zuge der damals laufenden Umgestaltung zugleich Vorsorge für die sich abzeichnende nächste Zäsur zu treffen. Für den City-Tunnel wurden bauliche Vorkehrungen getroffen, um während der Tiefbauarbeiten die laufende Nutzung der Einkaufsgalerie so wenig wie möglich zu beeinträchtigen.[245]

Ab 2007 sollen sich unter dem Leipziger Zentrum Tunnelbohrmaschinen voranarbeiten, zuerst vom Bayerischen Bahnhof zum Hauptbahnhof und anschließend – nachdem die komplizierte Technik gedreht und gewartet worden ist – in der Gegenrichtung. Mit seinen rund drei Kilometern Länge wird der City-Tunnel zwischen Hauptbahnhof und Bayerischem Bahnhof ein erheblich größeres Gewicht haben, als es die relativ kurze Distanz nahelegt. Die mit neuester Technik bestückte Doppelröhre soll endlich das fehlende Stück Infrastruktur bilden, um das historisch gewachsene Leipziger Eisenbahnnetz mit einem bedeutenden Kopfbahnhof und Gleistrassen, die herzförmig weit um die City herumführen, effizienter zu gestalten und zu betreiben. Für die weitere Leipziger Stadtentwicklung versprechen sich

Die dreidimensionale Schnittdarstellung der westlichen Bahnhofsseite vermittelt einen anschaulichen Eindruck von den Planungen der unterirdischen Station »Hauptbahnhof«. (1995)

Deutsche Reichsbahn

Fachleute einen ähnlichen Impuls, wie er vor 90 Jahren vom neuen Hauptbahnhof für den Aufschwung der Innenstadt zum Handelszentrum ausging.

Leipzig bekam am Beginn des 20. Jahrhunderts einen eisenbahntechnischen Großbau und soll am Beginn des 21. Jahrhunderts einen weiteren erhalten. Vor einhundert Jahren wurden in die »Centralbahnhofsanlage« 137 Millionen Mark investiert, nun sollen es 572 Millionen Euro für den City-Tunnel sein. Die Zahlen sprechen Bände, was die Geldwertentwicklung im zurückliegenden Jahrhundert betriff.

Mit der Fertigstellung des Großvorhabens City-Tunnel soll der gesamte Nah- und Regionalverkehr auf der Schiene in und um Leipzig qualitativ erheblich aufgewertet werden. Inbesondere lange Zugläufe werden Stadt und Region vernetzen, zum Beispiel aus Richtung Südwest-Sachsen zum Flughafen Leipzig/Halle oder zwischen Halle und Altenburg. Die Deutsche Bahn arbeitet derzeit an dem Zugkonzept, das die technische Kapazität des City-Tunnels mit zwölf Regional- und einer Fernverbindung je Stunde und Richtung ausschöpfen soll.

Mit dem fertigen City-Tunnel wird sich der Hauptbahnhof teilweise in einen Durchgangsbahnhof verwandeln. Da geplant ist, einen beträchtlichen Teil des Regionalverkehrs auf der Schiene schon in naher Zukunft durch den City-Tunnel fließen zu lassen, entfallen oberirdisch sechs Bahnsteige.

Die Inbetriebnahme des City-Tunnels ist für den regulären Wechsel des Jahresfahrplans im Dezember 2009 vorgesehen. Pünktlich zum 100. Jahrestag der Grundsteinlegung für den Hauptbahnhof soll sich eine Vision weitblickender Verkehrsplaner erfüllen.

Wie der Leipziger Hauptbahnhof im Jahr 2015 seinen hundertsten Geburtstag feiern wird, hängt auch davon ab, ob beim Bau des City-Tunnels alle zugesagten Fertigstellungstermine eingehalten werden und wie überzeugend die angekündigte Neuordnung des gesamten mitteldeutschen Regionalverkehrs auf der Schiene gelingt.

Im Jahr 2015 – ein Vierteljahrhundert nach Wiederherstellung der deutschen Einheit – soll der City-Tunnel bereits sechs Jahre in Betrieb sein. Viele Sympathisanten der mächtigen Leipziger Verkehrsstation möchten, dass dann auch Fernverkehrszüge die Doppelröhre unter dem Stadtzentrum passieren. Die meisten Wünsche richten sich vorrangig auf die schnelle Relation Berlin–München über Leipzig und Hof. Denn trotz unbestrittener Bedeutung für den Regionalverkehr ist der Leipziger Hauptbahnhof zuvörderst ein Katalysator des Fernverkehrs. Andernfalls wäre er vor einhundert Jahren in seiner bekannten Gestalt nicht gebaut worden und auf keinen Fall in seiner faszinierenden Dimension.

Wenn der Leipziger Hauptbahnhof hundert wird, wird der Fernverkehr auf der Schiene anders aussehen. Es kommt mehr Konkurrenz auf die Deutsche Bahn zu. Schon seit März 2001 betreibt die private Bahngesellschaft Connex eine tägliche Verbindung von Gera via Leipzig Hbf und Berlin nach Rostock und zurück.

Möglicherweise gibt es in ein paar Jahren Fusionen europäischer Bahngesellschaften, wofür die DB AG vorerst nur ein Lächeln übrig hat. Der Ausbau des Fernverkehrs auf der Schiene ist die große Chance für den Leipziger Hauptbahnhof. Er liegt im Zentrum der Netze und könnte das Zentrum neuer Verbindungen werden. »In dem Maße, wie es gelingt, den Leipziger Hauptbahnhof immer besser in das europäische InterCity-Netz einzubinden, wird er wieder seine frühere Bedeutung erlangen«, sagte Sachsens Ministerpräsident Kurt Biedenkopf schon 1997 voraus.

Doch im Gegenzug wird der Leipziger Hauptbahnhof einen gravierenden Einschnitt ertragen müssen: Mit der avisierten Inbetriebnahme des City-Tunnels und dem geänderten Spurplan im nördlichen Vorfeld wird die riesige Station einen Teil ihrer oberirdischen Gleise verlieren – sechs weniger standen im März 2005 in diversen Detailplanungen. Dann wird es erst recht nicht länger die Zahl der Gleise, sondern das umbaute Volumen der riesigen Hallen sein, das den legendären Ruf des Leipziger Hauptbahnhofs begründet: Er bleibt der größte Kopfbahnhof Europas.

Generationen von Eisenbahnern verrichteten ihren Dienst auf dem Leipziger Hauptbahnhof. Die Dampflokomotive war das Symbol einer Epoche, und die meisten Jungen träumten davon, später einmal Lokführer zu werden. (um 1965)

ZEITEN UND RÄUME

Die Biographie des Leipziger Hauptbahnhofs

1898–1902
Verhandlungen über den Bau eines Centralbahnhofs in Leipzig zwischen Sächsischer und Preußischer Staatsbahn

1902, 22. Mai
Unterzeichnung des Hauptvertrags zwischen der sächsischen und der preußischen Seite, in dem sämtliche Einzelschritte der komplexen Umgestaltung der Leipziger Bahnanlagen geregelt sind

1902
Beginn des Umbaus der Bahnanlagen auf dem Rangierbahnhof Wahren der Preußischen Staatsbahn

1906, Oktober
Nationaler Wettbewerb für die Gestaltung des stadtseitigen Empfangsgebäudes, ausgeschrieben von der preußischen und der sächsischen Staatsregierung

1907, 1. Oktober
Der Thüringer Bahnhof geht als erster der alten Leipziger Bahnhöfe außer Betrieb und wird anschließend abgebrochen.

1909, 16. November
Grundsteinlegung für das Empfangsgebäude des künftigen Hauptbahnhofs

1912
Inbetriebnahme des Postbahnhofs an der Rohrteichstraße

1912, 1. Mai
Teilinbetriebnahme des Hauptbahnhofs auf der westlichen (preußischen) Seite

1913, 1. Februar
Abfahrt des letzten Zuges vom Dresdner Bahnhof, dessen Abbruch unverzüglich beginnt

1915, 1. Oktober
Inbetriebnahme des gesamten Leipziger Hauptbahnhofs nach Fertigstellung der östlichen (sächsischen) Seite

1915, 4. Dezember
Offizielle Eröffnung des Leipziger Hauptbahnhofs; in der Osthalle wird der Schlussstein gesetzt

1922, 23. Mai
Eröffnung des elektrischen Zugbetriebs im Personenverkehr zwischen Leipzig und Halle

1922, 19. Dezember
Beginn des elektrischen Zugbetriebs zwischen Leipzig Hauptbahnhof und Bitterfeld bzw. Dessau

1929, Sommer
Bau des Fußgängertunnels vor dem Hauptbahnhof

1934, 1. Oktober
Die Grenze zwischen den Reichsbahndirektionen Halle und Dresden wird auf dem Leipziger Hauptbahnhof aufgehoben. Der Leipziger Hauptbahnhof gehört fortan zur Reichsbahndirektion Halle.

Zu Beginn der 1950er Jahre zeigt der Hauptbahnhof äußerlich schon wieder eine intakte Fassade. Auf der Straße teilen sich PKW, LKW und Pferdefuhrwerke den reichlich zur Verfügung stehenden Raum. Der rot-beige Straßenbahnzug der Linie 20 gehörte zu den Kommunalen Wirtschaftsunternehmen (KWU) der Stadt Leipzig. (um 1952)

03 2204-0

WECHSELN UND WEICHEN

Exkurs zu den Lokomotiv-Stationierungen in Leipzig Hbf

Traditionslokomotive 03 2204 (Bw Cottbus) in der Halle des Hauptbahnhofs. (1999)

In die Reichsbahn-Zeit starteten die drei Bahnbetriebswerke West, Süd und Nord des Hauptbahnhofs Anfang der 1920er Jahre mit einer großen Vielfalt an Länderbahn-Maschinen. Wenn eine Baureihe herausragte, dann war es die preußische P 8 (DRG-Baureihe 38.10-40). Im Herbst 1925 standen 15 Exemplare der P 8 in den Bestandslisten des Bw Süd und 13 in den Listen des Bw Nord, die damals beide zur »sächsischen« Direktion Dresden gehörten.

Wie der gesamte Hauptbahnhof kamen auch die Betriebswerke Nord und Süd (neben dem Bw Bayerischer Bahnhof) am 1.10.1934 zur RBD Halle, und zwar das Bw Süd mit inzwischen 17 und das Bw Nord mit elf P 8.[246] In den Verzeichnissen der RBD Halle standen zum Stichtag 31.10.1939 insgesamt 13 Exemplare der P 8 beim Bw West, 17 beim Bw Süd und fünf beim Bw Nord.

Inzwischen rollten längst die ersten Einheitslokomotiven in Leipzig an. In den Bahnbetriebswerken des Leipziger Hauptbahnhofs wurde vor allem die Baureihe 03 stationiert. Leipzig West war 1932 das erste Betriebswerk der RBD Halle mit Stationierungen der leichten Zweizylinder-Schnellzuglok der Baureihe 03; zehn Jahre später war diese Baureihe auch beim Bw Nord zu finden. Leipziger 03er wurden vor Schnellzügen bis Nürnberg und Berlin eingesetzt.[247]

Als die RBD Halle an der Jahreswende 1934/35, also kurz nach der Aufhebung der RBD-Grenze auf dem Leipziger Hauptbahnhof, mit Erstzuteilungen der Einheits-Schnellzuglok Baureihe 01 bedacht wurde, kamen alle vier der bei Krupp in Essen gebauten Maschinen 01 118 – 01 121 zum Bw Leipzig West.[248] Die Bestände dieser Baureihe beim Bw Leipzig West unterlagen in späteren Jahren starken Schwankungen. Eine 01-Hochburg – wie zum Beispiel das Bw Erfurt P – war das Bw Leipzig West nicht.

Am 1.8.1941 – zu diesem Zeitpunkt waren sämtliche Lokomotiven der Schnellzug-Baureihe 01 ausgeliefert – befanden sich von den 13 Maschinen dieser Baureihe, die der RBD Halle zugeteilt waren, acht in den Bahnbetriebswerken des Hauptbahnhofs:[249]

Bw Leipzig Nord:
01 085, 01 162, 01 165, 01 204, 01 205
Bw Leipzig West:
01 120, 01 121, 01 225

Das Bw Leipzig West gehörte zu den zehn Betriebswerken mit Erststationierungen der 1939/40 ausgelieferten 54 Serienmaschinen der Dreizylinder-Schnellzuglokomotiven Baureihe 01.10.[250] Sie wurden vor allem in Richtung Berlin eingesetzt. Im Sommer 1944 zog die Deutsche Reichsbahn alle hochwertigen Lokomotiven der Baureihe 01.10 in das westliche Reichsgebiet zurück, deshalb findet sich später keine Vertreterin dieser Baureihe in den Bestandslisten der ostdeutschen Reichsbahn.

Von Systematik des Lokomotiv-Bestandes in den drei Betriebswerken auf dem Leipziger Hauptbahnhof konnte kurz nach dem Zweiten Weltkrieg keine Rede sein, obwohl die Bespannungsaufgaben stets durch die selben Zugkategorien dominiert waren – Schnellzüge und Personenzüge. An kaum einer anderen Stelle war solch ein Sammelsurium von Lokgattungen anzutreffen wie in Leipzig.

Im einzelnen fanden sich zum Stichtag 20. Dezember 1945 folgende Lokomotiven in den Bestandslisten der drei großen Betriebswerke:[251]

Bw Leipzig West

01 085, 01 110, 01 120, 01 121, 01 137, 01 139, 01 162, 01 165, 01 185, 01 205, 01 225,
03 058, 03 081, 03 105, 03 150, 03 151, 03 153, 03 155, 03 156, 03 162, 03 298
03 1088
38 1216, 38 1582, 38 1731, 38 1989, 38 2051, 38 2066, 38 2140, 38 2195, 38 2738, 38 3034, 38 3090, 38 3163, 38 3296, 38 3348, 38 3506, 38 3620
41 003, 41 066, 41 071, 41 154, 41 161, 41 263
44 031
52 630, 52 1233, 52 1301, 52 2678, 52 2698, 52 2883, 52 2885, 52 2886, 52 2887, 52 3177, 52 3550, 52 4798, 52 5070, 52 5074, 52 5144, 52 6199, 52 6774, 52 6779, 52 7223, 52 7233, 52 7734
55 5204
57 1996, 57 3103, 57 3358
58 1311, 58 1363, 58 1554, 58 1666, 58 1766, 58 1811, 58 1813
58 2418 (ex PKP Ty 23)
80 010, 80 011, 80 012
91 663, 91 666, 91 967, 91 968, 91 971, 91 973, 91 975, 91 1080, 91 1137, 91 1680
92 520, 92 531, 92 678
93 938, 93 1001, 93 1002, 93 1029, 93 1158, 93 1262
94 238
E 04 05, E 04 07, E 04 08, E 04 09, E 04 10, E 04 13, E 04 14, E 04 15
E 05 001, E 05 002, E 05 103
E 06 04
E 18 28, E 18 31, E 18 34, E 18 44
E 21 01, E 21 02
E 44 031, E 44 049, E 44 050, E 44 105, E 44 106, E 44 112

Bw Leipzig Nord

38 1335, 38 1378, 38 1734, 38 1917, 38 2584, 38 2592, 38 2797, 38 4019, 38 4020, 38 4021
39 004, 39 006, 39 017, 39 028, 39 029, 39 037, 39 078, 39 098, 39 107, 39 113, 39 132, 39 159, 39 163, 39 164, 39 165, 39 175, 39 188, 39 189, 39 192, 39 216, 39 245, 39 248, 39 249
44 1040
52 760, 52 2544, 52 3260, 52 3498, 52 3501, 52 4822, 52 5191, 52 6077, 52 6464
58 1075, 58 1503, 58 1616
74 477, 74 674, 74 732, 74 985
80 018, 80 019, 80 020, 80 021, 80 022, 80 025, 80 026, 80 027

Bw Leipzig Süd

03 1046
13 316
19 140 (ex PKP Pt 31)
38 1295, 38 1419, 38 1557, 38 2072, 38 2152, 38 2337, 38 2838, 38 2911, 38 2915, 38 3091, 38 3225, 38 3293, 38 3295, 38 3659, 38 3706, 38 3783, 38 3806, 38 3971, 38 3973, 38 4014, 38 4017, 38 4025, 38 4028, 38 4029
41 054, 41 182
50 2226
52 092, 52 444, 52 450, 52 2548, 52 5871, 52 6824, 52 7227
54 157
55 1998, 55 2785, 55 3526, 55 4927
56 3911 (ex PKP Tr 21)
64 164, 64 173, 64 175, 64 176, 64 178, 64 179, 64 182, 64 183, 64 184, 64 185, 64 189, 64 331
74 449, 74 481, 74 1009
78 472
80 024
86 617, 86 771
90 252
91 610, 91 1013, 91 1088
92 899
94 202, 94 241, 94 248, 94 253, 94 634, 94 671, 94 752, 94 845, 94 1147

Während die Listen der Rbd Halle mit Stichtag 20.12.1945 als Vertreterinnen der Dreizylinder-Schnellzug-Baureihe 03.10 in Leipzig allein die 03 1046 beim Bw Süd und die 03 1088 beim Bw West führen,[252] wurden in der Folgezeit die bei der Reichsbahn in der SBZ verbliebenen und im Raw Chemnitz aufgearbeiteten 18 Maschinen dieser Baureihe im Bw Leipzig Hbf West (ebenso wie im Bw Halle P) konzentriert.[253] Bei ihrer Aufarbeitung in Chemnitz verloren die Lokomotiven der Baureihe 03.10 ihre elegante Stromlinienverkleidung. Später verlagerte sich ihr Einsatzgebiet in den Nordosten der DDR zum Bw Stralsund.[254]

Um das Durcheinander der Stationierungen zu beenden, führte die Deutsche Reichsbahn in den Jahren 1948/49 eine Gattungs-Bereinigung durch.

Weiterhin unabkömmlich war in Leipzig die preußische P 8. Das Bw West hatte am 31. Dezember 1950 mit 38 Maschinen den zweithöchsten Bestand an Lokomotiven dieser Baureihe im Rbd-Bezirk Halle; zu diesem Zeitpunkt gehörten 32 P 8 zum Bw Leipzig Süd und ganze zwei zum Bw Leipzig Nord.[255]

Leipzig blieb nach dem Zweiten Weltkrieg eine Hochburg der Baureihe 03. Im Herbst 1960 gehörten von den 77 Lokomotiven dieser Baureihe bei der DR allein 27 und damit mehr als ein Drittel des Gesamtbestandes zum Bw Leipzig West. Im einzelnen waren das:[256]

03 010, 03 058, 03 067, 03 081, 03 083, 03 117, 03 120, 03 128, 03 135, 03 143, 03 155, 03 156, 03 158, 03 172, 03 195, 03 202, 03 205, 03 206, 03 236, 03 239, 03 243, 03 265, 03 270, 03 274, 03 278, 03 295, 03 298

Die Rückkehr der elektrischen Traktion nach Leipzig ab 1958 schlug sich im Bestand des Bw West im Jahre 1960 folgendermaßen nieder:

E 04 01, E 04 02, E 04 03, E 04 05, E 04 15, E 04 16
E 05 002 (Z)
E 17 123, E 17 124
E 18 19, E 18 31
E 21 01, E 21 02
E 44 053, E 44 063, E 44 095, E 44 102, E 44 130, E 44 131, E 44 134, E 44 136
ET 25 012A, ET 25 012B, ET 25 012C

Der Bestand an Verbrennungstriebwagen – unter anderem nach Berlin eingesetzt – hatte 1960 im Bw West folgendes Aussehen:

VT 137 030, VT 137 034, VT 137 035, VT 137 084, VT 137 088, VT 137 212, VT 137 213, VT 137 220, VT 137 329, VT 137 331, VT 137 367, VT 137 368, VT 137 371

Die ersten Diesellokomotiven – für den Rangiereinsatz – waren:

V 15 1001, V 15 1002, V 15 1003

Ende der 1950er Jahre und 1960 wurde eine nennenswerte Zahl von Neubau-Personenzuglokomotiven in Leipzig stationiert. An Lokomotiven der Baureihe 65.10 beheimatete das Bw Leipzig Hbf Süd mit Stand vom 1. Juli 1960[257] im einzelnen die

65 1002, 65 1005, 65 1006, 65 1009, 65 1010, 65 1011, 65 1013, 65 1015, 65 1026, 65 1028, 65 1029

Rund anderthalb Jahrzehnte führte das Bw Süd Neubau-Lokomotiven der Baureihe 23.10 im Bestand, wobei 1965 mit elf Maschinen die höchste Zahl erreicht war. In verschiedenen Jahren hatte der Betriebspark an Lokomotiven der Baureihe 23.10, die am 1.7.1970 in die Baureihe 35 umgezeichnet wurde, beim Bw Süd folgendes Aussehen:[258]

1961
23 1065, 23 1071, 23 1072, 23 1075, 23 1076, 23 1088, 23 1103
1965
23 1001, 23 1002, 23 1065, 23 1066, 23 1071, 23 1072, 23 1075, 23 1076, 23 1077, 23 1088, 23 1103
1970
35 1001, 35 1072, 35 1077, 35 1101
1973
35 1069, 23 1080

Zu den Leipziger Stationierungen von Lokomotiven der Baureihe 23.10 zählten 1973 außerdem die beiden Maschinen 35 1102 und 23 1103 im Bw West.

In den Leipziger Bahnbetriebswerken dauerte das Nebeneinander von Länderbahn-, Einheits- und Neubau-Dampfloks bis 1972 an. Zum 30.6.1970, dem Zeitpunkt der Umzeichnung auf EDV-Nummern bei der Deutschen Reichsbahn, führten die Betriebswerke Süd und West noch je vier betriebsfähige P 8.[259] Von den letzten fünf P 8 im Bereich der Rbd Halle, wo diese Baureihe 64 Jahre lang eingesetzt wurde, schieden drei in Leipzig aus dem Betriebsdienst aus: 38 2566 (Bw Leipzig Süd) im Frühjahr 1972, 38 3292 (Bw Leipzig West) am 2.8.1972 und schließlich 38 2443 (Bw Leipzig West) am 14.9.1972.

Indes nahm der Bestand an Lokomotiven der Baureihe 03 inbesondere nach Anlieferung der ersten V 180.2 (ab Januar 1968 im Bw Süd) und nach dem Auftauchen der Baureihe 132 kontinuierlich ab. 1969 – ein Jahr vor der Umzeichnung des Lokomotiv-Bestandes der DR auf EDV-Nummern – führte das Bw West noch elf Maschinen der Baureihe 03.

Im Sommer 1974, als sich die Dampf-Epoche im Schnellzugdienst ihrem Ende zuneigte, gehörten folgende Lokomotiven der Baureihe 03 zum Bw Leipzig Hbf West:[260]

03 2083, 03 2121, 03 2128, 03 2155, 03 2162, 03 2234, 03 2243, 03 2254

Im Jahr darauf – 1975 – war der Bestand auf drei Maschinen (03 2083, 03 2121 und 03 2162) geschrumpft. Den letzten von einer ursprünglich in Leipzig beheimateten Schnellzuglok bespannten Zug förderte die 03 2058 (ex 03 058) am Morgen des 26.5.1979 von Leipzig Hbf nach Berlin.

INFORMATION UND INSPIRATION

Verzeichnisse und Register

Anmerkungen

1 Velhagen & Klasings Taschenatlas für Eisenbahnreisende, 1929, Blatt 32.
2 Leiske, Leipzig und Mitteldeutschland, S. 134.
3 Schweiger-Lerchenfeld, Das Eiserne Jahrhundert, S. 228.
4 Der gemütliche Sachse, Jg. 33, 1928, Nr. 27, S. 11.
5 Vgl. Schivelbusch, Geschichte der Eisenbahnreise.
6 Reimann, Was nicht im Baedecker steht, S. 16.
7 Vgl. Becher, Leipzig-Dresdner Eisenbahn-Compagnie, S. 127.
8 Vierter Bericht des Eisenbahn-Comite zu Leipzig an das Publicum. Die verschiedenen Arten und die Kosten des Oberbaus der Eisenbahnen betreffend, Leipzig 1834 (zit. nach: Becher, Leipzig-Dresdner Eisenbahn-Compagnie, S. 115).
9 Brockhaus, Tagebücher, S. 165–166.
10 Zit. nach: Leipzig-Archiv (Loseblattsammlung), Braunschweig 1995, Blatt I, 03027 E.
11 Vgl. Berger, Historische Bahnhofsbauten, I, S. 31.
12 Vgl. Album der Leipzig-Dresdener Eisenbahn.
13 Leipzig-Dresdner-Eisenbahn, Reglements vom April 1840, S. 7.
14 Vgl. Berger, Historische Bahnhofsbauten, I, S. 150.
15 Vgl. Bayer/Sobek, Der Bayerische Bahnhof, S. 70 ff.
16 Vgl. Bayer/Sobek, Der Bayerische Bahnhof, S. 80 f.
17 Zit. nach Leipzig in Geschichten und Bildern, S. 98.
18 Vgl. Hundert Jahre deutsche Eisenbahnen.
19 Haarhaus, Leipziger Spaziergänge, S. 127.
20 Vgl. Berger, Historische Bahnhofsbauten, I, S. 126.
21 Vgl. Berger: Leipzig Hauptbahnhof, S. 39–40.
22 Leiske, Leipzig und Mitteldeutschland, S. 129.
23 Vgl. Bufe, Eisenbahnen in Sachsen, S. 14.
24 Vgl. Empfangsgebäude für den Hauptbahnhof zu Leipzig. Besondere Bestimmungen. In: Deutsche Konkurrenzen, Band XXII, 1907, Heft 1, S. 2 ff.
25 Vgl. Empfangsgebäude für den Hauptbahnhof zu Leipzig. Aus dem Gutachten des Preisgerichts. In: Deutsche Konkurrenzen, Band XXII, 1907, Heft 1, S. 7–8.
26 Vgl. Preuß/Preuß, Sächsische Staatseisenbahnen, S. 167.
27 Binney/Hamm/Foehl, Great Railway Stations, S. 38.
28 Dost, Der rote Teppich, S. 113.
29 Vgl. Empfangsgebäude für den Hauptbahnhof zu Leipzig. Besondere Bestimmungen. In: Deutsche Konkurrenzen, Band XXII, 1907, Heft 1, S. 2.
30 Fürst, Die Welt auf Schienen, S. 379.
31 Vgl. Hofmeister/Adler, Leipzig Hauptbahnhof, S. 112–113.
32 Vgl. Adam, Die Anfänge industriellen Bauens in Sachsen, S. 39.
33 Fürst, Das Reich der Kraft, S. 49–50.
34 Vgl. Berger, Leipzig Hauptbahnhof, S. 117.
35 Binney/Hamm/Foehl, Great Railway Stations, S. 38.
36 Kubinszky, Architektur am Schienenstrang, S. 53.
37 v. B.: Im neuen Hauptbahnhof. In: Sonder-Beilage zum Leipziger Tageblatt, 28. April 1912.

Die Messeinformationstände auf dem Querbahnsteig gehörten zu den ersten Anlaufpunkten für auswärtige Besucher. (1963)

38 Fürst, Die Welt auf Schienen, S. S. 369–370.
39 Vgl. Die Verwaltung der öffentlichen Arbeiten in Preussen 1890 bis 1900, S. 19–20.
40 Vgl. Volk, Leipzig, S. 179.
41 Vgl. Leonhardt, Das Alte und das Neue in Leipzigs Stadtkörper, S. 18.
42 Kästner, Der Karneval des Kaufmanns, S. 173.
43 Luftangriff auf die Reichsmessestadt Leipzig am 4. Dezember 1943. Vorläufiger amtlicher Abschlußbericht, Leipzig 30. Dezember 1943 (zit. nach Lehmstedt, Leipzig brennt, S. 208).
44 Vgl. Lehmstedt, Leipzig brennt, S. 36.
45 Rita Oelschlägel (Jg. 1934), Erinnerungsbericht, 2005.
46 Siehe S. 208–215.
47 Bufe, Eisenbahnen in Sachsen, S. 42.
48 Berger, Historische Bahnhofsbauten, I, S. 126.
49 Illner/Schuchardt, 50 Jahre Leipzig-Hauptbahnhof, S. 51.
50 Simmons, The Victorian Railway, S. 35.
51 Zit. nach Binney/Hamm/Foehl, Great Railway Stations, London 1984.
52 Johnson, Das dritte Buch über Achim, S. 45–49.
53 Vgl. Zabel, Transsibirien, S. 124.
54 Zit. nach Fürst, Die Welt auf Schienen, S. 379 f.
55 Vgl. Zetsche/Schumann: Die Reichsbahn im Dienste der Leipziger Messe, S. 827.
56 Vgl. Illner/Schuchardt, 50 Jahre Leipzig-Hauptbahnhof, S. 51.
57 Vgl. Bufe, Eisenbahnen in Sachsen, S. 44.
58 Vgl. Borchert, Die Leipzig-Dresdner Eisenbahn, S. 153.
59 Vgl. Zetsche/Schumann, Die Reichsbahn im Dienste der Leipziger Messe, S. 827.
60 Vgl. Borchert, Die Leipzig-Dresdner Eisenbahn, S. 153.
61 Vgl. Illner/Schuchardt, 50 Jahre Leipzig-Hauptbahnhof, S. 51.
62 Aus dem Haltepunkt Kirchstraße wurde, nachdem die Kirchstraße in Hermann-Liebmann-Straße umbenannt worden war, der Haltepunkt Leipzig-Volkmarsdorf an der Strecke nach Geithain. Es gibt ihn schon seit den 1990er Jahren nicht mehr.
63 John, Zwei Stunden hinter dem Fahrkartenschalter.
64 Zetsche/Schumann, Die Reichsbahn im Dienste der Leipziger Messe, S. 826.
65 Vgl. Empfangsgebäude für den Hauptbahnhof zu Leipzig. Aus dem Gutachten des Preisgerichts. In: Deutsche Konkurrenzen, Band XXII, 1907, Heft 1, S. 3.
66 Vgl. Zetsche/Schumann, Die Reichsbahn im Dienste der Leipziger Messe, S. 829.
67 Vgl. Hummel, Der Leipziger Hauptbahnhof.
68 Siehe S. 141–149.
69 Lange, Liederliches Leipzig, S. 6.
70 Vgl. Haug, Reisen und Lesen im Zeitalter der Industrialisierung, S. 268.
71 Zit. nach Berthold Hack: Der Bahnhofsbuchhandel vor und im 1. Weltkrieg, S. 19.
72 Siehe S. 208–215.
73 Vgl. Leipziger Volkszeitung, 5. Juli 1979.
74 Helmut Sander (Jg. 1936), Erinnerungsbericht, 2005.
75 Beuchler, Leipziger Extrablätter, S. 22.
76 Zum Alltag gehört sogar Hilfe für Unbeschuhte. In: Mitteldeutsche Neueste Nachrichten, 19. November 1982.
77 Harendt, Wohnen im Hauptbahnhof, S. 24.
78 Vgl. Empfangsgebäude für den Hauptbahnhof zu Leipzig. Besondere Bestimmungen. In: Deutsche Konkurrenzen, Band XXII, 1907, Heft 1, S. 4f.
79 Helga Keilitz (Jg. 1936), Erinnerungbericht, 2005.
80 Schlögel, Im Raume lesen wir die Zeit, S. 352f.
81 Vgl. Englische Große Ostbahn: Fahrplan vom Kontinent nach England über Harwich, Sommer 1911, Tariftabelle.
82 Vgl. Die Verwaltung der öffentlichen Arbeiten in Preussen 1890 bis 1900, S. 32.
83 Vgl. Die Verwaltung der öffentlichen Arbeiten in Preussen 1890 bis 1900, S. 19–20.
84 Vgl. Sachslehner, Auf Schienen durch das alte Österreich, S. 179.
85 Vgl. K. k. priv. Südbahn-Gesellschaft: Fahrplan für den Personenverkehr auf der Südbahn samt Nebenlinien, gültig vom 1. Oktober 1913, Fahrplantabelle Berlin-Neapel-Express.
86 Vgl. Deutsche Bahn AG, Von der Eisenbahndirektion Halle, S. 12.
87 Vgl. Bäzold/Fiebig, Ellok-Archiv, S. 34 ff.
88 Vgl. Ritzau, Eisenbahn-Geschichte, S.92.

89 Hildebrand, Die Deutsche Reichsbahn 1933–1945, S. 75.
90 Vgl. Maedel, Eisenbahn zu meiner Zeit, S. 101.
91 Zit. nach Leiske, Leipzig und Mitteldeutschland, S. 125.
92 Vgl. Ritzau, Eisenbahn-Geschichte, S. 117.
93 Vgl. Gottwaldt, Julius Dorpmüller.
94 Hildebrand, Die Deutsche Reichsbahn 1933–1945, S. 77.
95 Vgl. Deutsche Bahn AG, Von der Eisenbahndirektion Halle, S. 15.
96 Vgl. Drescher, Die Saalbahn, S. 44.
97 Vgl. Leipziger Allgemeine Zeitung, 30.10.1942.
98 Vgl. Lehmstedt, Leipzig brennt, S. 102.
99 Vgl. Lehmstedt, Leipzig brennt, S. 208–209.
100 Vgl. Lehmstedt, Leipzig brennt, S. 219.
101 Zit. nach Lehmstedt, Leipzig brennt, S. 43.
102 Vgl. Lehmstedt, Leipzig in Trümmern, S. 111–112.
103 Vgl. Borchert, Die Leipzig-Dresdner Eisenbahn, S. 57.
104 Geronsky, Leipziger Skizzen.
105 Ingetraut Beier, Tagebucheintrag 9. Juli 1945. Zit. nach Lehmstedt, Leipzig in Trümmern, S. 213.
106 Vgl. Preuß, Der Reichsbahn-Report 2. 1945–1993, S. 68.
107 Maedel, Bekenntnisse eines Eisenbahn-Narren, S. 240–241.
108 Vgl. Gottwaldt, Der Anhalter Bahnhof, S. 130.
109 Vgl. Gottwaldt, Der Anhalter Bahnhof, S. 134.
110 Information von Heinz Lahnert, Leipzig.
111 Vgl. Gottwaldt, Der Anhalter Bahnhof, S. 136.
112 Vgl. Gall/Pohl, Die Eisenbahn in Deutschland, S. 246.
113 Vgl. Bock, Interzonenzüge, 1998.
114 Vgl. Fricke/Ritzau, Die innerdeutsche Grenze und der Schienenverkehr, S. 17 ff.
115 Vgl. Rossberg, Grenze über deutschen Schienen.
116 Vgl. Saitz, Stadt und Verkehr, S. 190.
117 Bufe, Eisenbahnen in Sachsen, S. 16.
118 Binney/Hamm/Foehl: Great Railway Stations, S. 38.
119 Johnson, Das dritte Buch über Achim, S. 48.
120 Vgl. Berger/Weisbrod, 75 Jahre Hauptbahnhof Leipzig, S. 6 ff.
121 Vgl. Zug der Zeit – Zeit der Züge, S. 53.
122 rdt., Ferienbetrieb auf dem Hauptbahnhof.
123 Vgl. Hummel, Der Leipziger Hauptbahnhof.
124 Sachslehner, Auf Schienen durch das alte Österreich, S. 174.
125 Der Drache, Nr. 22 vom 12. August 1924.
126 Erich Kästner: Der Karneval des Kaufmanns (September 1925). Zit. nach Kästner, Der Karneval des Kaufmanns, S. 169–171.
127 Zetsche/Schumann, Die Reichsbahn im Dienste der Leipziger Messe, S. 830.
128 Der Meßverkehr auf dem Hauptbahnhof. In: Neue Leipziger Zeitung, 7. März 1927.
129 Vgl. Zetsche/Schumann, Die Reichsbahn im Dienste der Leipziger Messe, S. 826.
130 Vgl. Zetsche/Schumann, Die Reichsbahn im Dienste der Leipziger Messe, S. 826.
131 Zetsche/Schumann, Die Reichsbahn im Dienste der Leipziger Messe, S. 827.
132 Zetsche/Schumann: Die Reichsbahn im Dienste der Leipziger Messe, S. 830.
133 Zetsche/Schumann: Die Reichsbahn im Dienste der Leipziger Messe, S. 829.
134 Redi: Messeluft unterm Völkerschlachtdenkmal. In: Leipziger Volkszeitung, 26. Oktober 1945 (zit. nach Lehmstedt, Leipzig in Trümmern, S. 250f.).
135 Vgl. Bock, Zugverkehr unregelmäßig, S. 20.
136 Vgl. Metscher/Fellmann, Lipsia und Merkur, S. 213–214.
137 Vgl. Leipziger Volkszeitung, 23. März 1971.
138 Vgl. Daehne, Die Hauptbahnhofswirtschaft zu Leipzig.
139 Der Leipziger Hauptbahnhof. In: Der Industriebau (Leipzig), III. Jg., 1912, Heft VII, S. 170.
140 Der Leipziger Hauptbahnhof. In: Der Industriebau (Leipzig), III. Jg., 1912, Heft VII, S. 170ff.
141 Vgl. Zetsche/Schumann, Die Reichsbahn im Dienste der Leipziger Messe, S. 829.
142 Vgl. Sachslehner, Auf Schienen durch das alte Österreich, S. 174.
143 Vgl. Gummich/Puschmann/Horstmann, Mitropa zwischen gestern und morgen, S. 137.
144 Vgl. Gummich/Puschmann/Horstmann, Mitropa zwischen gestern und morgen, S. 140–141.
145 Vgl. Gummich/Puschmann/Horstmann, Mitropa zwischen gestern und morgen, S. 137.
146 Zitiert nach Gummich/Puschmann/Horstmann, Mitropa zwischen gestern und morgen, S. 141.

147 Vgl. Gummich/Puschmann/Horstmann, Mitropa zwischen gestern und morgen, S. 142.
148 Vgl. Gummich/Puschmann/Horstmann, Mitropa zwischen gestern und morgen, S. 181.
149 Vgl. Illner/Schuchardt, 50 Jahre Leipzig-Hauptbahnhof, S. 53.
150 Andre Münster (Jg. 1969), Erinnerungsbericht, 2005.
151 Vgl. Bahnhofsmission. Wo Reisende zwischen zwei Zügen noch gut essen können, S. 47.
152 Vgl. Borge/Viasnoff, Archives des Cheminots, S. 185.
153 Majakowski, Gedichte, S. 158–161.
154 Metscher/Fellmann, Lipsia und Merkur, S. 205.
155 Der tote Bahnhof. In: Neue Leipziger Zeitung, 3. Februar 1922, S. 5.
156 Lange, 1933–1945. Ein Tatsachenbericht, S. 52–53.
157 Vgl. Bertram, Menschen ohne Grabstein, S. 19.
158 Vgl. Bertram, Menschen ohne Grabstein, S. 21.
159 Vgl. Bertram, Menschen ohne Grabstein, S. 28.
160 Istvan Wöller: Erinnerungsbericht, 1980 (Typoskript im Stadtgeschichtlichen Museum Leipzig).
161 Vgl. Horn, Leipzig im Bombenhagel, S. 130–131.
162 Vgl. Steinicke, Drei Tage im April, S. 30 ff.
163 Vgl. Steinicke, Drei Tage im April, S. 58.
164 Loest, Durch die Erde ein Riß, S. 196.
165 Mayer, Ein Deutscher auf Widerruf, II, S. 48–53.
166 Vgl. Ahrberg/Hertle/Hollitzer, Die Toten des Volksaufstandes vom 17. Juni 1953, S. 116.
167 Vgl. Ahrberg/Hertle/Hollitzer, Die Toten des Volksaufstandes vom 17. Juni 1953, S. 140.
168 Vgl. Berger/ Roth, Ausnahmezustand, S. 36 ff.
169 Vgl. Ahrberg/Hertle/Hollitzer, Die Toten des Volksaufstandes vom 17. Juni 1953, S. 119.
170 Vgl. Berger/Roth, Ausnahmezustand, S. 41.
171 Helmut Sander (Jg. 1936): Erinnerungsbericht, 2005.
172 Hannelore Pröhl (Jg. 1928): Erinnerungsbericht, 2005.
173 Köhler, Erlebte Dampflokzeit, S. 39.
174 Bernhof, Leipzig Hauptbahnhof, S. 10–14.
175 Vgl. Hiess/Lunzer, Mord-Express, S. 120.
176 Stapf, Razzia im Leipziger Hauptbahnhof, S. 5.
177 Golde, Die ersten Monate der Besatzungszeit, S. 204.
178 Vgl. z.B. Henkel, Was treibt den Spion?, S. 322.
179 Löwenjagd am Hauptbahnhof. In: Leipziger Neuesten Nachrichten, 20. Oktober 1913.
180 Heute: Kurt-Schumacher-Straße.
181 Leipziger Neuesten Nachrichten, 21. Oktober 1913.
182 Feuer im Hauptbahnhof. In: Neue Leipziger Zeitung, 24. Dezember 1925.
183 Neue Leipziger Zeitung, 17. August 1926.
184 Vgl. Leipziger Volkszeitung, 15. Oktober 1971
185 Maedel, Große Liebe Dampflok, S. 122.
186 Kiesewetter, Hermann Pleuer, S. 95.
187 Schwarz-weiß-Reproduktionen dieser Werke finden sich bei Fürst, Das Reich der Kraft, S. 29 und 70.
188 Vgl. Knopf/Martens, Görings Reich, S. 58 ff.
189 Maedel, Eisenbahn zu meiner Zeit, S. 74.
190 Offenbar eine Verwechslung mit dem ehemaligen Bahnbetriebswerk Leipzig Hbf Nord an der Rohrteichstraße.
191 Maedel, Große Liebe Dampflok, S. 120–122.
192 Stapf, Hinter den Kulissen des Hauptbahnhofs, S. 3.
193 Zetsche/Schumann: Die Reichsbahn im Dienste der Leipziger Messe, S. 828.
194 Vgl. Wunderlich, Bahnhof Leipzig Hbf.
195 Fürst, Die Welt auf Schienen, S. 391.
196 Röll, Enzyklopädie des Eisenbahnwesens, Bd. 9, S. 163.
197 Vgl. Berger, Leipzig Hauptbahnhof, S. 125.
198 Vgl. Berger, Leipzig Hauptbahnhof, S. 124.
199 Vgl. Preuß, Eisenbahnunfälle in Europa, S. 155 ff.
200 Vgl. Illner/Schuchardt, 50 Jahre Leipzig-Hauptbahnhof, S. 51.
201 Vgl. Borchert, Die Leipzig-Dresdner Eisenbahn, S. 153.
202 Vgl. Kulturdenkmale der Stadt Leipzig, Nr. 35, S. 26.
203 Leiske, Leipzig und Mitteldeutschland, S. 131.
204 Vgl. Giese, Neuordnung der Reichsbahndirektionsbezirke in Mitteldeutschland.
205 Reichsgesetzblatt I, S. 1217.
206 Vgl. Deutsche Bahn AG, Von der Eisenbahndirektion Halle, S. 14.
207 Vgl. Unser Hauptbahnhof. Zeitschrift der Betriebsgemeinschaft Bahnhof Leipzig Hbf., 1942, Nr. 4, S. 2.
208 Hilbig, Das Provisorium, S. 315–316.

209 Frankfurter Allgemeine Zeitung, 29. August 1995.
210 Wolf, Die Bahn im Spannungsfeld, S. 39.
211 Dürr, Deutsche Bahn AG – was ist anders?, S. 9f.
212 Gormsen, Leipzig – Stadt, Handel, Messe, S. 23.
213 Vgl. Krieg, Bahnhöfe und Denkmalpflege, S. 237.
214 Schwarz, Bahnhöfe – Traumhäuser der Moderne, S. 73.
215 Vgl. Krieg, Bahnhöfe und Denkmalpflege, S. 238.
216 Streit um den Umbau des Leipziger Hauptbahnhofes, S. 142.
217 Vgl. Streit um den Umbau des Leipziger Hauptbahnhofes, S. 142–143.
218 Leipziger Volkszeitung, 29. Februar 1996, S. 7.
219 Krieg, Bahnhöfe und Denkmalpflege, S. 237.
220 Kleinpaul, Der Leipziger Hauptbahnhof, S. 157.
221 Krieg, Bahnhöfe und Denkmalpflege, S. 237.
222 Pressemitteilung von DB Regio Sachsen, 28. Juni 2005.
223 Wolf, Die Bahn im Spannungsfeld , S. 39.
224 Schneider, Bekenntnisse eines Baulöwen, S. 149.
225 Vgl. Joachimsthaler, Die Breitspurbahn.
226 Joachimsthaler, Die Breitspurbahn, S. 304; Vgl. auch Joachimsthaler, Gigantomanie auf Rädern, S. 712.
227 Hubert Ritter und die Baukunst der zwanziger Jahre in Leipzig, S. 15.
228 Vgl. Leipzig, Freistaat Sachsen und Partnerstädte GmbH: Leipzig 2012.
229 Vgl. Nabert, Aus der Traum? S. 2.
230 Vgl. Hocquel, Leipzig. Baumeister und Bauten, S. 234.
231 Der Verkehr vor dem Hauptbahnhof. Der fehlende unterirdische Tunnel. In: Neue Leipziger Zeitung, 13. August 1924.
232 Hennig, Das Verkehrslabyrinth am Hauptbahnhof, S. 3.
233 Vgl. Die endgültige Gestalt des Hauptbahnhof-Vorplatzes. In: Neue Leipziger Zeitung, 7. Februar 1929.
234 Richter, Ganze Arbeit auf dem Hauptbahnhofs-Vorplatz, S. 3.
235 Richter, Neuer Verkehrsraum vor dem Hauptbahnhof, S. 3.
236 Vgl. Schwarz, Bahnhöfe – Traumhäuser der Moderne, S. 73.
237 Vgl. Adam, Von der Pferdebahn zum Gelenkzug, S. 182.
238 Vgl. Empfangsgebäude für den Hauptbahnhof zu Leipzig. Besondere Bestimmungen. In: Deutsche Konkurrenzen (Leipzig), Band XXII, 1907, Heft 1, S. 2 ff.
239 E. Hasse: Eine Hochbahn durch die innere Stadt Leipzig. Vorschlag zur Lösung der Leipziger Centralbahnhofsanlage und zur Neugestaltung des Leipziger Verkehrs. Sonderdruck aus dem Leipziger Tageblatt, 23.–27. März 1893, zit. nach: City-Tunnel Leipzig, S. 33.
240 Vgl. Saitz, Der Verkehr der großen Städte, S. 187.
241 Kronprinzstraße: heute Arthur-Hoffmann-Str.
242 Heute: Prager Straße.
243 Untergrund-Fernbahnlinien. In: Neue Leipziger Zeitung, 2. Dezember 1925, S. 5.
244 Vgl. City-Tunnel Leipzig, S. 50 ff.
245 Vgl. Gormsen, Leipzig – Stadt, Handel, Messe, S. 23.
246 Vgl. Wenzel, Die preußische P8, S. 132.
247 Vgl. Wenzel, Die Baureihe 03, S. 58.
248 Vgl. Weisbrod/Petznick, Baureihe 01, S. 281.
249 Vgl. Weisbrod/Petznick, Baureihe 01, S. 75.
250 Vgl. Jansen/Melcher, Die Lokomotiven der Baureihen 01–10, S. 77
251 Nach Hütter/Kubitzki, Triebfahrzeuge der Deutschen Reichsbahn (Ost) 1945/46.
252 Vgl. Hütter/Kubitzki, Triebfahrzeuge der Deutschen Reichsbahn (Ost) 1945/46, S. 5.
253 Vgl. Jansen/Melcher, Die Lokomotiven der Baureihen 01–10, S. 155.
254 Vgl. Stange/Kubitzki, Triebfahrzeuge der Deutschen Reichsbahn. Stand 1. Juli 1960, S. 8.
255 Vgl. Wenzel, Die preußische P8, S. 430.
256 Vgl. Wenzel, Die Baureihe 03, S. 59.
257 Vgl. Stange/Kubitzki, Triebfahrzeuge der Deutschen Reichsbahn. Stand 1. Juli 1960, S. 67–68.
258 Vgl. Meereis, Die Baureihe 23.10, S. 47–52.
259 Vgl. Wenzel, Die preußische P8, S. 434.
260 Vgl. Wenzel, Die Baureihe 03, S. 59.

Abkürzungen

A.E.G.	Allgemeine Elektricitätsgesellschaft, Berlin
B	hier: Befehlsstellwerk
BBÖ	Bundesbahnen Österreich
Bf	Bahnhof
BME	Bahnhof Management- und Entwicklungsgesellschaft mbH (Tochtergesellschaft der Deutschen Bahn AG)
BPA	Bahnpostamt
BR	Baureihe
BRD	Bundesrepublik Deutschland
Bw	Bahnbetriebswerk
Bww	Bahnbetriebswagenwerk
BZ	Betriebszentrale
CIWL	Compagnie Internationale des Wagons Lits (Internationale Schlaf- und Speisewagen-Gesellschaft ISG)
CSD	Ceskoslovenske Statni Drahy (Tschechoslowakische Staatsbahn; bis 1992)
DB	Deutsche Bundesbahn (1949–1993)
DB AG	Deutsche Bahn Aktiengesellschaft (seit 1994)
DDR	Deutsche Demokratische Republik
DER	Deutsches Reisebüro (Tochtergesellschaft der DB AG)
DM	Deutsche Mark
DMV	Deutscher Modelleisenbahnverband der DDR
DR	Deutsche Reichsbahn (bis 1993)
DRK	Deutsches Rotes Kreuz
EC	EuroCity
EN	EuroNight
ESTW	Elektronisches Stellwerk
ET	Elektrischer Triebwagen
EU	Europäische Union
FDt	Fern-D-Zug als Triebwagen
GPS	Global Positioning System
Güst	Grenzübergangsstelle
HB	in der Schweiz gebräuchliche Abkürzung für Hauptbahnhof
Hbf	Hauptbahnhof
HO	(volkseigene) Handelsorganisation in der DDR
ICE	InterCityExpress
Indusi	Induktive Zugsicherung
Kbw	Kraftwagenbetriebswerk
KPD	Kommunistische Partei Deutschlands
LDE	Leipzig-Dresdner Eisenbahn
LM	hier: Leipziger Messe
LVB	Leipziger Verkehrsbetriebe
LVZ	Leipziger Volkszeitung
MAV	Magyar Allamvasutak (Ungarische Staatsbahn)
MDV	Mitteldeutscher Verkehrsverbund
Mitropa	Mitteleuropäische Schlafwagen- und Speisewagen AG
MS	hier: Messe-Sonderzug
PKP	Polskie Koleje Panstwowe (Polnische Staatsbahn)
R	hier: Rangierstellwerk
Rbd	Reichsbahndirektion (Schreibweise 1920 bis 1945: RBD)
RM	Reichsmark
SBB	Schweizerische Bundesbahnen
SBZ	Sowjetische Besatzungszone
SJ	Svenska Järnvegen (Schwedische Eisenbahn)
SMAD	Sowjetische Militäradministration in Deutschland
SNCF	Societe Nationale des Chemins du Fer (Französische Staatsbahn)
Stw	Stellwerk
SVT	Schnellverkehrs-Verbrennungstriebwagen
SZD	Sovetskie Zheleznye Dorogi (Eisenbahnen der Sowjetunion)
Trapo	Transportpolizei
VEB	Volkseigener Betrieb
VT	Verbrennungs-Triebwagen
W	hier: Wärterstellwerk

Verwendete Literatur

Adam, Klaus u. a.: Von der Pferdebahn zum Gelenkzug. Betriebsgeschichte des VEB (K) Verkehrsbetriebe der Stadt Leipzig (LVB), Leipzig 1966.

Adam, Thomas: Die Anfänge industriellen Bauens in Sachsen, Leipzig 1998.

Ahrberg, Edda; Hertle, Hans-Hermann; Hollitzer, Tobias (Hg.): Die Toten des Volksaufstandes vom 17. Juni 1953, Münster 2004.

Album der Leipzig-Dresdener Eisenbahn. Reprint der Ausgabe von 1840 mit einem Nachwort von Helge-Heinz Heinker, Leipzig 2004.

Amtlicher Taschenfahrplan für Sachsen und angrenzendes Sudetenland. Jahresfahrplan 1943, Gültig vom 17. Mai 1943 an, Bad Langensalza 2004 (Reprint).

Bahnflächen als Potenziale der Stadtentwicklung, Beiträge zur Stadtentwicklung, Nr. 39, Stadt Leipzig. Dezernat Stadtentwicklung und Bau, Leipzig 2003.

Bahnhofsmission. Wo Reisende zwischen zwei Zügen noch gut essen können. In: Der Feinschmecker (Hamburg), 2005, Heft 1, S. 47.

Bayer, Rolf; Sobek, Gerd: Der Bayerische Bahnhof in Leipzig. Entstehung, Entwicklung und Zukunft des ältesten Kopfbahnhofs der Welt, Berlin 1985.

Bäzold, Dieter; Fiebig, Günther: Ellok-Archiv, Berlin 1987.

Becher, Udo: Die Leipzig-Dresdner Eisenbahn-Compagnie, Berlin 1981.

Berger, Beate; Roth, Heidi: Ausnahmezustand. Der Volksaufstand vom 17. Juni 1953 in Leipzig, Leipzig 2003.

Berger, Manfred: Historische Bahnhofsbauten, Teil I: Sachsen, Preussen, Mecklenburg und Thüringen, Berlin 1984.

Berger, Manfred: Historische Bahnhofsbauten, Teil II, Berlin 1988.

Berger, Manfred: Leipzig Hauptbahnhof. Geschichte, Architektur, Technik, Berlin 1990.

Berger, Manfred; Weisbrod, Manfred: 75 Jahre Hauptbahnhof Leipzig, Eisenbahn-Journal (Fürstenfeldbruck) Special 2/1990.

Bernhof, Reinhard: Leipzig Hauptbahnhof, Berlin, Weimar 1986.

Bertram, Ellen: Menschen ohne Grabstein. Die aus Leipzig deportierten und ermordeten Juden, Leipzig 2001.

Beuchler, Klaus: Leipziger Extrablätter (Leipzigs literarisches Leben im Laufe der Jahrhunderte). In: Neue deutsche Literatur (Berlin), 1963, Heft 6, S. 20 ff.

Binney, Marc; Hamm, Manfred; Foehl, Axel: Great Railway Stations of Europe, London 1984.

Bock, Peter: Interzonenzüge, München 1998.

Bock, Peter: Zugverkehr unregelmäßig. In: Verkehrsgeschichtliche Blätter (Berlin), Januar/Februar 2005, S. 4ff.

Borchert, Fritz (Hg.): Die Leipzig-Dresdner Eisenbahn. Anfänge und Gegenwart einer 150jährigen, Berlin 1989.

Borge, Jacques; Viasnoff, Nicolas: Archives des Cheminots, (Paris) 1995.

Brockhaus, Heinrich: Tagebücher. Hg. von Volker Titel, Erlangen 2004.

Bufe, Siegfried: Eisenbahnen in Sachsen, Freiburg 1976.

City-Tunnel Leipzig. Chronik einer Eisenbahnverbindung vom 19. bis zum 21. Jahrhundert, Leipzig 2004.

City-Tunnel Leipzig. Gesamtkonzept, Dokumentation der Wettbewerbe für die S-Bahn-Stationen, Beiträge zur Stadtentwicklung, Nr. 22, Stadt Leipzig, Dezernat Planung und Bau mit S-Bahn Tunnel Leipzig GmbH, Leipzig 1998.

Daehne, Paul: Die Hauptbahnhofwirtschaft zu Leipzig in Wort und Bild nebst einer Darstellung der Leipziger Eisenbahnen seit ihrem Ursprung, Leipzig (1924).

Der Eisenbahner, hg. von Max Möller, Bd. 1–2, Charlottenburg, Magdeburg (1902).

Deutsche Bahn AG: Von der Eisenbahndirektion Halle zum Transport- und Dienstleistungsunternehmen für die Zukunft Mitteldeutschlands, (Halle 1995).

Die Eisenbahn-Technik der Gegenwart. Bd. 2: Der Eisenbahn-Bau. Dritter Abschnitt: Bahnhofsanlagen einschließlich der Gleisanordnungen auf der freien Strecke, Wiesbaden 1909.

Die Verwaltung der öffentlichen Arbeiten in Preussen 1890 bis 1900. Bericht an Seine Majestät den Kaiser und König, erstattet von dem Minister der öffentlichen Arbeiten, Berlin 1901.
Dost, Paul: Der rote Teppich. Geschichte der Staatszüge und Salonwagen, Stuttgart 1965.
Drescher, Werner: Die Saalbahn. Die Geschichte der Eisenbahn zwischen Großheringen, Jena und Saalfeld, Freiburg 2004.
Dürr, Heinz: Deutsche Bahn AG – was ist anders? Rede anläßlich der 24. DER-Tagung in Budapest am 20. April 1994, Manuskript.
Empfangsgebäude für den Hauptbahnhof zu Leipzig. Aus dem Gutachten des Preisgerichts. In: Deutsche Konkurrenzen (Leipzig), Band XXII, 1907, Heft 1, S. 6–8 und S. 48.
Englische Große Ostbahn: Fahrplan vom Kontinent nach England über Harwich, Sommer 1911.
Fricke, Hans-Joachim; Ritzau, Hans-Joachim: Die innerdeutsche Grenze und der Schienenverkehr, Pürgen 1990.
Fürst, Artur: Das Reich der Kraft, Berlin 1912.
Fürst, Artur: Die Welt auf Schienen. Eine Darstellung der Einrichtungen und des Betriebs auf den Eisenbahnen des Fernverkehrs, München 1925.
Gall, Lothar; Pohl, Manfred (Hg.): Die Eisenbahn in Deutschland. Von den Anfängen bis zur Gegenwart, München 1999.
Gall, Lothar; Pohl, Manfred (Hg.): Unternehmen im Nationalsozialismus, Schriftenreihe zur Zeitschrift für Unternehmensgeschichte, Bd. 1, München 1998.
Geronsky, G.: Leipziger Skizzen. Ein Monat im Leben einer Großstadt. In: Täglichen Rundschau, 22. August 1945.
Giese, Kurt: Neuordnung der Reichsbahndirektionsbezirke in Mitteldeutschland, Leipzig 1929.
Golde, Walter: Die ersten Monate der Besatzungszeit. In: Lehmstedt, Mark (Hg.): Leipzig in Trümmern. Das Jahr 1945 in Briefen, Tagebüchern und Fotografien, Leipzig 2004, S. 201-205.
Gormsen, Niels: Leipzig – Stadt, Handel, Messe. Die städtebauliche Entwicklung der Stadt Leipzig als Handels- und Messestadt, Leipzig 1996.
Gottwaldt, Alfred B.: Der Anhalter Bahnhof und seine Lokomotiven, Düsseldorf 1986.
Gottwaldt, Alfred B.: Julius Dorpmüller, die Reichsbahn und die Autobahn, Berlin 1995.
Gummich, Karl-Heinz; Puschmann, Johannes; Horstmann, Rolf: Mitropa zwischen gestern und morgen, Berlin 1966.
Haarhaus, Julius R.: Leipziger Spaziergänge. In: Leipzig in Geschichten und Bildern, Leipzig 1909, S. 125-128.
Hack, Berthold: Der Bahnhofsbuchhandel vor und im 1. Weltkrieg. Marginalien, Nachrichten und Dokumente aus der Geschichte des Bahnhofsbuchhandels. In: Der neue Vertrieb, Nr. 551 vom 10.4.1972, und Nr. 522 vom 24.4.1972, sowie Nr. 553 vom 8.5. 1972.
Harendt, Ellen: Wohnen im Hauptbahnhof. In: Wochenpost (Berlin), 1981, Heft 42, S. 24.
Haug, Christine: Reisen und Lesen im Zeitalter der Industrialisierung. Die Geschichte des Bahnhofs- und Verkehrsbuchhandels in Deutschland von seinen Anfängen um 1850 bis zum Ende der Weimarer Republik, Habilitationsschrift, Johannes Gutenberg-Universität, Mainz 2003.
Heinker, Helge-Heinz: Marktplatz Leipzig Hauptbahnhof, Leipzig 1998.
Henkel, Rüdiger: Was treibt den Spion? Berlin 2001.
Hennig, Otto: Das Verkehrslabyrinth am Hauptbahnhof. In: Neue Leipziger Zeitung, 14. März 1926, S. 3.
Hiess, Peter; Lunzer, Christian: Mord-Express. Die größten Verbrechen in der Geschichte der Eisenbahn, Wien, München 2000.
Hilbig, Wolfgang: Das Provisorium, Frankfurt am Main 2000.
Hildebrand, Klaus: Die Deutsche Reichsbahn 1933-1945. In: Lothar Gall, Manfred Pohl (Hg.): Unternehmen im Nationalsozialismus, Schriftenreihe zur Zeitschrift für Unternehmensgeschichte, Bd. 1, München 1998, S. 73–90.
Hocquel, Wolfgang: Leipzig. Baumeister und Bauten. Von der Romanik bis zur Gegenwart, Berlin, Leipzig 1990.
Hofmeister, Herold; Adler, Harald: Leipzig Hauptbahnhof. Geschichte und Geschichten, Leipzig 1994.
Horn, Birgit: Leipzig im Bombenhagel – Angriffsziel »Haddock«. Zu den Auswirkungen der alliierten Luftangriffe im Zweiten Weltkrieg auf die Stadt Leipzig, Leipzig 1998.

Hubert Ritter und die Baukunst der zwanziger Jahre in Leipzig, Bd. 1 der Schriftenreihe für Baukultur, Architektur, Denkmalpflege; Freistaat Sachsen, Staatsministerium des Innern, Dresden 1993.

Hütter, Ingo; Kubitzki, Volkmar: Triebfahrzeuge der Deutschen Reichsbahn (Ost) 1945/46, Nordhorn 1996.

Hummel, Wolfgang: Der Leipziger Hauptbahnhof. Drehscheibe des rollenden Weltverkehrs. In: Leipziger Volkszeitung, 18. August 1966.

Hundert Jahre deutsche Eisenbahnen, Leipzig 1935.

Illner, Gerhard; Schuchardt, Albert G.: 50 Jahre Leipzig-Hauptbahnhof, Berlin 1965.

Jansen, Karl-Heinz; Melcher, Peter: Die Lokomotiven der Baureihen 01-10 und ihr Verbleib. Eine Stationierungsdokumentation, Gülzow o.J. (1998).

Joachimsthaler, Anton: Die Breitspurbahn. Das Projekt zur Erschließung des groß-europäischen Raumes 1942–1945, Berlin 1981.

Joachimsthaler, Anton: Gigantomanie auf Rädern. Die Breitspureisenbahn Adolf Hitlers. In: Zug der Zeit – Zeit der Züge. Deutsche Eisenbahn 1835–1985, Bd. 2, Berlin 1985.

John, Ernst: Zwei Stunden hinter dem Fahrkartenschalter. In: Neue Leipziger Zeitung, 10. Oktober 1926.

Johnson, Uwe: Das dritte Buch über Achim, Frankfurt am Main 1961.

Kästner, Erich: Der Karneval des Kaufmanns. Gesammelte Texte aus der Leipziger Zeit 1923 – 1927, hg. von Klaus Schuhmann, Leipzig 2004.

Kiesewetter, Gabriele: Hermann Pleuer. 1863–1911. Leben und Werk. Die Entdeckung der Geschwindigkeit, Stuttgart 2000.

K. k. priv. Südbahn-Gesellschaft: Fahrplan für den Personenverkehr auf der Südbahn samt Nebenlinien, gültig vom 1. Oktober 1913.

Kleinpaul, Johannes: Der Leipziger Hauptbahnhof. In: Der Industriebau (Leipzig), III. Jahrgang, 1912, Heft VII, Sonderheft: Der Leipziger Hauptbahnhof, S. 157.

Knopf, Volker; Martens, Stefan: Görings Reich. Selbstinszenierungen in Carinhall, Berlin 1999.

Köhler, Hans: Erlebte Dampflokzeit. Erinnerungen eines Lokomotivführers der Deutschen Reichsbahn, Münster 1994.

Krieg, Stefan W.: Bahnhöfe und Denkmalpflege. In: Renaissance der Bahnhöfe. Die Stadt im 21. Jahrhundert, Braunschweig, Wiesbaden 1996.

Kubinszky, Mihaly: Architektur am Schienenstrang. Hallen, Schuppen, Stellwerke. Geschichte der Eisenbahn-Zweckbauten, Stuttgart 1990.

Kulturdenkmale der Stadt Leipzig, Beiträge zur Stadtentwicklung, Nr. 35, Stadt Leipzig. Dezernat Stadtentwicklung und Bau, Leipzig 2002.

Lange, Bernd-Lutz: Liederliches Leipzig. Noten und Liedtexte zum Stadtrundgang, Leipzig (1985).

Lange, Richard: 1933–1945. Ein Tatsachenbericht, Leipzig (1948) (Manuskript im Stadtgeschichtlichen Museum Leipzig).

Lehmstedt, Mark (Hg.): Leipzig brennt: Der Untergang des alten Leipzig am 4. Dezember 1943 in Fotografien und Berichten, Leipzig 2003.

Lehmstedt, Mark (Hg.): Leipzig in Trümmern. Das Jahr 1945 in Briefen, Tagebüchern und Fotografien, Leipzig 2004.

Leipzig. Stadtführer durch Vergangenheit und Gegenwart, Leipzig 1995.

Leipzig-Archiv, Loseblattsammlung, Braunschweig 1995 ff.

Leipzig-Dresdner-Eisenbahn: Reglements vom April 1840.

Leipzig, Freistaat Sachsen und Partnerstädte GmbH: Leipzig 2012. Bewerbung der Stadt Leipzig um die Ausrichtung der XXX. Olympischen Sommerspiele und der XIV. Paralympischen Sommerspiele 2012, Leipzig (2002).

Leipzig in Geschichten und Bildern, Leipzig 1909.

Leiske, Walter (Hg.): Leipzig und Mitteldeutschland. Denkschrift für Rat und Stadtverordnete zu Leipzig, Leipzig 1928.

Leonhardt, Peter: Das Alte und das Neue in Leipzigs Stadtkörper. Der Generalbebauungsplan von 1929. In: Hubert Ritter und die Baukunst der zwanziger Jahre in Leipzig, Dresden 1993, S. 16-25.

Lexikon Leipziger Straßennamen, Hg. vom Stadtarchiv Leipzig, Leipzig (1995)

List, Friedrich: Ueber ein sächsisches Eisenbahn-System als Grundlage eines allgemeinen deutschen Eisenbahn-Systems und insbesondere über die Anlegung einer Eisenbahn von Leipzig nach Dresden, Leipzig 1833.

Loest, Erich: Durch die Erde ein Riß. Ein Lebenslauf, Leipzig 1990.
Maedel, Karl-Ernst: Adieu geliebte Dampflok. Anekdoten und Erinnerungen, zusammengestellt von Siegfried Fischer, Stuttgart 1999.
Maedel, Karl-Ernst: Aus der Dampfzeit. Der Altmeister der Eisenbahn-Literatur blickt zurück, München 1997.
Maedel, Karl-Ernst: Bekenntnisse eines Eisenbahnnarren, Stuttgart 1964.
Maedel, Karl-Ernst: Eisenbahn zu meiner Zeit. Lokomotiven, Züge, Menschen 1925–1970, Stuttgart 1988.
Maedel, Karl-Ernst: Große Liebe Dampflok. Erlebnisse und Begegnungen, zusammengestellt von Siegfried Fischer, Stuttgart 1997.
Majakowski, Wladimir: Gedichte, Leipzig 1985.
Metscher, Klaus; Fellmann, Walter: Lipsia und Merkur. Leipzig und seine Messen, Leipzig 1990.
Mayer, Hans: Ein Deutscher auf Widerruf, Bd. 2, Frankfurt am Main 1988.
Meereis, Wolfgang: Die Baureihe 23.10 – die letzte deutsche Neubau-Personenzuglokomotive, Eisenbahn-Kurier, Freiburg 1978.
Monheim, Heiner; Nagorni, Klaus: Zukunft der Bahn. Zwischen Bürgernähe und Börsengang, Herrenalber Protokolle 116, Karlsruhe 2004.
Nabert, Thomas: Aus der Traum? In: Waldstraßenviertel. Schriftenreihe, herausgegeben von Pro Leipzig e.V., Nr. 18, 2004, S. 2.
Preuß, Erich: Der Reichsbahn-Report 2. 1945–1993, Stuttgart 2005.
Preuß, Erich: Eisenbahnunfälle in Europa. Tatsachen, Berichte, Protokolle, Berlin 1991.
Preuß, Erich; Preuß, Reiner: Sächsische Staatseisenbahnen, Berlin 1991.
rdt.: Ferienbetrieb auf dem Hauptbahnhof. In: Neue Leipziger Zeitung, 12. Juli 1929, S. 3.
Reimann, Hans: Was nicht im Baedecker steht, München 1929.
Renaissance der Bahnhöfe. Die Stadt im 21. Jahrhundert, Braunschweig, Wiesbaden 1996.
Richter, Walter: Ganze Arbeit auf dem Hauptbahnhofs-Vorplatz. In: Neue Leipziger Zeitung, 19.4. 1929, S. 3.
Richter, Walter: Neuer Verkehrsraum vor dem Hauptbahnhof. In: Neue Leipziger Zeitung, 4.8.1929, S. 3.
Ritter, Hubert: Groß-Leipzig. In: Städtebau und Hochbau in Leipzig, Sonderheft der Monatsschrift Leipzig, März 1927.
Ritzau, Hans-Joachim: Deutsche Eisenbahn-Geschichte im Porträt Mitteldeutschlands, Pürgen 1996.
Röll, Viktor (Hg.): Enzyklopädie des Eisenbahnwesens, Bd. 9, Berlin, Wien 1921.
Rossberg, Ralf Roman: Grenze über deutschen Schienen, Freiburg 1980.
Rothe, E.; Mirus, Ch.: Die Umgestaltung der Leipziger Bahnanlagen durch die preußische und sächsische Staatseisenbahnverwaltung, Berlin 1922.
Sachslehner, Johannes: Auf Schienen durch das alte Österreich, Wien 2001.
Saitz, Hermann H.: Der Verkehr der großen Städte, Berlin 1983.
Saitz, Hermann H.: Stadt und Verkehr. Verkehrsgerechte Stadt oder stadtgerechter Verkehr? Berlin 1979.
Schindler, Rene: Leipzig ist tot! In: Reisen ins Reich 1933 bis 1945. Ausländische Autoren berichten aus Deutschland, hg. von Oliver Lubrich, Frankfurt am Main 2004.
Schivelbusch, Wolfgang: Geschichte der Eisenbahnreise. Zur Industrialisierung von Raum und Zeit im 19. Jahrhundert, München 1977.
Schlögel, Karl: Im Raume lesen wir die Zeit. Über Zivilisationsgeschichte und Geopolitik, München 2003.
Schneider, Jürgen: Bekenntnisse eines Baulöwen, München 1999.
Schwarz, Ulrich: Bahnhöfe – Traumhäuser der Moderne. In: Renaissance der Bahnhöfe. Die Stadt im 21. Jahrhundert, Braunschweig, Wiesbaden 1996.
Schweiger-Lerchenfeld, Amand Freiherr von: Das Eiserne Jahrhundert, Wien, Pest, Leipzig 1884.
Simmons, Jack: The Victorian Railway, London 1995.
Sonderheft: Der Leipziger Hauptbahnhof, Der Industriebau (Leipzig), III. Jahrgang, 1912, Heft VII.
Stange, Andreas; Kubitzki, Volkmar: Triebfahrzeuge der Deutschen Reichsbahn. Stand 1. Juli 1960, Berlin 1998.
Stapf, Hans: Razzia im Leipziger Hauptbahnhof. In: Neue Leipziger Zeitung, 10. Mai 1924, S. 5.
Stapf, Hans: Hinter den Kulissen des Hauptbahnhofs. In: Neue Leipziger Zeitung, 27. Juli 1924, S. 3.

Steinecke, Gerhard: Drei Tage im April. Kriegsende in Leipzig, Leipzig 2005.
Strauß, Paul: Von eisernen Pferden und Pfaden, Hannover 1925.
Streit um den Umbau des Leipziger Hauptbahnhofes. In: Deutscher Werkbund Sachsen. Werkbericht 2, Leipzig 1996.
Sturm, Wolfram: Eisenbahnzentrum Leipzig. Geschichte von den Anfängen bis zur Gegenwart, Leipzig 2002.
Unser Hauptbahnhof. Zeitschrift der Betriebsgemeinschaft Bahnhof Leipzig Hbf., Jahrgang 1942.
Velhagen & Klasings Taschenatlas für Eisenbahnreisende, Bielefeld, Leipzig 1929.
Volk, Waltraud: Leipzig. Historische Straßen und Plätze heute, Berlin 1979.
Weisbrod, Manfred; Obermayer, Horst: Baureihe 03. Die »leichte« Schwester der 01, Berlin 1995.
Weisbrod, Manfred; Petznick, Wolfgang: Baureihe 01. Geschichte, Bau und Bewährung einer Schnellzuglokomotive, Berlin 1979.
Wenzel, Hansjürgen: Die Baureihe 03, Freiburg 1977.
Wenzel, Hansjürgen: Die preußische P 8. Die Baureihe 38.10, Freiburg 1994.
Wolf, Winfried: Die Bahn im Spannungsfeld zwischen Privatisierung und öffentlichem Eigentum. Erfahrungen aus den USA, Großbritannien und Deutschland. In: Heiner Monheim, Klaus Nagorni: Zukunft der Bahn. Zwischen Bürgernähe und Börsengang, Karlsruhe 2004.
Wunderlich, Volkmar: Bahnhof Leipzig Hbf. Die Stellwerke. Vom Flügeltelegraph zum Elektronischen Stellwerk, Leipzig 2004 (unveröffentlichtes Manuskript).
Zabel, Eugen: Transsibirien. Mit der Bahn durch Russland und China 1903, Stuttgart, Wien 2003.
Zetsche; Schumann: Die Reichsbahn im Dienste der Leipziger Messe. In: Die Reichsbahn. Amtliches Nachrichtenblatt der Deutschen Reichsbahn und des Unternehmens »Reichsautobahnen«, Herausgegeben im Reichsverkehrsministerium (Berlin), 37/1937, S. 825–830.
Zimmermann, Clemens: Die Zeit der Metropolen. Urbanisierung und Großstadtentwicklung, Frankfurt am Main 2000.
Zug der Zeit – Zeit der Züge. Deutsche Eisenbahn 1835–1985, Berlin 1985.

Außerdem wurden diverse Kursbücher der Deutschen Reichsbahn, der Deutschen Bundesbahn und der Deutschen Bahn AG sowie Taschenfahrpläne der Reichsbahndirektion Halle verwendet.

Personenreguister

Ortsregister

Sachregister

Copyrights

BILDNACHWEISE
Agentur Punctum, Leipzig: 10–11, 12–13, 14–15, 18–19, 20, 21, 22–23
Associated Press, Frankfurt a. M.: 169
Deutsche Bücherei Leipzig: 155
Fotothek Mai, Leipzig: 70, 100–101, 102, 104–105, 229
Lee Miller Archives, Chiddingly: 159
National Archive, Washington: 157
Slg. Heinker, Leipzig: 6, 9, 16 (2), 17 (2), 37, 38, 39, 40, 41, 42, 43, 46, 47, 48, 49, 98, 106, 120 (2), 121 (2), 130, 140, 142, 143, 154, 180, 184, 185, 186 (4), 187, 194, 202 (12), 204, 206, 209, 210, 213, 214, 222, 232, 234, 242, 246
Slg. Kindler, Leipzig: 250
Slg. Kühne, Leipzig: 188, 216, 217
Slg. Münster, Leipzig: 148 (2)
Slg. Rössing, Leipzig: 2, 82–83, 110, 113, 114, 118, 125, 128, 162–163, 164, 172–173, 174, 178–179, 240, 268
Stadt Leipzig, Stadtarchiv: 29, 32, 53, 57, 69, 96, 135, 139, 160, 182, 196–197, 198–199, 200, 201, 223, 227
Stadt Leipzig, Stadtgeschichtliches Museum: 34, 44, 51, 52, 55, 56, 58–59, 60–61, 62–63, 64, 65, 66, 67, 71, 74–75, 76, 78, 79, 80–81, 86–87, 88–89, 92–93, 109, 117, 122, 132–133, 136, 138, 144–145, 150, 153, 156, 165, 166–167, 168, 170, 193, 190, 220, 224–225, 230–231, 233
Stadt Leipzig, Stadtplanungsamt: 236–237, 239
Verlagsarchiv: 26–28, 30, 31, 33, 35, 36, 68, 72, 146 (2), 147, 226

BILDAUTOREN
Dagmar Agsten: 139
Azet, Foto-Mücke: 96
Josef Danilowatz: 184
Heinrich Wilhelm Eberhardt: 24
Exner: 226
Foto-Atelier Gürschner, Bad Dürrenberg: 60–61
Foto-Rost: 224–225
Peter Franke: 18–19, 20, 21
Paul Faulstich: 135
Lothar Hammer: 168
Helge-Heinz Heinker: 6, 9, 16 (2), 17 (2), 120 (2), 121 (2), 180, 194, 204, 206, 210, 213, 214, 234, 246
Heinz Hellmis: 185
Alice Hell-Schinz: 220
Hoh & Hahne: 223
HPP: 236–237, 239
Junkers-Luftbild: 74–75
Kindler: 78, 250
Bertram Kober: 10–11, 12–13, 14–15, 22–23
Heinz Kröbel: 156
Armin Kühne: 188, 216, 217
Martin Lücke: 69
Karl-Heinz Mai: 70, 100–101, 102, 104–105, 229
Lee Miller: 159
Morgenstern: 138
F. Müller: 62–63
Harald Müller: 165
Helga Müller: 166–167
Siegfried Müller: 117
Renate und Roger Rössing: 2, 82–83, 110, 113, 114, 118, 125, 128, 162–163, 164, 172–173, 174, 178–179, 240, 268
Friedrich-August Stenzel: 65
Alfon Trapp: 68, 196–197, 198–199
Hermann Walter: 29, 32, 34, 52, 58–59, 80–81, 86–87, 144–145, 190
Zentralbild-Koch: 136
Georg Zimmer: 200, 201
Unbekannt: alle anderen

GEDRUCKTE QUELLEN
Album der Leipzig-Dresdener Eisenbahn, 1840: 24
Die Aufgaben des Reisezugschaffners: 106
Borge/Viasnoff: Archives des Cheminots: 98
Paul Daehne, Bahnhofswirtschaft, 1924: 146 (2), 147
Deutsche Bauzeitung 1912: 46, 47, 48, 49
Deutsche Konkurrenzen, 1907: 37, 38, 39, 40, 41, 42, 43
Das Illustrirte Leipzig, 1845: 28
Industriebau, Sonderheft Hauptbahnhof Leipzig 1912: 142, 143
Leipzig und seine Bauten, 1892: 26, 30, 31, 33, 35
Zug 11/1995: 209

TEXTNACHWEIS

Dank

Das kolossale Panorama der Leipziger Bahnhofsgeschichte als Teil des langen Lebens dieser Stadt zu entrollen, ist eine äußerst reizvolle und herausfordernde Aufgabe. Sie übersteigt jedoch die Kräfte eines Einzelnen, so sehr er sich damit auch abmühen würde. Deshalb gilt mein besonderer Dank Hannelore Heinker, Helga Keilitz, Andre Münster, Rita Oelschlägel und Helmut Sander, die nicht nur Hinweise beisteuerten, sondern ganz persönliche Erinnerungen mitteilten, aus denen sich der Eindruck vom komplexen Organismus des Hauptbahnhofs in guten wie in schlechten Zeiten abrundet. Harald Adler gebührt Dank für manch wertvolle Information, der nachzugehen sich lohnte. Herr Wiebelitz aus der Bibliothek des DB Museums Nürnberg half beim Zugang zu verschüttet geglaubten Schriftquellen. Um den Leipziger Hauptbahnhof angemessen vorzustellen, gehören zu den Bildern im Kopf die – glücklicherweise – außerordentlich vielen gespeicherten und archivierten Fotografien, Zeichnungen und Pläne. Hilfreich bei der Beschaffung von Abbildungen waren die Mitarbeiter des Stadtarchivs Leipzig, Herr Kaufmann aus dem Stadtgeschichtlichen Museum Leipzig und Herr Kaube aus dem Leipziger Stadtplanungsamt. Sie haben sich um die Illustration des vorliegenden Buches verdient gemacht.

Allen Lesern, die mit weiteren Hinweisen zur Abrundung des Gesamtbildes beitragen werden und helfen, eventuelle Ungenauigkeiten zu berichtigen, sei schon vorab herzlich gedankt.

Leipzig, Juli 2005

Helge-Heinz Heinker

Lehmstedt

ALBUM DER LEIPZIG-DRESDNER EISENBAHN

Reprint der Ausgabe von 1840,
mit einem Nachwort von Helge-Heinz Heinker
48 Seiten, mit 13 Abbildungen,
Festeinband, 29,5 x 21 cm, ISBN 3-937146-12-1
9,90 €

Die im April 1839 eröffnete Eisenbahnstrecke von Leipzig nach Dresden war die erste deutsche Ferneisenbahn. Für die 120 Kilometer lange Verbindung wurde das ganze Repertoire modernster Ingenieurbaukunst benötigt und erstmals in Kontinentaleuropa praktisch eingesetzt, darunter der Einschnitt bei Machern, die Brücken über die Mulde bei Wurzen und über die Elbe bei Riesa, der Viadukt bei Zschöllau und als Krönung der erste Eisenbahntunnel Europas bei Oberau. Hier begann das wirkliche Eisenbahn-Jahrhundert in Deutschland. Kurz nach Eröffnung der Strecke erschien in Leipzig ein schmaler Band, der den Anfang des neuen Zeitalters festhielt – in Form einer faszinierenden Bildreportage mit 13 Kupferstichen von Heinrich Wilhelm Eberhard. 165 Jahre später gehört dieses Album zu den größten Raritäten: Nur noch ein einziges Exemplar ist in deutschen Bibliotheken nachweisbar. Der Reprint, bereichert um ein ausführliches Nachwort, macht dieses wahrhaft einzigartige Dokument nun endlich wieder allgemein zugänglich.

Inhalt:
Bahnhof von Leipzig – Bahnüberbrückung bei Machern – Brücke über die Mulde bei Wurzen – Bahnhof von Wurzen – Das Innere einer Bahn-Wachthütte – Unterbrückung bei der Kölmesmühle – Viaduct bei Zschöllau – Elb- und Landbrücke bei Riesa – Tunnel bei Oberau – Blick nach Meißen zwischen Oberau und der Weintraube – Bahnflucht bei Weinböhla – Unterbrückung bei Trachau – Bahnhof von Dresden.

DAS ALTE RATHAUS IN LEIPZIG

Von Doris Mundus
144 Seiten, 94 Abbildungen
Broschur, 15 x 23 cm, ISBN 3-937146-01-6
14,90 €

Das Alte Rathaus in Leipzig ist eines der schönsten Bauwerke der Renaissance in Sachsen. Erbaut 1556/57 hat es prunkvolle Fürstenhochzeiten ebenso wie die Hinrichtung des armen Soldaten Woyzeck, streitbare Auftritte des Thomaskantors Bach wie schwere Zerstörungen im Zweiten Weltkrieg erlebt. Das reich illustrierte Buch bietet erstmals seit einem halben Jahrhundert eine umfassende Darstellung der bewegten Geschichte des Hauses.

DIE MORITZBASTEI IN LEIPZIG

Von Peter Kunz und Susann Morgner
160 Seiten, 102 Abbildungen
Broschur, 15 x 23 cm, ISBN 3-937146-10-5
14,90 €

Die Moritzbastei, der einzige erhalten gebliebene Teil der mittelalterlichen Stadtbefestigung, ist eine der attraktivsten Kultureinrichtungen der Stadt Leipzig. Generationen von Studenten haben hier gute Teile ihres Universitätslebens verbracht, nun entdecken auch immer mehr Touristen die Faszination der verwinkelten Keller und Gewölbe. 450 Jahre nach ihrer Erbauung erscheint hier erstmals eine reich illustrierte Geschichte der Moritzbastei.

Lehmstedt